十四五

冶金工业出版社

普通高等教育"十四五"规划教材

矿山生产工艺

主　编　马立峰
副主编　寇保福　王志霞　赵广辉

北　京
冶金工业出版社
2025

内 容 提 要

本书共分 8 章，主要介绍了矿产资源开发和利用的概况，包括针对各类矿产资源因储存条件、物理化学性质不同而采用不同的开采和选矿方法及工艺流程的基础知识。

本书为高等工科院校矿业类及矿山机电类相关专业教学用书，也可供从事矿山机械设计制造、矿山生产及设备管理的工程技术人员学习参考。

图书在版编目 (CIP) 数据

矿山生产工艺 / 马立峰主编. -- 北京：冶金工业

出版社，2025. 1

普通高等教育 "十四五" 规划教材

ISBN 978-7-5024-8337-1

Ⅰ . ①矿…　Ⅱ .①马…　Ⅲ .①矿山开采-高等学校-

教材　Ⅳ.①TD8

中国版本图书馆 CIP 数据核字（2019）第 275937 号

矿山生产工艺

出版发行	冶金工业出版社	电　话	(010)64027926
地　　址	北京市东城区嵩祝院北巷 39 号	邮　编	100009
网　　址	www. mip1953. com	电子信箱	service@ mip1953. com

责任编辑　戈　兰　郭雅欣　美术编辑　彭子赫　版式设计　孙跃红　郑小利
责任校对　石　静　责任印制　窦　唯
北京印刷集团有限责任公司印刷
2025 年 1 月第 1 版，2025 年 1 月第 1 次印刷
787mm×1092mm　1/16；17. 75 印张；429 千字；275 页
定价 49. 00 元

投稿电话　(010)64027932　投稿信箱　tougao@cnmip. com. cn
营销中心电话　(010)64044283
冶金工业出版社天猫旗舰店　yjgycbs. tmall. com
（本书如有印装质量问题，本社营销中心负责退换）

前　　言

矿产资源是经济社会发展的重要物质基础。我国矿产资源总量大，但人均占有量低，是一个矿产资源相对贫乏的国家。如何安全有效合理地开发和利用矿产资源是我国现代化建设的必然要求。

本书旨在建立对矿山生产过程的整体认识，对地下开采、露天开采和选矿生产等工艺过程有比较全面和系统的了解，掌握把固体矿产的矿石矿物开采出来，并通过选矿加工等一系列工序，将有用矿物提取出来成为精矿产品的生产工艺过程，并了解矿山生产过程中的经济评价等多方面内容；培养具有工程实践能力，能够发现矿山生产过程中的工程问题，并具备利用所学知识分析、解决这些问题的能力的专业人才。

本书由太原科技大学的马立峰担任主编，寇保福、王志霞、赵广辉担任副主编。全书具体编写分工为：第1章和第8章由马立峰编写，第2章由寇保福编写，第3章由王志霞和吴凤彪编写，第4章、第5章由闫红红和王志霞编写；第6章和第7章由赵广辉和杨小霞编写。全书由李自贵进行审查和修改，王志霞负责全书统稿工作。本书在编写过程中参考了大量文献，在此向原作者表示衷心的感谢。

鉴于作者水平有限，书中难免不足之处，恳请各位读者批评指正。

马立峰

2024 年 4 月

目　　录

1 采矿基础

1.1 矿产资源及采矿概述

矿产资源是经过漫长的地质历史时期形成的、赋存于地表或埋藏于地下、含有可被利用的有用元素、矿物或岩石，并且人类在当前可以（或今后可能）开发利用的天然（固态、液态或气态）集合体。

从属性和用途来划分，可将矿产资源分为能源矿产、金属矿产、非金属矿产及水气矿产四类。每类矿产所含矿种详见表 1-1。

表 1-1 矿产资源分类

矿产类型	矿产所含矿种
能源矿产	煤、石油、天然气、铀、钍、地热等
金属矿产	铁、锰、铬、钒、钛、铜、铅、锌、铝土矿、镍、钴、钨、锡、钼、汞、镁、铂、金、银、锂、稀土金属等
非金属矿产	金刚石、石墨、磷、自然硫、钾盐、水晶、刚玉、石棉、云母、石膏、天然碱、石英砂、高岭土、花岗岩、大理石、矿盐等
水气矿产	地下水、矿泉水、二氧化碳气、硫化氢气、氦气等

1.1.1 矿产资源

矿石：是指从矿体中开采出来的，从中可提取有用组分（元素、化合物或矿物）或利用其特性的矿物集合体。包括金属矿石、非金属矿石，以及煤、油页岩等有用的岩石。

矿体：是指地壳中各种形态及产状的具有工业意义的矿物、化合物的自然聚集体或矿石集合体。以矿石为主体的自然聚集体称作矿体。矿床是矿体的总称，一个矿床可由一个或多个矿体组成。矿体周围的岩石称为围岩，据其与矿体的相对位置的不同，有上盘围岩、下盘围岩与侧翼围岩之分。缓倾斜及水平矿体的上盘围岩称为顶板，下盘围岩称为底板。矿体的围岩及矿体中的岩石（夹石），不含有用成分或含量过少，从经济角度出发无开采价值的，称为废石。

矿床：是在地壳中由地质作用形成的，其所含有用矿物资源的质和量方面，在一定的技术条件下能被开采利用的地质体。

矿田：是由一系列在空间上、时间上、成因上紧密联系的矿床组合而成的含矿地区，或矿带中的矿床、矿化点、物化探异常最集中的地区。

矿石品位：单位体积或单位重量矿石中有用矿物或有用组分的含量称为矿石品位。矿石品位是衡量矿石质量好坏的主要标志，一般以重量百分比表示。

边界品位：在储量计算中圈定矿体时，对单个矿样品中有用组分含量的最低要求，以作为区分矿石与围岩的一个最低品位界限。

矿石品级：根据矿石中有益、有害组分的含量，物理性能，质量差异以及不同用途或要求等，对矿石、矿物划分的不同等级，是工业上合理开采利用的重要依据。

矿产资源储量是指矿产资源的蕴藏量，表示方式有矿石量、金属量或有用组分量、有用矿物储量等。

1.1.2 采矿

采矿是一种生产过程和作业，是以利用为目的，开采一切自然赋存的矿产资源（以固态、液态和气态形式存在于地球或其他天体）的技术和科学。采矿工程则是应用工程学知识和科学方法来圈定、设计、开拓和回采有用矿物的矿床。它是运用多学科的理论、技术和方法来系统研究和解决有关开采方面的问题，其所包括的内容见图 1-1。而采矿工业是开采有用矿物的原材料工业，其活动是从赋存于地壳的矿床中进行矿物原料的初级生产，提供社会进步的物质财富，满足人类对各种矿物的需求。

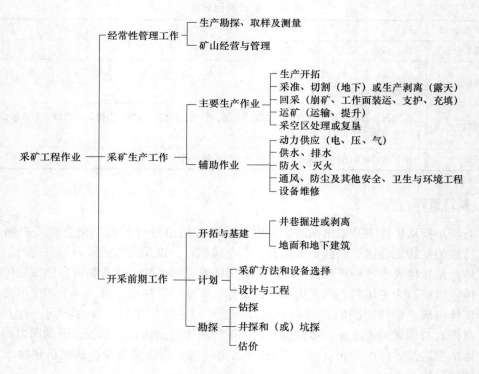

图 1-1　采矿工程作业关系图

1.1.3 矿产资源的作用和地位

矿产资源是人类维护自身发展过程中必不可少的物质基础。一个人在一生中利用的矿产资源总量也是十分巨大的，据美国地质勘探局统计估算（见表 1-2），人的一生平均需要约 1678t 矿产资源。

表 1-2 人的一生对矿产资源的需求

石油	308.83m³	铁矿石	20.49t
天然气	167069.39m³	黏土	9.74t
金	1.00kg	盐	14.54t
铜	0.84t	锌	0.45t
煤	265.91t	石、沙和砾石	743.90t
磷酸盐	10.75t	水泥	30.89t
铝	2.54t	其他矿物和金属	26.06t
铅	0.49t		
通过折算，人的一生需要约 1678t 矿产资源			

矿产资源已在人类日常生活、工业、农业、科技等各个方面得到了广泛的应用。根据统计资料介绍，目前我国有 95% 以上的能源、80% 以上的工业原料、70% 以上的农业生产资料、30% 的农田灌溉用水及 1/3 人口的饮用水来自矿产资源。简言之，人类社会发展的历史，从一个侧面而言，也就是矿产资源开发利用的历史。由此可见，矿产对人类生活的影响很深，生活中不可能没有矿产。

矿产资源与人类社会的关系极为密切，在日常生活、科技发展、国家安全、生态环境等方面均有体现。

首先，采矿工业是许多工业的基础，为许多工业和农业提供原材料和辅助材料。表1-3 列出了主要工业部门及农业利用的主要矿产品。没有采矿业，许多工业（特别是金属冶炼和加工工业）就成为无米之炊。

表 1-3 现代经济中主要工业及农业部门利用的主要矿产品

工业部门	主要矿产品
冶炼及加工工业	钢铁、铅、铜、锌、锰、镍、铬、铅、钨、钒、钛、石灰石、白云岩、硅石、萤石、黏土
建筑业	石灰石、黏土、石膏、高岭土、花岗石、大理石、钢铁、铅、铜、锌等
化工工业	磷、钾、硫、硼、纯碱、重晶石、石灰石、砷、明矾、铅、铂族金属、钛、钨、汞、镁、锌、硒等
石油工业	重晶石、稀土金属、天然碱、钾、铂族金属、铅等
运输业	钢铁、铅、铜、锌、钛等
电子工业	铜、纯金、锌、银、铍、镉、铯、钛、锂、锗、硅、云母、稀土金属、铕、钆、铊、硒
核工业	铂、钍、铟、镉、铪、稀土金属、石墨、铍、铅、锆、镁、镍、钛、钒等
航天工业	铍、钛、锆、锂、碘、铯、银、钨、铝、镍、铬、铂、铋、钽、铼等
轻工业	砂石、硅砂、长石、硒、硼、钛、镉、锌、锑、铅、钴、钽、稀土金属、萤石、重晶石、锡等
农业	磷、钾、硫、白云石、砷、锌、铜、萤石、汞、钴、镭等
医药业	石膏、辰砂、磁石、明矾、金、铂、镍、铬、钴、钼、钛、镭等

1.1.3.1　矿产资源与人类生活的关系

我们的日常生活时时刻刻都离不开矿产资源，从我们衣食住行中处处得以体现。我们生活中的衣服布匹、机械设备多是由矿产资源加工而成。"民以食为天"，从粮食耕作，肥料添加、除草打药，作物收获，食品加工、交通运输等，均有矿产资源的参与。

高楼大厦、住宅小区、家居装饰是矿产资源应用的充分体现，从基地建设、钢筋混凝土、楼板铺盖、装修建设，到处都有矿产资源的"身影"。日常出行所使用的各种交通工具和设施，如飞机、船舶、火车、油料动力及其相关配套设施是矿产资源的高端体现，为我们日常出行提供了极大的便利。

在当代社会中，人们日常生活中佩戴的各种首饰项链、金银珠宝、古玩赏石都是由各种金矿、银矿、铂矿、红蓝宝石矿等中提炼、研制、打磨而成。化学原料、药材加工、生物制品、手机、电脑等高科技设备充斥在生活中的方方面面，为我们提供高端通信服务。此外，较好的矿物可以作为观赏石。由此可见，矿产资源与人们日常生活密不可分。

1.1.3.2　矿产资源与科技发展的关系

矿产资源是科技进步的重要支撑，科技水平的提高反过来促进了矿产资源的勘查。在人类社会发展过程中，矿产资源的开发利用能力几乎是生产力发展的"代名词"。人们处处可见的物品所需的基本原料多是矿产资源，而制作这些物品背后的基础材料也是矿产资源。随着科技水平的发展，矿产资源开发的水平和利用的广泛程度在逐步增加。

人类文明和社会进步很大程度上取决于人类对矿产资源的开发利用。人类历史上几个重要的发展阶段——石器时代、青铜器时代、铁器时代、化石能源时代和数字网络时代，都同矿产资源的开发和利用有极大的关系。目前，我国国民经济的快速发展对矿产资源及其原材料的需求处于快速增长时期，社会对矿产资源的需求将保持强劲的势头，一些大宗支柱性矿产供需矛盾将日益加剧，我国面临的资源形势将十分严峻。保障国民经济健康发展，不断增强矿产资源的供应能力，实现矿产资源的可持续利用，已成为我国经济社会发展的一项长期艰巨的任务。

1.1.3.3　矿产资源与国家安全的关系

矿产资源是国家安全的保障。矿产资源的分布是极不平衡的，在整个人类历史上，绝大多数战争和纠纷是为了争夺资源而引发的。因此，矿产资源量是一种国家安全离不开、有限而又分布不均的财富，矿产资源对国家安全及发展有着十分重要的作用。

资源安全：矿产资源同国家主权和领土、地区行政管辖密切相关，资源安全在国家安全中占有基础地位，要求矿产资源数量要充裕、质量有保证、结构要稳定、人均要均衡、经济要合理。

军事安全：关系着国家的经济繁荣、领土完整、民族的存亡等。主权国家要保卫其国家主权和领土完整，有效遏制、抵御外来武装力量的侵略活动，这就需要有自给自足的矿产资源。

经济安全：在经济全球化时代中，具有充足的资源供应促进经济着可持续发展，使综合国力得到显著增强，才能有效化解经济全球化所带来的诸多负面影响，保证国家经济安全。

1.1.3.4　矿产资源与生态环境的关系

矿产资源对人类的生存和发展都具有重要意义，矿产资源富有地区的人们充分利用其资源优势创造了无数人间奇迹。同时，地质工作者找矿的脚步从未曾停歇，在浅表矿产资源越来越少的情况下，人们已经开始走向了诸如高山、深海、草原、沙漠，这些地方可能蕴藏着不同种类的矿产资源。青藏高原地区就发现有 Cu 矿、Sb-Au 矿、Ag-Pb-Zn 矿及 Cs-Au 矿等；国内外的勘查表明，深海石油、天然气已是当前重要的能源来源之一；隐伏区（如草地）是目前矿产勘查的主要找矿方向之一（如在呼伦贝尔草原下埋藏着丰富的煤炭资源；中东地区蕴藏着丰富的石油资源），其中部分已经成为当前的主要勘查地区。人们在利用自然资源的过程中，也带来了不可忽视的环境影响。为了人类能够拥有优越的生存环境，我们需要切实保护这些环境。

当前，我国矿山生态修复力度不断加大，研究制定鼓励和引导社会资本投入矿区生态修复的政策措施。落实国家重大战略决策，部署开展长江经济带、黄河流域、京津冀周边及汾渭平原等重点区域历史遗留矿山生态修复工作。积极推进绿色勘查标准的修订和完善，大力开展绿色勘查项目示范工作。各地通过规划、标准、政策的制定实施，全面推进绿色矿山建设工作。立足"两统一"职责，印发《关于推进矿产资源管理改革若干事项的意见（试行）》，对建立和实施矿业权出让制度、优化石油天然气矿业权管理、改革矿产资源储量分类和管理方式等做出了一系列重大制度创新。陆续发布了修改后的《矿山地质环境保护规定》和《土地复垦条例实施办法》。

由于矿产资源的环境属性，我们需要对影响生态环境的各种地质因素采取有效措施，并进行改善，对于矿产开发过程中产生的环境污染进行最大限度的恢复治理，从而取得"金山银山"和"绿水青山"的和谐发展。因此，在人类对生存环境的重视程度越来越高的今天，我们需要认真评价矿产资源的环境效益。

1.2 岩石的性质及其破碎机理

1.2.1 矿石的品位

中国已发现矿产 173 种，其中，能源矿产 13 种，金属矿产 59 种，非金属矿产 95 种，水气矿产 6 种。探明储量的矿种从十几种增至 162 种。矿产资源储量大幅增长，其中，铁矿石查明资源储量 852.19 亿吨；锰矿 18.16 亿吨；铜矿查明资源储量 11443.49 万吨；铅矿 9216.31 万吨；锌矿 18755.67 万吨；铝土矿 51.7 亿吨；钨矿 1071.57 万吨。成为世界上少数几个矿种齐全、矿产资源总量丰富的大国之一。煤炭、钢铁、十种有色金属、水泥、玻璃等主要矿产品产量跃居世界前列，成为世界最大矿产品生产国。

矿产品需求保持增长，能源消费结构不断优化。采矿业固定资产投资回升，主要矿产品供应能力不断增强，一次能源、粗钢、十种有色金属、黄金、水泥等产量和消费量继续居世界首位。

矿体埋藏要素：地下矿床的埋藏要素主要是指矿体的走向、倾向、倾角、厚度、延伸及埋藏深度等。

走向：矿床的走向是指矿床与水平面的交线所指向的方向。

倾向：矿床的倾向是指在矿床平面内垂直于走向线的直线所指向的方向。

倾角：矿床的倾角是指矿床的倾向线与倾向线在水平面上的投影线之间的夹角。

厚度：矿床的厚度是指矿床的上盘与下盘之间的垂直距离或水平距离。前者叫垂直厚度或者真厚度，后者叫水平厚度。

延伸：矿床的延伸是指矿床在深度上的变化情况，用埋藏深度和赋存深度来表示。

埋藏深度：矿床的埋藏深度是指矿床的上部边界至地表的深度。

1.2.2　岩石的力学性能

矿石的硬度、坚固性、稳固性、结块性、氧化性、自然性、含水性、碎胀性是矿石和围岩的主要物理力学特性，它们对矿床的开采方法有较大的影响。

1.2.2.1　硬度

硬度是抵抗工具侵入的性能。它取决于组成矿岩成分的颗粒硬度、形成、大小、晶体结构及胶结物的情况等。

1.2.2.2　坚固性

坚固性是指矿岩抵抗外力的性能。这里所指的外力是一种综合性的外力，它包括工具的冲击、机械破碎以及炸药爆炸等作用力。它与矿岩强度的概念有所不同。强度是指矿岩抵抗压缩、拉伸、弯曲和剪切等单向作用力的性能。

坚固性的大小常用坚固性系数 f 表示，目前 f 值是按岩石单向抗压强度来确定的。

$$f = \frac{R}{100} \tag{1-1}$$

式中　R——岩石的单向抗压强度，MPa。

测试矿岩限抗压强度的试件不含弱面，而岩体一般含有弱面。考虑弱面的存在，可引入构造系数，相应降低矿岩强度，根据岩体中弱面平均间距不同，构造系数见表1-4。

表1-4　构造系数

岩体中弱面的平均间距/m	>1.5	1.5~1	1~0.5	0.5~0.1	<0.1
构造系数	0.9	0.8	0.6	0.4	0.2

1.2.2.3　稳固性

矿岩的采掘空间允许暴露面积的大小和允许暴露时间长短的性能，称为矿岩的稳固性。稳固性与坚固性是两个不同的概念。稳固性与矿岩的成分、结构、构造、节理、风化程度、水文条件以及采掘空间的形状有关。坚固性好的矿岩在节理发育、构造破坏地带，其稳固性就差。

矿岩稳固性对选择采矿方法和采场地压管理方法以及井巷的维护，有非常大的影响，矿岩按稳固程度通常可分为以下五种：

（1）极不稳固的。在掘进或开辟采场时，顶板和两帮无支护情况下，不允许有任何暴露面积，一般要超前支护，否则就会出现冒落或片帮的矿岩。此种矿岩很少（如流砂等）。

（2）不稳固的。只允许有很小的暴露面，并需及时加固支护。

（3）中等稳固的。它是指允许较大的暴露面，并允许暴露相当长时间，再进行支护。

（4）稳固的。允许暴露面积很大，只有局部地方需要支护。

（5）极稳固的。允许非常大的暴露面积，无支护条件下长时间不会发生冒落。这种矿岩较为少见。

1.2.2.4 结块性

矿石从矿体中采下后，在遇水或受压后重新结成整体的性能，叫作结块性。一般含黏土或高岭土质的矿石，以及含硫较高的矿石容易发生这种情况，这给放矿、装车及运输造成困难。

1.2.2.5 氧化性和自然性

硫化矿石在水和空气的作用下变为氧化矿石的性能，叫作氧化性。矿石氧化时，放出热量，使井下温度升高，劳动条件恶化。矿石氧化后还会降低选矿回收率。

有些硫化矿与空气接触发生氧化并产生热量，当其热量不能向周围介质散发时，局部热量就不断聚集，温度升高到着火点时，会引起矿石自燃。一般认为，硫化矿矿石都会自燃，而磁化矿石的自燃，还取决于它的许多物理化学性质。

1.2.2.6 含水性

矿石吸收和保持水分的性能，称为含水性。它对放矿、运输、箕斗提升及矿仓贮存有很大影响。

1.2.2.7 碎胀性

矿岩从原矿体上被崩落破碎后，因碎块之间具有空隙，体积比原岩体积增大，这种性能叫碎胀性。破碎后的体积与原岩体积之比，称为碎胀系数（或松散系数）。碎胀系数的大小，与破碎后的矿岩块度大小及矿石形状有关。坚硬的矿石碎胀系数为 1.2~1.6。

1.2.3 岩石的分级

人类在地表或地下一定深度进行生产活动，如修建各种工程，开采有用矿物等。虽然这些地表或地下工程千差万别、复杂多样。可是，有效破碎岩石和防止岩体破坏是两个必须加以解决的基本矛盾。岩石的类型多且结构复杂，同种岩石的性质变化也很大，同时地质条件会引起地下受载工况更复杂，这一切使定量解决岩石力学问题有很大难度。因此，除需要对有关的岩石性质进行深入研究外，按照各类工程及其工艺要求将各种岩石有机地联系起来进行分级，是非常必要的。这也是岩石力学需要解决的基本问题之一。有了岩石分级，科研、设计、施工和管理部门就有了一个共同尺度。岩石分级可对各种工程的工艺需求提供方法上的选择和设计上的依据，从而制定合理的技术要求和经济定额。

岩石分级的原则之一是按不同工程技术、工艺过程的要求进行分级。例如，从有效破碎岩石的观点出发，首先要考虑岩石破碎的难易程度，按此定出合理的分级指标。从防止岩体破坏的观点出发，则必须考虑岩体的稳定性，首先要看岩体的完整性如何，据此制定出分级的指标。其二，是按上述两方面的技术要求综合分级。已有的岩石分级，有的是属于第一种按单项工艺要求分级，如可钻性分级，稳定性分级，爆破性分级等；有的是综合分级，如坚固性分级。目前岩石分级虽然已取得了一些成果，但还满足不了生产的需要，应不断完善。

1.2.3.1 岩石的坚固性分级

岩石坚固性分级是目前矿山广泛应用的一种分级方法。这种分级方法认为，岩石破碎的难易程度和岩体的稳定性这两个方面趋于一致，也就是说，岩石难以破碎的也较为稳定。这一分级方法是由苏联学者普罗特基雅柯诺夫按当时采矿工业水平提出的要求，对岩石依上述原则进行定量分级的，被称为普氏分级。根据岩石坚固性的不同，将岩石划分为十级，如表1-5所示。

表 1-5　普氏岩石分级表

等级	坚固程度	代表性岩石	f
Ⅰ	最坚固的岩石	最坚固、最致密和韧性的玄武岩及石英岩，其他各种特别坚固的岩石	20
Ⅱ	很坚固的岩石	很坚固的花岗岩、石英斑岩、硅质片岩、石英岩，最坚固的砂岩和石灰岩	15
Ⅲ	坚固的岩石	致密的花岗岩及花岗质岩石、很坚固的砂岩和石灰岩、石英质矿脉、坚固的砾岩、很坚固的铁矿石	10
Ⅳ	坚固的岩石	坚固的石灰岩、不坚固的花岗岩、坚固的砂岩、紧固的大理岩、白云岩、黄铁矿	8
Ⅴ	相当坚固的岩石	一般的砂岩、铁矿石	6
Ⅵ	相当坚固的岩石	硅质页岩、页岩质砂岩	5
Ⅶ	中等坚固的岩石	坚固的黏土质岩石、不坚固的砂岩和石灰岩	4
Ⅷ	中等坚固的岩石	各种不坚固的页岩、致密泥质岩	3
Ⅸ	相当软弱的岩石	软的岩石、很软的石灰岩、白垩、岩盐、石膏、冻土、无烟煤、普通泥灰岩、裂缝发育的砂岩、胶结砾石、岩质土壤	2
Ⅹ	相当软弱的岩石	碎石质土壤、裂缝发育的灰岩、凝结成块的砾石和碎石、坚固的软硬化黏土	1.5
Ⅺ	软弱的岩石	致密的黏土、软弱的烟煤、坚固的冲积黏土质土壤	1.0
Ⅻ	软弱的岩石	轻砂质黏土、黄土、砾石	0.8
ⅰ	土质岩石	腐殖土、泥煤、轻砂质土壤、湿砂	0.6
ⅱ	松散的岩石	砂、山坡堆积、细砾石、松土、采出的煤	0.5
ⅲ	流砂类岩石	流砂、沼泽土壤、含水黄土及含水土壤	0.3

普氏分级的指标为坚固性系数 f，是由岩石在当时各种采掘工艺中的坚固性表现指标综合起来确定的。坚固性系数 f 的数值见式（1-1）。

普氏分级的最大优点是分级简单，但生产实际应用中，发现它有较大误差，因为岩体的稳定性或岩石的破碎难易程度与岩石的单向抗压强度不能一一对应。单向抗压强度高的岩石不一定稳定性就高，破碎就困难。

1.2.3.2　岩石的可钻性分级

这种分级方法是单项分级，采用两个指标。其一是凿碎比功，即破碎单位体积岩石所需要的功，用来表示岩石钻凿的难易程度；其二是钎刃磨钝宽度，反映岩石的磨蚀性。

根据岩石破碎比功的大小，将岩石分为七级，按钎刃的磨钝宽度分为三级，见表1-6及表1-7。这一分级方法由东北大学提出。大量矿山实践证明，这种分级与凿岩难易程度的相关性很高。

表 1-6 岩石可钻性级别表

岩石级别	软硬程度	破碎比功（能）范围/J·cm^{-2}
I	极软	<20
II	软	20~<30
III	较软	30~<40
IV	中硬	40~<50
V	较硬	50~<60
VI	硬	60~<70
VII	极硬	≥70

表 1-7 岩石磨蚀性分级表

岩石级别	磨蚀性	钎刃磨钝宽度/mm
I	弱	<0.2
II	中	0.3~0.6
III	强	>0.8

1.2.3.3 岩体稳定性分级

该分级方法由东北大学提出。以岩石的点载荷强度、弹性波速度、巷道围岩位移的稳定时间、岩体结构指标等四项指标作为岩石稳定分级的判据，采用聚类分析原理对围岩的稳定性进行动态分级。

分级方法：对要定级的巷道进行上述四个指标的测试工作，作出原始数据表格，并由计算机程序对数据作标准化处理；由软件找出最佳的分级数目及分级界限；按最近距离的原则将各巷道划入最近的类；以所有样本距离各自所属类重心的距离之和为分类函数，反复调整各巷道的所属类别，直到分类函数值最小为止，所得结果即该样本总体的合理分级。表 1-8 是根据全部试点矿山测试数据综合分类的参考分类表。

表 1-8 岩体稳定性分为七级时的参考分类表

分类编号	分 类 指 标					
	载荷强度/MPa	声波速度/m·h^{-1}	位移稳定时间 T/d	块尺寸模数 d/m	巷道稳定程度评价	预测使用支护形式
	分 类 标 准					
I	15.5	5700	12	1.3	极稳定	不必支护
II	10.0	5300	12	1.3	稳定	不必支护
III	9.0	4800	125	0.5	稳定性较好	基本不支护
IV	7.4	3600	180	0.4	中等稳定	局部支护
V	4.8	3200	240	0.3	稳定性较差	喷射混凝土支护
VI	2.5	2700	800	0.1	不稳定	喷锚或喷粘网支护
VII	1.1	2000	1800	0.04	极不稳定	喷锚网、钢筋混凝土或金属支护

注：d_v 为统计的岩块平均尺寸，即各结构面的平均间距。当结构面组数为三组，且各组结构面的间距为 d_1、d_2、d_3。则有：$d_v = 1/3(d_1+d_2+d_3)$。

1.2.4 岩石的破碎机理

凿岩是指在岩体中穿凿孔眼。凿岩作业是岩石穿爆作业主要工序之一，工作量较大，花费时间较多，对穿爆效率影响很大，特别是在难钻的坚硬岩石中更甚。要提高凿岩效率，必须对岩石的可钻性及穿孔破岩机理进行分析研究。

1.2.4.1 岩石的可钻性

可钻性是用来表示岩石钻眼难易程度的指标，是岩石物理、力学性质在钻眼的具体条件下的综合反映。

凿岩机械的效率取决于穿孔的速度，而穿孔速度取决于下列因素：

（1）在凿岩工具的作用下，岩石的破坏阻力（主要因素）；

（2）凿岩工具的种类、形状及工作方式（冲击式、回转式等）；

（3）轴压力和转速；

（4）孔径及深度；

（5）排渣方式、速度和清渣彻底性。

所有这些因素与凿岩机械的工艺参数有关。而参数的选择，首先与岩石的可钻性有关。

岩石的可钻性取决于岩石本身的抗压和抗剪强度、凿岩工具工作原理及其类型、孔底岩渣的粒度和形状。岩石的可钻性，常用工艺性指标表示，例如，可以采用钻速、钻每米炮孔所需要的时间、钻头的进尺（钎头在变钝以前的进尺数），钻每米炮孔磨钝的钎头数或破碎单位体积积岩石消耗的能力等来表示岩石的可钻性。显而易见，上述工艺性指标，必须在相同条件下（除岩石条件外）来测定，才能进行比较。

下面介绍两种测试岩石可钻性的方法。一种方法是在考虑了压力 σ、剪切力 τ 及岩石的体积密度 γ 影响因素的基础上，以岩石的钻进难度相对指标 ω 来比较岩石的可钻性。确定 ω 值时可以考虑以下几种情况：

（1）压力 σ、剪切力 τ 在钻进过程中具有决定意义。冲击式钻进，压力的破坏作用占主要地位；回转式钻进，以剪切力作用为主。相对评价岩石的难钻性时，压力和剪切力的破坏作用可以认为是相等的。

（2）确定钻进速度时，岩体的裂缝度可忽略不计，只是在确定岩石坚固性指标时才考虑。

（3）因为只有经常的排出岩渣才能破坏岩石，所以在评价可钻性时，必须考虑岩石的体积密度 γ。

这样，ω 值可以用经验公式确定：

$$\omega = 0.007(\sigma + \tau) + 0.7\gamma \tag{1-2}$$

根据 ω 值，岩石可钻性分为 5 个等级，25 个类别：

Ⅰ级——易钻的（$\omega = 1 \sim 5$）；类别：1，2，3，4，5。

Ⅱ级——中等难钻的（$\omega = 5.1 \sim 10$）；类别：6，7，8，9，10。

Ⅲ级——难钻的（$\omega = 10.1 \sim 15$）；类别：11，12，13，14，15。

Ⅳ级——很难钻的（$\omega = 15.1 \sim 20$）；类别：16，17，18，19，20。

Ⅴ级——最难钻的（$\omega = 20.1 \sim 25$）；类别：21，22，23，24，25。

指标 $\omega>25$ 时，属于级外。对于具体的岩石条件，可用指标 ω 来考虑钻机的功率、参数和钻进速度的计算。

另一种方法是从冲击式凿岩中抽象出来的。它是利用重锤（4kg 重锤）自由下落时产生的固定冲击功，冲击钎头而破碎岩石，根据破岩效果来衡量岩石破碎的难易程度。其可钻性指标包括两项：

（1）凿碎比功。即破碎单位体积岩石所做的功，用 a 表示，单位为 J/cm^3。

（2）钎刃磨钝宽。即岩石的磨蚀性，用 b 表示，单位为 mm。

一般来说，凿碎比功是衡量可钻性的主要指标，钎刃磨钝宽是第二位的，两者既有区别又有联系。

凿碎比功的计算，先量出纯凿深 H（为最终深度减去初始深度值），再算出凿孔的体积，于是凿碎比功 a 为：

$$a = \frac{4NA}{\pi d^2 H} \tag{1-3}$$

式中　d——实际孔径（一般探钎头直径计），cm；

　　　H——纯凿深，cm；

　　　N——冲击次数；

　　　A——单次冲击功，J。

同一类型的岩石，凿碎比功 a 值与钎刃磨钝宽 b 值的关系是，随着 a 值的增大，b 值也增大。但是实验资料表明，钎刃磨钝宽与岩石种类有很大关系，凿碎比功相同的岩石，（尤其是适应的含量）不用，钎刃磨钝宽有很大的差别。而岩性相近时，岩石越硬，凿碎比功越大，钎刃磨钝宽也相应增大。因此，a 与 b 既有联系，又有区别。它们反映了岩石可钻性的两个不用侧面。a 值大小对凿岩速度有明显影响，而反映岩石磨蚀性的 b 值，则在凿岩刀具损耗率方面有明显影响。因此，在衡量岩石掘进难易程度时，两者应该同时考虑，才能从岩石抵抗破岩刀具和磨蚀破岩刀具的能力的两个方面，说明岩石的可钻性，并预估其凿岩效果。

1.2.4.2　凿岩破岩机理

凿岩按凿岩工具破碎岩石的原理，可分为冲击式凿岩和旋转式凿岩等。根据岩石的物理性质的不同，可采用不同的凿岩方式。在脆性岩石中一般采用冲击式凿岩，塑性岩石一般采用旋转式凿岩。

冲击式凿岩就是利用钎子的冲击作用，将岩石凿碎。如图 1-2 所示，当钎头在冲击力作用下凿到岩石上时，钎刃便切入其中。此时，钎刃下方和旁侧的岩石被破坏，形成一条凿沟 A—A；随后将钎头转动一个角度，再进行下一次冲击，形成第二条凿沟 B—B 凿沟的同时，就会被剪切破坏。上述过程循环往复，钎头便不断凿碎岩石，炮孔就可逐渐加深。但必须及时排除岩粉，并对凿岩机施以轴向推力，使钎刃可靠地接触孔底岩石，才能更有效地破岩。

对于钎刃是如何侵入岩石的，现在的破岩理论都认为，在冲击力 F 的作用下（静力压入也是同样的），岩石在钎刃下方被压成致密的核状，此时进入深度不大。但当 F 增大到一定程度、达到岩石的塑性极限时，便产生向两侧作用的推力，使两侧岩石发生剪切破坏，侵入深度就突然增大，故侵入深度呈突跃式，而且破碎坑的体积总比钎头侵入岩石部分的体积大。

　　这种冲击破碎法，对坚硬岩石的破碎很有效，所需的轴推力不大，钻机机构简单，能在潮湿的条件下可靠地工作，因此被广泛应用。但是它的效率低、能耗大、噪声也大。

　　旋转式凿岩，就是利用钎子连续地旋转切削破碎岩石的钻孔方法。它的破岩机理如图1-3所示。在轴向力 P 的作用下，钎刃被压入岩石，同时钎刃不停地旋转，由旋转力矩 M 推动钎刃产生切削力 G 向前切削岩石，使孔底岩石连续地沿螺旋线被破坏。由于岩石具有脆性，所以它的破坏是在钎刃前一块接一块地崩落，粉尘颗粒较大。

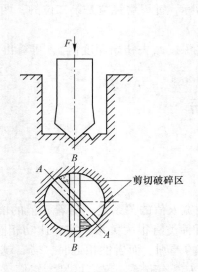

剪切破碎区

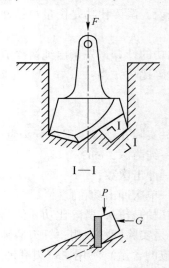

图 1-2　冲击式破岩机理　　　　图 1-3　旋转式破岩机理

　　对于破碎理论的研究很多。尽管它们还处于假说阶段，但它们对于揭示破碎过程的物理实质和破碎前后粒度的变化与破碎时功耗的关系，以及用于计算破碎机的工作效率等有一定的意义。这里仅介绍下列几个主要假说。

　　A　面积假说

　　此假说由德国学者雷廷格于 1867 年提出。它揭示了破碎与表面能的关系。认为破碎过程的功耗与物料新生成的表面积成正比。由于破碎的粒度越细所产生的新生表面也越多，因此，破碎过程的功耗与破碎比成正比。

$$A_1 = K_1 Q \frac{i-1}{D_0} \tag{1-4}$$

式中　A_1——破碎过程的功耗，J；

　　　Q——破碎物料的重量，kg；

　　　i——破碎比；

　　　D_0——破碎前的物料粒度的平均直径，m；

　　　K_1——与物料性质有关的比例系数。

　　面积假说适用于完全均匀的脆性物料以及破碎比大、变形较小（如磨碎）的情况。用于 $10 \sim 1000\mu m$ 的细磨，相当适宜。

B 体积假说

此假说是 1874 年俄国学者基尔皮切夫从变形能的观点提出的。后来，美国学者基克亦提出相同的理论。它揭示了破碎与变形能的关系。认为破碎物料时的功耗与物料的体积（或重量）成正比。其数学表示式为：

$$A_2 = K_2 Q \ln i \tag{1-5}$$

式中　A_2——破碎物料时的功耗，J；

　　　Q——破碎物料的重量，kg；

　　　i——破碎比；

　　　K_2——与物料性质有关的系数。

体积假说较适用于各向同性的脆性物料、产生新生表面不多的粗碎、中碎，以及作用力为压力时的情况。用于大于 1cm 的破碎时较正确。

C 裂缝假说

此假说是 1952 年美国学者邦德在综合分析了上述两假说和总结实际资料的基础上提出的中间假说。它认为不规则物料被破碎时的功耗与生产的裂缝长度成正比。若用破碎比来表示时，其数学式为：

$$A = \frac{K_3 Q}{\sqrt{D_0}} (\sqrt{i} - 1) \tag{1-6}$$

式中　A——破碎物料时的功耗，J；

　　　Q——破碎物料的重量，kg；

　　　D_0——破碎前物料粒度的平均直径，m；

　　　i——破碎比；

　　　K_3——比例系数。

裂缝假说一般用于常规的棒磨和球磨是较适应的。

1.3　岩石的爆破机理

在工程爆破中，利用炸药爆破来破碎岩体，至今仍然是一种最有效和应用最广泛的手段。在炸药爆炸作用下，岩石是如何破碎的，多年来国内外众多学者对此进行了探索，并提出了相关理论和学说。然而由于岩石不均质性和各向异性等自然因素，以及炸药爆炸本身的高速瞬时性，给人们揭示岩石的破碎规律造成了种种困难，迄今对岩石的爆破破碎机理，仍然了解不够，因而所提出的各种破岩理论还只能算是假说。

1.3.1　岩石爆破破岩机理假说

目前公认的岩石爆破破岩机理有三种理论：爆生气体膨胀作用理论、爆炸应力波反射拉伸理论、爆生气体和应力波综合作用理论。

1.3.1.1　爆生气体膨胀作用理论

爆生气体膨胀作用理论认为炸药爆炸引起岩石破坏，主要是高温高压气体产物膨胀做功的结果。爆生气体膨胀力引起岩石质点的径向位移，由于药包距自由面的距离在各个方向上不一样，质点位移所受的阻力就不同，最小抵抗线方向阻力最小、岩石质点位移速度最高。正是由于相邻岩石质点移动速度不同，造成了岩石中的剪切应力，一旦剪切应力大于岩石的抗剪强度，岩石即发生剪切破坏。破碎的岩石又在爆生气体膨胀推动下沿径向抛出，形成一倒锥形的爆破漏斗坑，如图 1-4 所示。

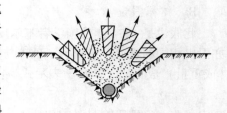

图 1-4　爆生气体的膨胀作用

该理论的实验基础是早期用黑火药对岩石进行爆破漏斗实验中所发现的均匀分布的、朝向自由面方向发展的辐射裂缝，这种理论为静作用理论。

1.3.1.2　爆炸应力波发射拉伸理论

爆炸应力波发射拉伸理论认为，岩石的破坏主要是由于岩体中爆炸应力波在自由面反射后形成反射拉伸波的作用。岩石的破坏形式是拉应力大于岩石的抗拉波的作用。岩石的破坏形式是拉应力大于岩石的抗拉强度而产生的，岩石是被拉断的。其实验基础是岩石杆件的爆破实验和板件爆破实验。

杆件爆破实验是用长条岩石杆件，在一端安置炸药爆炸，则靠炸药一端的岩石被炸碎，而另一端岩石由于应力波的反射拉伸作用而被拉断成许多块，杆件中间部分没有明显的破坏，如图 1-5 所示。板件爆破实验是在松香平板模型的中心钻一小孔，插入雷管引爆，除平板中心形成和装药的内部作用相同的破坏，在平板的边缘部分形成了由自由面向中心发展的拉断区，如图 1-6 所示。

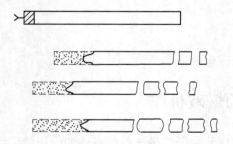

图 1-5　不同装药量的岩石杆件爆破试验

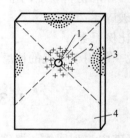

图 1-6　板件爆破试验

1—小孔；2—破碎区；3—拉伸区；4—振动区

以上试验说明了拉伸波对岩石的破坏作用，这种理论称为动作用理论。

1.3.1.3　爆生气体和应力波综合作用理论

爆生气体和应力波综合作用理论认为，岩石爆破破碎时爆生气体膨胀和爆炸应力波综合作用的结果，从而加强了岩石的破碎效果。因为冲击波对岩石的破碎作用时间短，而爆生气体的作用时间长，所以爆生气体的膨胀，促进了裂缝的发展；同样，反射拉伸波也加强了径向裂缝的扩展。

至于哪一种作用是主要作用，应根据不同的情况来确定。黑火药爆破岩石，几乎不存在动作用。而猛炸药爆破时，又很难说是气体膨胀起主要作用，因为往往猛炸药的爆容比硝铵类混合炸药的爆容要低。岩石性质不同，情况也不同。对松软的塑性土壤，波阻抗很低，应力波衰减很大，这类岩石的破坏主要靠爆生气体的膨胀作用。而对致密坚硬的高波阻抗岩石，应主要靠爆炸应力波的作用，才能获得较好的爆破效果。

综合作用理论的实质是：岩体内最初裂缝的形成是由冲击波或应力波造成的，随后爆生气体渗入裂缝并在准静态压力作用下，使应力波形成的裂缝进一步扩展，即炸药爆炸的动作用和静作用在爆破破岩过程中的综合体现。

爆生气体膨胀的准静态能量，是破碎岩石的主要能源。冲击波或应力波的动态能量与介质特性和装药条件等因素有关。哈努卡耶夫认为，岩石波阻抗不同，破坏时所需应力波峰值不同，岩石波阻抗高时，要求高的应力波峰值，此时冲击波或应力波的作用就显得重要，他把岩石波阻抗值分为三类，见表1-9。

表1-9 岩石的波阻抗分类

岩石类别	波阻抗/g·$(cm^2 \cdot s)^{-1}$	破坏作用
高阻抗岩石	$15 \times 10^5 \sim 25 \times 10^5$	主要取决于应力波，包括入射波和反射波
中阻抗岩石	$5 \times 10^5 \sim 15 \times 10^5$	入射应力波和爆生气体的综合作用
低阻抗岩石	$<5 \times 10^5$	以爆生气体形成的破坏为主

1.3.2 爆破破岩内部作用和外部作用

炸药在岩体内爆炸时所释放出来的能量，是以冲击波和高温高压的爆生气体形式作用于岩体。由于岩石是一种不均质和各向异性的介质，因此在这种介质中的爆破破碎过程，是一个十分复杂的过程。

1.3.2.1 爆破的内部作用

在炸药类型一定的前提下，对单个药包爆炸作用进行分析。

岩石内装药中心至自由面的垂直距离称为最小抵抗线，通常用 W 表示。对于一定的装药量来说，若最小抵抗线 W 超过某一临界值时，可以认为药包处于无限介质中。此时当药包爆炸后，在自由面上不会看到地表隆起的迹象。也就是说，爆炸作用只发生在岩石内部，未能达到自由面。药包的这种作用，称为爆破的内部作用。

炸药在岩石内爆炸后，引起岩体产生不同程度的变形和破坏。如果设想将经过爆破作用的岩体切开，便可看到如图1-7所示的剖面。根据炸药能量的大小、岩石可爆性的难易和炸药能量的大小、岩

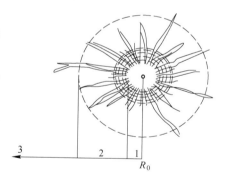

图1-7 药包在无限岩体内的爆炸作用
1—近区（压缩粉碎区），$(2\sim7)R_0$；
2—中区（破裂区），$(8\sim150)R_0$；
3—远区（震动区），大于$(150\sim400)R_0$

石可爆性的难易和炸药在岩体内的相对位置，岩体的破坏作用分为近区、中区和远区三个主要部分，亦即压缩粉碎区、破裂区和震动区三个部分。

A 压缩粉碎区形成特性

所谓爆破近区是指直接与药包接触、邻近的那部分岩体。当炸药爆炸后，产生两三千

摄氏度以上的高温和几万兆帕的高压，形成每秒数千米速度的冲击波，伴之以高压气体在微秒量级的瞬时内作用在紧靠药包的岩壁上，致使近区的坚固岩石被击碎成为微小的粉粒（为0.5~2mm），把原来的药室扩大成空腔，称为粉碎区；如果所爆破的岩石为塑性岩石（如黏土质岩石、凝灰岩、绿泥岩等），则近区岩石被压缩成致密坚固的硬壳空腔，称为压缩区。

爆破近区的范围与岩石性质和炸药性能有关。如岩石密度较小，炸药威力越大，空腔半径就越大。通常压缩粉碎区半径约为药包半径R_0的2~7倍，破坏范围虽不大，但却消耗了大部分爆炸能。工程爆破中应该尽量减少压缩粉碎区的形成，从而提高炸药能量的有效利用。

B　破裂区的形成特性

炸药在岩体中爆炸后，强力冲击波和高温、高压爆轰产物将炸药周围岩石破碎压缩成粉碎区（或压缩区）后，冲击波衰减为应力波。应力波虽然没有冲击波强烈，剩余爆轰产物的压力和温度也已降低，但是，它们仍有很强大的能量，将爆破中区的岩石破坏，形成破裂区。

通常破裂区的范围比压缩粉碎区大得多，比如压缩粉碎区半径一般为$(2~7)R_0$，而破裂区的半径则为$(8~150)R_0$，所以，破裂区是工程爆破中岩石破坏的主要部分。破裂区主要是受应力波的拉应力和爆轰产物的气楔作用形成的，如图1-8所示。由于应力作用的复杂性，破裂区有径向裂缝、环向裂缝和剪切裂缝。

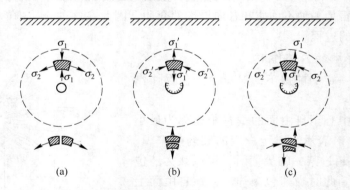

图1-8　破裂区裂缝形成应力作用示意图

(a) 径向裂缝；(b) 环向裂缝；(c) 剪切裂缝

σ_1—径向压应力；σ_2—切向拉应力；σ_1'—径向拉应力；σ_2'—切向压应力

C　震动区效应

爆破近区（压缩、粉碎区）、中区（破裂区）以外的区域称为爆破远区。该区的应力波大大衰减，渐趋于正弦波，部分非正弦波性质的小振幅振动，仍具有一定强度，足以使岩石产生轻微破坏。当应力波衰减到不能破坏岩石时，只能引起岩石质点作弹性振动，形成地震波。

爆破地震瞬间的高频振动可引起原有裂缝的扩展，严重时可能导致露天边坡滑坡、地下井巷的冒顶片帮以及地面或地下建筑物构筑物的破裂、损坏或倒塌等。地震波是构成爆破公害的危险因素。因此必须掌握爆破地震波危害的规律，采取降震措施，尽量避免和防止爆破地震的严重危害。

1.3.2.2 爆破的外部作用

在最小抵抗线的方向上，岩石与另一种介质（空气或水等）的接触面，称为自由面，也叫临空面。当最小抵抗线 W 小于临界抵抗线 W_c 时，炸药爆炸后除发生内部作用外，自由面附件也发生破坏。也就是说，爆破作用不仅只发生在岩体内部，还可达到自由面附件，引起自由面附件岩石的破坏，形成鼓包、片落或漏斗。这种作用称为爆破的外部作用。

目前解释岩石爆破破岩机理认识较为统一的有三种理论，前已叙述。

综合上述论述，可以归纳出下列几点重要结论：

（1）应力波来源于爆轰冲击波，它是破碎岩石的能源，但气体产物的静膨胀作用同样是十分重要的能源。

（2）坚硬岩石中，冲击波作用明显，而软岩中则气体膨胀作用明显，这一点在选择炸药爆速和确定装药结构时应加以考虑。

（3）粉碎区为高压作用结果，因岩石抗压强度大且处在三向受压状态，故粉碎区范围不大；裂隙区为应力波作用结果，其范围取决于岩性。片落区是应力波从自由面处反射的结果，此处岩石处于受拉应力状态，由于岩石的抗拉强度极低，故拉断区范围较大；震动区为弹性变形区，岩石未被破坏。

（4）大多数岩石坚硬有脆性，易被拉断。这就启示人们，应当尽可能为破岩创造拉断的破坏条件。应力反射面的存在是有利条件，在工程爆破中，如何创造和利用应力反射面是爆破技术中的重要问题。

1.3.3 爆破漏斗与爆破理论

1.3.3.1 爆破漏斗

A 爆破漏斗的形成

在工程爆破中，往往是将炸药包埋置在一定深度的岩体内进行爆破。设一球形药包，埋置在平整地表面下一定深度的坚固均质的岩石中爆破。如果埋深相同、药量不同；或者药量相同、埋深不同，爆炸后则可能产生近区、中区、远区，或者还产生片落区以及爆破漏斗。

在均质坚固的岩体内，当有足够的炸药能量，并与岩体可爆性相匹配时，在相应的最小抵抗线等爆破条件下，炸药爆破产生两三千摄氏度以上的高温和几万兆帕的高压，形成每秒几千米速度的冲击波和应力场，作用在药包周围的岩壁上，使药包附近的岩石被挤压，或被击碎成粉粒，形成了压缩粉碎区。此后，冲击波衰减为应力波，继续在岩体内自爆源向四周传播，使岩石质点产生径向位移，构成径向压应力和切向拉应力的应力场，形成与粉碎区贯通的径向裂缝。

高压爆生气体膨胀的气楔作用助长了径向裂隙的扩展。由于能量的消耗，爆生气体继续膨胀，但压力迅速下降。当爆源的压力下降到一定程度时，原先在药包周围岩石被压缩过程中积蓄的弹性变形能释放出来，并转变为卸载波，形成朝向爆源的径向拉应力。当此拉应力大于岩石的抗拉强度时，岩石被拉断，形成环向裂隙。

在径向裂隙与环向裂隙出现的同时，由于径向应力和切向应力共同作用的结果，又形成剪切裂隙。纵横交错的裂隙，将岩石切割破碎，构成了破裂区（中区），这是岩石被爆破破坏的主要区域。

当应力波向外传播到达自由面时，产生反射拉伸应力波。该拉应力大于岩石的抗拉强度时，地表面的岩石被拉断形成片落区，在径向裂缝的控制下，破裂区可能一直扩展到地表面，或者破裂区和片落区相连接形成连续性破坏。与此同时，大量的爆生气体继续膨胀，将最小抵抗线方向的岩石表面鼓起、破碎、抛掷，最终形成倒锥形的凹坑，此凹坑称为爆破漏斗。如图1-9所示。

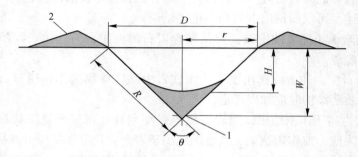

图1-9　爆破漏斗及参数

D—爆破漏斗直径；*H*—爆破漏斗可见深度；*r*—爆破漏斗半径；*W*—最小抵抗线；*R*—爆破漏斗作用半径；
θ—爆破漏斗展开角；1—药包；2—爆堆

B　爆破漏斗的参数

设一球状药包在自由面条件下爆破形成爆破漏斗的几何尺寸，如图1-9所示。其中爆破漏斗三要素是指最小抵抗线 W，爆破漏斗半径 r 和漏斗作用半径 R。最小抵抗线 W 表示药包埋置深度，是岩石爆破阻力最小的方向，也是爆破作用和岩块抛掷的主导方向。爆破时，一部分岩块被抛出漏斗外，形成爆堆；另一部分岩石抛出之后又回落到爆破漏斗内。

在工程爆破中，经常应用爆破作用指数 n，这是一个重要的参数，它是爆破漏斗半径 r 和最小抵抗线 W 的比值，即

$$n = \frac{r}{W} \tag{1-7}$$

C　常见漏斗形式

爆破漏斗是一般工程爆破最普通、最基本的形式。根据爆破作用指数 n 值的大小，爆破漏斗有如下四种基本形式如图1-10所示。

（1）松动爆破漏斗（见图1-10（a））。爆破漏斗内的岩石被破坏、松动，但并不抛出坑外，不形成可见的爆破漏斗坑，此时 $n \approx 0.75$，它是控制爆破常用的形式。$n < 0.75$ 时，不形成从药包中心到地表面的连续破坏，即不形成爆破漏斗。例如工程爆破中采用的扩孔（扩药壶）爆破形成的爆破漏斗就是松动爆破漏斗。

（2）减弱抛掷爆破漏斗，如图1-10（b）所示。爆破作用指数为 $0.75 < n < 1$，成为减弱抛掷漏斗（又称加强松动漏斗），它是井巷掘进常用的爆破漏斗形式。

（3）标准抛掷爆破漏斗（见图1-10（c））。爆破作用指数 $n = 1$ 时，漏斗展开角 $\theta =$

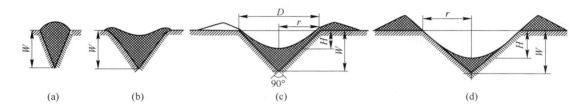

图 1-10　爆破漏斗的四种基本形式

（a）松动爆破漏斗；（b）减弱抛掷爆破漏斗（加强松动漏斗）；（c）标准抛掷爆破漏斗；（d）加强抛掷爆破漏斗

90°，形成标准抛掷漏斗。在确定不同种类岩石的单位炸药消耗量时，或者确定和比较不同炸药的爆炸性能时，往往用标准爆破漏斗的体积作为检查的依据。

（4）加强抛掷爆破漏斗，如图 1-10（d）所示。爆破作用指数 $n>1$，漏斗展开角 $\theta>90°$。当 $n>3$ 时，爆破漏斗的有效破坏范围并不随炸药量的增加而明显增大，实际上，这时炸药的能量主要消耗在岩块的抛掷上。在工程爆破中，加强抛掷爆破漏斗的作用指数为 $1<n<3$，根据爆破具体要求，一般情况下取 $n=1.2\sim2.5$。这是露天抛掷大爆破或定向抛掷爆破常用的形式。

在工程爆破中，要根据爆破的目的选择爆破漏斗类型。如在筑坝、山坡公路的开挖爆破中，应采用加强抛掷爆破漏斗，以减少土石方的运输量；而在开挖沟渠的爆破中，则应采用松动爆破漏斗，以免对沟体周围破坏过大而增加工作量。

1.3.3.2　利文斯顿爆破理论

利文斯顿在各种岩石、不同炸药量、不同埋深的爆破漏斗实验的基础上，提出了以能量平衡为准则的岩石爆破破碎的爆破漏斗理论。他认为炸药在岩体内爆破时，传给岩石能量的多少和速度的快慢，取决于岩石的性质、炸药性能、药包重量、炸药的埋置深度和位置及起爆方法等因素。在岩石性质一定磨钝条件下，爆破能量的多少取决于炸药量的多少、炸药能量释放的速度与炸药起爆的速度。假设有一定数量的炸药埋于地下某一深处爆炸，它所释放的绝大部分能量被岩石所吸收。当岩石所吸收的能量达到饱和状态时，岩体表面开始产生位移、隆起、破坏以致被抛掷出去。如果没有达到饱和状态时，岩石只呈弹性变形，不被破坏。

1.3.3.3　自由面对爆破的影响

自由面在爆破破坏过程中起着重要作用，它是形成爆破漏斗的重要因素之一。自由面既可以形成片落漏斗，又可以促进径向裂隙的延伸，并且还可以大大减少岩石的夹制性，有了自由面，爆破后岩石才能从自由面方向破碎、移动和抛掷。

自由面数越多，爆破破岩越容易，爆破效果也越好。当岩石性质、炸药情况相同时，随着自由面的增多，炸药单耗将明显降低；炮孔与自由面的夹角越小，爆破效果越好。当其他条件不变时，炮孔位于自由面的上方时，爆破效果较好（但此时可能大块产出率较高）；炮孔位于自由面的下方时，爆破效果较差。

1.3.3.4　单排成组药包齐发爆破

为了解释成组药包爆破应力波的相互作用情况，研究人员在有机玻璃中用微型药包进行了模拟爆破实验，并同时用高速摄影装置将试块的爆破破坏过程摄录下来进行分析研究。分析研究后认为，当药包同时爆破，在最初几微秒时间内，应力波以同心球状从各爆点向外传播。经十几微秒后，相邻两药包爆轰波相遇，产生相互叠加，于是在模拟试块中出现复杂的应力变化情况，应力重新分布，沿炮孔中心连心线得到加强，而炮孔连心线中段两侧附近则出现应力降低区。

应力波和爆轰气体联合作用爆破理论认为，应力波作用于岩石中的时间虽然极为短暂，然而爆轰气体产物在炮孔中能较长时间地维持高压状态。在这种准静态压力作用下，炮孔连心线各点上产生切向拉伸应力，最大应力集中于炮孔连心线同炮孔壁相交处，如图1-11所示。因而拉伸裂隙首先在炮孔壁，然后沿炮孔连心线向外延伸，直至贯通相邻两炮孔。这种解释很有说服力，而且生产现场也证明，相邻齐发爆破炮孔间的拉伸裂隙是从孔壁沿连心线向外发展的。

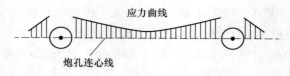

图 1-11　拉伸应力作用

根据上述理论，适当增大相邻炮孔距离，并相应减少最小抵抗线，可避免左右相邻的压应力和拉应力相互抵消作用，有利于减少大块岩石的产生。此外，相邻两排炮孔的梅花形布置比矩形布置更合理，这一点已经被生产中采用大孔距、小抵抗线爆破取得良好效果所证明。

1.3.3.5　多排成组药包齐发爆破

多排成组药包齐发爆破时，只是第一排炮孔爆破具有优越的自由面条件，继后各排炮孔爆破均受到较大的夹制作用。所以多排成组药包齐发爆破效果不佳，工程实际中很少应用，一般被微差爆破所代替。

思考练习题

1-1　简述矿体、矿床的概念。

1-2　矿产资源的作用和地位有哪些？

1-3　岩石的力学性能包括哪些？

1-4　岩石如何进行分级？

1-5　爆破漏斗的参数有哪些，他们之间的关系式如何表达，常见爆破漏斗形式有哪些，爆破理论有哪些？

2 地 下 开 采

2.1 井巷设计及计算

2.1.1 立井

2.1.1.1 基本规定

（1）立井井筒井壁结构重要性系数选取应符合的规定：

1）服务年限不少于 50 年或大型矿井或表土深度不小于 150m 的立井井筒，应按 1.10~1.15 选取；

2）服务年限少于 50 年且表土层深度小于 150m 的中、小型矿井的立井井筒，应按 1.05~1.10 选取。

（2）立井井筒井壁、井筒装备在不同受力状态下的结构安全系数数值选取应符合表 2-1 的规定。

表 2-1 结构安全系数值

受力特征			结构安全系数（v_k）值
井壁和井壁底	井壁筒体	均匀水土压力	1.35
		静水压力 永久载荷	1.35
		静水压力 临时载荷	1.10
		稳定性	1.30
		井塔纵向偏压	1.20
		不均匀压力	1.10
		冻土压力	1.00~1.05
		施浆压力	1.10
		交界面受力	1.20
		井壁吊挂力	1.20
		附加力	1.20
	井壁底	静水压力（永久荷载）	1.80
井筒装备	罐道	荷载计算	1.00~1.05
	罐道梁	荷载计算	1.00~1.05

注：提升终端荷载 45t 以下的井筒、罐道、罐道梁计算时，安全系数可按 1.00 选取。提升终端载荷 45t 及以上的井筒，可按 1.00~1.05 选取。

（3）立井井筒应采用圆形断面，断面尺寸应根据井筒用途、服务年限、装备、穿过的岩层和涌水情况，以及凿井方法、支护形式等因素确定。

（4）对可能因建井或生产等因素引起表土层沉降的立井井筒，应结合表土层沉降对立井井筒的影响进行井壁结构设计，经济比较合理时，可采用适应表土层沉降的井壁结构。

（5）立井井筒支护类型应根据井筒穿过地层的地质及水文地质资料和凿井方法确定，并宜采用钢筋混凝土或素混凝土支护。当地质条件复杂、地压大时，亦可采用其他支护结构。

（6）当井筒检查钻孔等资料表明水及相关气体具有腐蚀性时，立井井筒及硐室设计，井筒装备设计均应考虑腐蚀对混凝土、钢筋、钢材等材料的影响。

（7）立井硐室的断面形状及支护方式应根据地质条件使用要求、服务年限等因素确定，并符合下列规定：

1）硐室宜选用圆拱形断面，当顶压、侧压均较大时，可采用双曲拱形断面；当底压也较大时，底部可增设反拱或采用圆形断面；

2）立煤仓用圆形断面；

3）风硐、安全出口及斜煤仓可选用半圆拱形或矩形断面；

4）硐室的支护方式可采用混凝土、钢筋混凝土或锚喷金属网支护，支护参数应根据围岩条件、硐室形状、尺寸及地压计算确定。条件特殊时，也可采用其他支护方式。

（8）位于地震烈度为 7 度及以上地区或处于不稳定地层时，风硐及安全出口和井筒上段 30m 以内井壁必须采用钢筋混凝土结构。

（9）罐笼立井马头门、箕斗装载硐室、给煤机硐室、水泵房、泄水巷、立风井安全出口等应采用混凝土铺底。

2.1.1.2　井筒断面布置

A　井筒断面布置的有关要求

确定竖井井筒断面应考虑以下因素：

（1）井筒穿过的岩层及涌水情况和服务年限。服务年限大于 15 年的大中型矿井，一般均采用圆形断面。服务年限短（15 年以下）的中小型矿山，井筒穿过的岩层稳定时，可采用矩形断面。

（2）提升容器的类型、数量、规格及罐梁罐道类型。

（3）梯子间的设置、风水管及电缆的规格、数量和布置。

（4）提升容器与井筒装备、井壁之间的安全间隙。

（5）在需要延深或设有坑内破碎的井筒内以及混合井的设计中，应根据具体情况考虑是否有安设局扇的可能性。

（6）通过井筒最大风速值。

B　有关井筒断面布置的若干要求

（1）通到地表的两个出口都是竖井时，井筒设计必须符合下列要求：1）两个井筒内都要设置梯子间；2）装有两部在动力上互不依赖的提升设备的罐笼井筒内，可以不设梯子间。

（2）竖井内梯子间的装置，一般应符合下列要求：1）安装梯子的斜度不应大于 80°；

2）相邻两个梯子平台之间上下距离不应大于0.8m；3）相邻两个平台的梯子孔应错开；4）平台上梯子孔的大小，在人员通过方向左右宽不应小于0.6m，前后长不应小于0.7m；5）每架梯子的上端，应伸出平台1m；6）梯子宽度不应小于0.4m，脚踏的间距不应大于0.35m。

（3）若井筒深度超过300m时，可以设置紧急提升设备，此时则不必设置梯子间。

（4）竖井内提升容器与井筒装备、井壁的间隙，应符合表2-2中的要求。

表2-2 提升容器间及提升容器最突出部分与井壁、罐道梁、井梁间的最小间隙 （mm）

罐道和井梁布置		容器与容器之间	容器与井壁之间	容器与罐道梁之间	容器与井梁之间	备 注
刚性罐道	罐道布置在容器的一侧	200	150	40	150	罐耳和罐道卡子之间为20
	罐道布置在容器的两侧	—	150	40	150	有卸载滑轮的容器，滑轮和罐道梁间隙增加25
	罐道布置在容器的正面	200	150	40	150	—
柔性（钢丝绳）罐道		500	350	—	350	设防撞绳时，容器之间最小间隙为200

（5）井筒允许最大风速，不得超过表2-3的要求。

表2-3 井筒允许最大风速表

井 筒 名 称	允许最大风速/m·s^{-1}
无提升设备之风井	15
专为升降物料的井筒	12
升降人员与物料的井筒	8
设梯子之间的井筒	8
修理井筒时	≤8

2.1.1.3 井筒断面直径的确定

A 井筒直径的确定方法

a 试算-图解法

该法是用作图法求得井筒的直径，然后再进行验算提升容器与井壁及罐梁间的最小距离是否合乎规定计算简图，见图2-1，具体步骤：

（1）先确定井筒装备的类型，选出井筒装备的规格。

（2）根据提升设备及导向形式，作图布置提升间（罐笼间或箕斗间）。

（3）在提升间一侧按梯子间及管子等安装所需的最大尺寸截取 O、A 两点（见图2-1）。

（4）以提升容器外面两边角处为中心，以提升容器到井壁间的安全距离为半径作圆。取最外点 B 及 C。

（5）连接 AB 及 AC。

（6）作 AB 及 BC 的垂直平分线，并相交于点 O，以 O 点为中心，OA 为半径画圆，即得出井筒初选断面。

（7）调整井筒直径，以 500mm 为模数。然后用三角面数关系验算井壁与容器之间的安全间隙。

（8）根据井筒内所要安装管子、电缆及其他设施的数量、规格进行调整、配置，如能安排下，则井筒直径确定的全过程完毕。

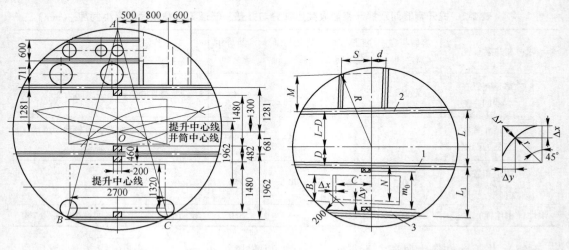

图 2-1　图解法计算简图　　　　　　　　图 2-2　解析法计算简图
1~3—井筒罐梁

b　计算-解析法

（1）确定普通罐笼井筒直径的方法。计算简图如图 2-2 所示。计算步骤及公式如下：

$$L = m_0 + 2(\delta - 5) + \frac{b_1}{2} + \frac{b_2}{2} \tag{2-1}$$

$$L_1 = m_0 + 2(\delta - 5) + \frac{b_1}{2} + \frac{b_3}{2} \tag{2-2}$$

式中　L，L_1——罐梁中心距离，mm；

　　　　m_0——两罐道间距离，mm；

　　　　δ——木罐道厚度，mm；

　　　　5——钢梁卡入木罐道的深度，mm；

b_1，b_2，b_3——1、2、3 号梁的宽度，mm。

$$M = m_1 + m_2 + 25 + \frac{b_2}{2} \tag{2-3}$$

式中　M——梯子间最短边梁和 2 号梁中心线距离，mm；

　　　　m_1——两梯子中心线距离，一般取 $m_1 = 600$mm；

　　　　m_2——梯子中心线与壁板距离和另一梯子中心线与井壁距离之和，$m_2 = 300 +$ 300 = 600mm；

　　　　25——梯子间壁板厚，mm。

上述数值，随着采用不同厚度的壁板及梯子间布置不同而有变化。梁 1 中心线至罐笼虚线的距离：

$$N = m_0 + (\delta - 5) + \frac{b_1}{2} + \frac{B}{2} - \Delta y \tag{2-4}$$

式中　Δy——普通罐笼角度收缩系数，mm；

　　　B——普通罐笼宽度，mm。

因

$$\Delta x = r - r\cos 45°$$

$$\Delta x = \frac{\Delta r}{\sqrt{2}} = r - r\cos 45°$$

$$\Delta r = \sqrt{2}\left(r - \frac{r}{\sqrt{2}}\right)$$

又因

$$\Delta y = \Delta x$$

则

$$\Delta y = r - \frac{r}{\sqrt{2}}$$

式中　r——罐笼角部曲率半径，mm。

$$C = \frac{A}{2} - \Delta x \tag{2-5}$$

式中　A——罐笼长度，mm。

按计算图 2-2 可得下列联立方程，解联立方程求出 R 及 D。

$$(D + N)^2 + C^2 = (R - 200)^2 \tag{2-6}$$

$$(L - D + M)^2 + S^2 = R^2 \tag{2-7}$$

式中　S——梯子间最短边梁与井筒中心线之间的距离，一般 $S = 1200 \sim 1300$mm；

　　　D——1 号梁中心线与井筒中心线之间距离，mm。

如罐笼和井壁之间的间隙小于规定的数值时，应对 D 值作适当调整。

（2）确定箕斗井井筒直径的方法。

计算简图如图 2-3 所示。

计算步骤及公式如下：

解联立方程式，便求出 R 及 D。

$$(M + 200 + B - D)^2 + S^2 = R^2 \tag{2-8}$$

$$S^2 + (r + D)^2 = (R - 200)^2 \tag{2-9}$$

式中　B——罐道中心线与箕斗一端之距离，mm；

　　　r——罐道中心线与箕斗另一端之距离，mm；

　　　D——罐道中心线与井筒中心线之距离，mm；

　　　R——井筒半径，mm。

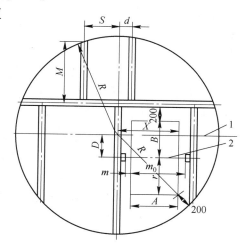

图 2-3　箕斗井直径计算简图
1—井筒中心线；2—罐道中心线

确定 D 值后，返回核算间隙，即箕斗最突出部分与井壁间间隙 f_1 及箕斗边与 2 号梁

之间间隙 f_2。f_1 及 f_2 取值参见表 2-2。

$$(M + 200 + B - D)^2 + S^2 = R^2 \tag{2-10}$$

$$x^2 + (R + D)^2 = (R - 200)^2 \tag{2-11}$$

如间隙 f_1 及 f_2 小于规定的数值，应对 D 值作适当地修正，M 与 S 所表示的意义与普通罐笼井筒相同。

B　井筒断面确定的步骤

(1) 初选罐梁罐道型号，确定下面布置相互关系尺寸；

(2) 按上述方法初步决定井筒直径；

(3) 调整井筒直径（圆井模数取 500mm）；

(4) 以调整后的井筒直径为基础，返回核算提升容器与井壁及罐梁间的安全间隙；

(5) 按调整后的井筒直径进行风速校核。

$$v = \frac{Q}{S_1} \leqslant v_{max} \tag{2-12}$$

式中　v——风流在井筒中运行的风速，m/s；

　　　Q——通过井筒的风量，m³/s；

　　　S_1——减去井筒固定设备后的净断面积，m²，$S_1 = 0.8S$；

　　　S——井筒净断面积，m²；

　　v_{max}——井筒允许的最高风速，m/s，参见表 2-3。

2.1.1.4　钢丝绳罐道

钢丝绳罐道又称柔性罐道，是将钢丝绳两端在井上和井底固定，并拉紧作为罐道，提升容器沿着拉紧的钢丝绳上、下运行。钢丝绳罐道的装置主要包括：罐道钢丝绳、井架上和井底的固定和拉紧装置、井口和井底进出车处的刚性罐道等。

我国使用钢丝绳罐道已有六十余年的历史。近十几年来，不论煤矿或金属矿，大型矿井或中、小型矿井，采用钢丝绳罐道的井筒逐渐增多。它与刚性罐道比较，具有以下显著的优点：

(1) 结构简单，便于安装，可大量节约钢材和投资，缩短建井期限；

(2) 钢丝绳罐道具有一定的柔性，提升容器运行较平稳，没有冲击，改善了提升系统的受力情况，因而可以采用较高的提升速度；

(3) 钢丝绳罐道使用寿命较长，且维修简单、费用低，更换钢丝绳也较方便；

(4) 钢丝绳罐道取消了罐梁，故井筒的通风阻力大为减小，同时减轻了井壁的负荷，改善了井壁的整体密封性。

但是钢丝绳罐道也存在着不足之处，首先，钢丝绳罐道要求提升容器之间以及容器与井壁之间的安全间隙比刚性罐道大，井筒断面和井筒工程量要相应增加，尤其在表土深厚的特大型矿井中，井筒断面的加大，还会增加井壁设计的困难和造价；其次，由于需要安设拉紧装置，井底水窝要求较深，井架负荷也较大。此外，我国当前罐道用钢丝绳尚供不应求，影响了钢丝绳罐道的推广使用。

A　钢丝绳罐道的布置形式

根据国内外的生产实践经验，采用钢丝绳罐道时，其布置形式有对角、三角、四角和单侧等几种（图2-4）。井深和提升终端荷载不大的小型矿井多采用二根或三根罐道绳对角或三角布置，提升终端荷载较大的深井或大、中型矿井皆采用四根罐道绳四角或单侧布置。目前我国多采用四角布置。英国以往采用四角布置较多，近年来则多采用单侧布置。根据我国某金属矿和国外一些矿井的实测资料表明，单侧与四角布置相比，提升容器运行较平稳。并且有利于增大提升容器的间隙，使井筒断面布置紧凑。因此，对于长条形罐笼提升采用单侧布置为宜，但对于平面尺寸长度较小的箕斗提升，一般宜采用四角布置。

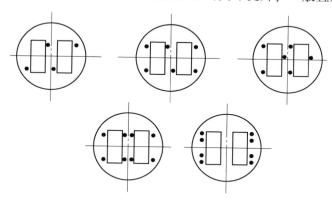

图 2-4　钢丝绳罐道布置形式

选择和布置罐道绳时还应注意下列问题：

（1）罐道绳应尽量远离提升容器的回转中心，以增大罐道绳的抗扭力矩，减小提升容器运行中的摆动和扭转。

（2）罐道绳布置应不妨碍井底、井口设置稳罐的刚性罐道和罐道梁，并保证罐耳通过时有足够的间隙。

（3）考虑到中间水平稳罐装置构造的要求以及避免与井上、下装卸矿设施互相干扰。

（4）便于罐道绳的固定和拉紧装置的布置与安装，重锤拉紧时，两相邻罐道绳要有足够的间隙。

（5）便于提升容器上装设罐耳。

B　钢丝绳罐道

立井井筒采用钢丝绳罐道时，井筒装备选择和布置应符合下列规定：

（1）单绳提升人员的罐笼应装备可靠的防坠器。

（2）罐道绳宜采用密封或半密封式钢丝绳。对提升终端荷载较小、服务年限较短的矿井，也可采用6股7丝普通钢丝绳。

（3）每个提升容器的罐道宜采用四角布置，受条件限制时也可采用四绳单侧布置；对提升终端荷载较小的浅井，可采用两绳对角或三绳三角布置。

（4）罐道绳张紧装置宜采用井架液压拉紧或螺杆拉紧方式，也可采用井底重锤拉紧方式；每根罐道绳的拉紧力应为 8~12kN/100m。

（5）同一提升容器的各罐道绳的张力可相差 5%~10%。当提升容器为两根罐道绳时，各绳张力应相等。

C　罐道绳的选择及其拉紧力的计算

a　罐道绳的选择

目前使用的罐道绳有普通钢丝绳、密封或半密封钢丝绳三种。

较为理想的罐道绳当然是密封或半密封钢丝绳，它具有表面平滑、表面积大、耐磨和较高的抗弯、抗压性能，并且由于其表面紧密，可防止股内钢丝腐蚀。近几年来设计和施工的钢丝绳罐道井筒，尤其是大、中型矿井均采用密封或半密封钢丝绳。

罐道钢丝绳的直径大小，应满足拉紧力的要求，保证罐道的强度。为此，其自重加下端拉紧力应不大于钢丝绳的允许抗拉强度，即

$$qL + Q_c \leqslant \frac{\sigma_b}{m} \times A \tag{2-13}$$

式中　q——罐道钢丝绳单位长度重量，kg/m；

　　　L——罐道绳悬垂长度，m，$L = H_0$（井深）$+ (20 \sim 50)$ m；

　　　Q_c——罐道绳下端拉紧力，kg；

　　　σ_b——罐道绳钢丝抗拉极限强度，kg/cm²；

　　　A——罐道绳全部钢丝横截面积之和，cm²；

　　　m——安全系数，一般取 $m = 6 \sim 7$。

由式（2-13）化简得：

$$q \geqslant \frac{Q_c}{\dfrac{\sigma_b}{m \dfrac{q}{A}} - L} = \frac{Q_c}{\dfrac{\sigma_b}{m\gamma} - L} \tag{2-14}$$

式中，$\gamma = \dfrac{q}{A}$，为钢丝绳的重度（假想密度），一般密封钢丝绳 $\gamma = 8350 \sim 8600$ kg/m³；普通钢丝绳 $\gamma = 8900 \sim 9300$ kg/m³。

令 $L_0 = \dfrac{\sigma_b}{m\gamma}$，即所谓钢丝绳极限悬垂长度，则

$$q \geqslant \frac{Q_c}{L_0 - L} \tag{2-15}$$

现场实际采用的罐道绳单位长度重量比按式（2-15）计算所得最小单位长度重量要大得多，直径要粗得多。通常罐道绳直径根据井深、提升终端荷载和提升速度来选取。井深、提升终端荷载和提升速度越大，罐道绳所需拉紧力越大，罐道绳直径应越粗，反之，罐道绳应越细。罐道绳直径可参照表 2-4 中的经验数据选取。

表 2-4　罐道绳直径选取参照表

井深/m	终端荷载/t	提升速度/m·s⁻¹	罐道绳直径/mm	罐道绳类型
<150	<3	2~3	φ20.5 ~ 25	6×7+1 普通钢丝绳
150~200	3~5	3~5	φ25 ~ 32	6×7+1 普通钢丝绳，密封或半密封钢丝绳

井深/m	终端荷载/t	提升速度/m·s⁻¹	罐道绳直径/mm	罐道绳类型
200~300	5~8	5~6	$\phi30.5 \sim 35.5$	密封或半密封钢丝绳
300~400	6~12	6~8	$\phi35.5 \sim 40.5$	密封或半密封钢丝绳
>400	8~12 或更大	>6~8	$\phi40.5 \sim 50$	密封或半密封钢丝绳

现以单根罐道绳为例来分析，如图 2-5 所示。罐道绳所需要的拉紧力：设一根钢丝绳罐道，上端固定、下端用重锤 Q_c 拉紧，罐道绳悬垂长度为 L（图 2-5）。提升容器沿罐道绳运行时，将有一组力作用于罐道绳上。此组力可分为沿罐道绳方向的力及垂直于罐道绳方向的横向力两部分，而此横向力 P 将使罐道绳产生横向偏移 U。横向力 P 越大，罐道绳横向偏移 U 越大，两者成正比关系，即

$$P = KU \tag{2-16}$$

式中 K——罐道绳产生单位横向偏移阻抗系数，通常称作钢丝绳罐道的"刚性系数"，kg/m。

根据理论推导可得

$$K = \frac{Q_c a \cdot \ln(1 + \alpha)}{L \cdot \ln\frac{1 + \alpha}{1 + \varepsilon\alpha} \cdot \ln(1 + \varepsilon\alpha)} \tag{2-17}$$

式中 L——罐道绳悬垂长度，m；

Q_c——罐道绳拉紧重锤重量，kg；

α——罐道绳自重与拉紧重锤重量的比值，即 $\alpha = \dfrac{qL}{Q_c}$，

其中 q 为罐道绳单位长度重量，kg/m；

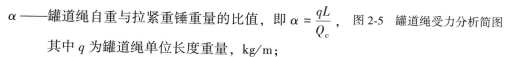

图 2-5 罐道绳受力分析简图

ε——横向力 P 作用点距罐道绳下端距离 L_1 与罐道绳悬垂长度 L 的比值，即

$\varepsilon = \dfrac{L_1}{L}$。

由式（2-17）中可看出，一定条件下，刚性系数 K 随着 ε 而变化。ε 不同，即横向力 P 的作用点不同，则刚性系数 K 也随着变化。由式（2-17）求 K 对 ε 的导数 $\dfrac{dK}{d\varepsilon} = 0$ 则可得罐道绳横向偏移阻抗系数的最小值（即最小刚性系数）不在罐道绳中央，而在下列 ε 值处，即

$$\varepsilon = \frac{\sqrt{1 + \alpha} - 1}{\alpha} \tag{2-18}$$

ε 值代入式（2-17）则得罐道绳最小刚性系数

$$K_{min} = \frac{Q_c}{L} \frac{4\alpha}{\ln(1 + \alpha)} \tag{2-19}$$

将 $\alpha = \dfrac{qL}{Q_c}$ 代入得

$$K_{\min} = \frac{4q}{\ln\left(1 + \dfrac{qL}{Q_c}\right)} \tag{2-20}$$

如 q 按式（2-15）最小单位长度重量计算，即将 $q = \dfrac{Q_c}{L_0 - L}$ 代入式（2-20），则得：

$$Q_c = \frac{K_{\min}}{4}(L_0 - L)\ln\frac{L_0}{L_0 - L} \tag{2-21}$$

取 $K_{\min} = 50\mathrm{kg/m}$，可得

$$Q_c = 12.5(L_0 - L)\ln\frac{L_0}{L_0 - L} \tag{2-22}$$

通常即按此式计算拉紧力 Q_c。但是，实践证明，选用的罐道绳单位长度重量 q 皆比 $\dfrac{Q_c}{L_0 - L}$ 值要大，而最小刚性系数 $K_{\min}$ 也并非在任何情况均为 $50\mathrm{kg/m}$，实际上按式（2-22）计算 Q_c 和选取 q 后，还需按式（2-19）或式（2-20）反求 $K_{\min}$。因此，可考虑直接由式（2-20）化简可得

$$Q_c = \frac{qL}{\mathrm{e}^{\frac{4q}{K_{\min}}} - 1} \tag{2-23}$$

由此可以看出，在罐道绳悬垂长度 L 一定的条件下，拉紧力 Q_c 取决于最小刚性系数 $K_{\min}$ 和单位长度重量 q。如已知 L，选取 q 和 $K_{\min}$ 后，由式（2-23）即可求拉紧力 Q_c。

最小刚性系数 $K_{\min}$ 是表示罐道绳刚性的指标，其大小应根据提升终端荷载和提升速度来选取。对终端荷载和提升速度较大的大型矿井或深井，最小刚性系数应选取大些。这样不但可保证提升容器的安全运行，而且提升容器之间的间隙也可适当减小，从而可减少井筒工程量。对于终端荷载和提升速度较小的浅井，最小刚性系数 $K_{\min}$ 可适当选取小些，这样可简化拉紧装置，节约投资，并且提升容器之间的间隙也不会过大。

当采用不同直径密封钢丝绳和选用不同最小刚性系数时，按式（2-23）计算，罐道绳拉紧力 Q_c 与悬垂长度 L 的关系如图 2-5 所示。可以看出，按式（2-23）计算罐道绳拉紧力与经验数据——井深每增加 $100\mathrm{m}$，拉紧力约加大 $1.0\mathrm{t}$，基本相符。

为消除罐道绳产生共振现象，实际各罐道绳采用的拉紧力相互之间应相差 $5\% \sim 10\%$ 左右。

2.1.1.5　刚性罐道和罐道梁

立井井筒采用刚性罐道时，应根据提升容器要求、终端荷载、提升速度及结构计算结果等确定罐道形式，可选用钢轨罐道、型钢组合罐道、冷弯方形型钢罐道、冷拔方管型钢罐道、玻璃钢复合罐道等。罐道型号可按表 2-5 选用并应符合下列规定：

（1）钢轨罐道可采用 $38\mathrm{kg/m}$ 或 $43\mathrm{kg/m}$ 钢轨。

（2）型钢组合罐道可采用球扁钢组合罐道或槽钢组合罐道。球扁钢组合罐道应采用球扁钢和扁钢组焊而成，槽钢组合罐道宜采用 16 号或 18 号或 20 号槽钢和扁钢焊成。

表 2-5　罐道型号

罐道名称		钢轨罐道 /kg·m⁻¹	型钢组合罐道/mm×mm		冷弯冷拔型钢罐道/mm×mm	玻璃钢复合罐道/mm×mm
			球扁钢组合罐道/mm×mm	槽钢组合罐道/mm×mm		
型号	1	38	180×188	180×160	160×160	160×160
	2	43	200×188	180×180	180×180	180×180
	3	—	—	200×200	200×200	200×200
	4	—	—	—	220×220	—
	5	—	—	—	250×50	—

罐道荷载可按下列公式计算：

$$P_{y,k} = \frac{Q_k}{12} \tag{2-24}$$

$$P_{x,k} = 0.8P_{y,k} \tag{2-25}$$

$$P_{v,k} = 0.25P_{y,k} \tag{2-26}$$

式中　$P_{y,k}$——罐道与罐道梁正面水平力标准值，MN；

　　　$P_{x,k}$——罐道与罐道梁侧面水平力标准值，MN；

　　　$P_{v,k}$——罐道与罐道梁的竖直力标准值，MN；

　　　Q_k——提升绳端荷重（包括提升容器自重、滚动罐耳、首绳悬挂装置、尾绳悬挂装置及载重之和）标准值，MN。

刚性罐道的强度、刚度验算应符合下列规定：

（1）钢罐道验算宜满足下列公式要求：

$$\frac{M_{x1}}{W_{x1}} + \frac{M_{y1}}{W_{y1}} \leqslant f_1 \tag{2-27}$$

$$\frac{Z_1}{L_1} \leqslant \frac{1}{400} \tag{2-28}$$

式中　M_{x1}——在正面水平力作用下罐道的最大弯矩计算值，MN·m；

　　　M_{y1}——在侧面水平力作用下罐道的最大弯矩计算值，MN·m；

W_{x1}，W_{y1}——对 x 轴、y 轴的净截面抵抗矩，m³；

　　　f_1——罐道材料的强度设计值，MN/m²；

　　　Z_1——罐道的挠度，m；

　　　L_1——罐道的跨度，m。

（2）玻璃钢复合罐道宜将两种材料的截面换算成一种材料的等价截面，按照钢罐道计算公式进行强度和刚度验算。

井筒内刚性罐道可采用单侧、双侧和端面等布置形式，并应符合下列规定：

（1）提升速度低、终端荷载小的罐笼或箕斗，可采用钢轨罐道单侧或双侧布置。

（2）提升速度较高、终端荷载较大的罐笼或箕斗，宜采用型钢组合罐道或玻璃钢复合罐道端面布置或双侧布置。

（3）提升速度高、终端荷载大的罐笼或箕斗，宜采用冷弯方形型钢罐道或冷拔方管型钢罐道端面或双侧布置。

罐道梁可采用工字钢、槽钢组合，冷弯矩形空心型钢、冷拔矩形空心型钢等形式。罐道梁的强度、刚度验算应满足下列公式要求：

$$\frac{M_{x2}}{W_{x2}} + \frac{M_{y2}}{W_{y2}} \leq f_2 \tag{2-29}$$

$$\frac{Z_2}{L_2} \leq \frac{1}{400} \tag{2-30}$$

式中　M_{x2}，M_{y2} ——绕 x 轴、y 轴的弯矩计算值，MN·m；

　　　W_{x2}，W_{y2} ——对 x 轴、y 轴的净截面抵抗矩，m³；

　　　　　f_2 ——罐道梁材料的强度设计，MN/m²；

　　　　　Z_2 ——罐道梁的总挠度（含集中荷载及罐道梁自重等产生的挠度），m；

　　　　　L_2 ——罐道梁的跨度，m。

罐道梁可采用简支梁、连续梁或悬臂梁等支承形式。采用悬臂梁时，悬臂长度不宜超过 700mm。悬臂梁强度验算可按下式：

$$\frac{Q_x L}{W_x} \leq f_u \tag{2-31}$$

式中　Q_x ——悬臂梁所承受的集中荷载计算值，MN；

　　　L ——集中荷载作用点至井壁的距离，m；

　　　f_u ——悬臂梁材料的抗弯强度设计值，MN/m²；

　　　W_x ——悬臂梁对 x 轴的净截面抵抗矩，m³。

罐道梁层间距应根据罐道类型及长度、提升容器作用在罐道上的荷载等计算确定。当采用钢轨罐道时，罐道梁层间距宜采用 4.168m 或 6.252m；当采用型钢罐道（不含钢轨罐道）、型钢组合罐道、玻璃钢复合罐道时，罐道梁层间距宜采用 4m、5m 或 6m。

井筒中各种梁在井壁上的固定方式应符合下列规定：

（1）宜采用树脂锚杆、预埋钢板或梁窝埋入式，并宜优先采用树脂锚杆固定方式。

（2）采用普通凿井法施工的井筒，各种梁在含水、不稳定表土层内严禁采用梁窝固定方式。

（3）采用钻井凿井法施工的井筒，各种梁在钻井段内，以及采用其他特殊凿井法施工的井筒在表土层内，严禁采用梁窝固定方式。

当采用树脂锚杆固定立井井筒装备时，锚杆的锚固长度应满足锚固力要求，且不应超过双层井壁中内层井壁厚度的 4/5、不宜超过单层井壁厚度的 3/5。

树脂锚杆固定支座设计应符合下列规定：

（1）固定单个支座的锚杆根数应按计算确定，但不得少于两根。

（2）相邻两锚杆孔间距不宜小于 180mm。

（3）锚杆的锚固力应根据需要按计算确定，但每根锚杆的锚固力不应小于 4.9×10^4 N。

（4）每根锚杆的锚固力应按下式计算：

$$P_{mg} = \pi d [\tau] L \tag{2-32}$$

式中　P_{mg} ——树脂锚杆的锚固力，N；

　　　　d ——锚杆杆体直径，mm；

　　　　L ——锚固长度，mm；

　　　　$[\tau]$ ——允许黏结力，可取 2.5N/mm²。

罐道悬臂支座强度可按下式验算：

$$\frac{M_{x3}}{W_{y3}} + \frac{M_v}{W_{x3}} \leqslant f_3 \tag{2-33}$$

式中　M_{x3} ——由水平力产生的弯矩计算值，MN·m；

　　　　M_v ——由竖向力产生的弯矩计算值，MN·m；

W_{y3}，W_{x3} ——悬臂支座截面对 x 轴、y 轴的截面系数，m³；

　　　　f_3 ——悬臂支座材料的强度设计值，MN/m²。

同一提升容器的相邻两根罐道的接头不应布置在同一个水平面内；当多根罐道安装在同一罐道梁上时，相邻两根罐道的接头位置应错开。

罐道接头布置应符合下列规定：

（1）罐道的接头应设在罐道与罐道梁，悬臂支座连接的位置上；

（2）罐道接头之间应有 2~4mm 间隙。

在井筒装备中，罐道梁不宜设置接头。当必须由两节组成时，接头应设在弯矩较小的地方，且上下两层罐道梁的接头处应错开布置；两节罐道梁连接时，宜采用夹板焊接或螺栓连接，连接处的强度不应小于罐道梁母体的强度。

罐道与罐道梁连接应有足够的强度，并应考虑结构简单、安装和维修方便等因素。

当井筒采用竖向可缩型井壁结构时，井筒装备相关构件应采用适合井壁沉降的结构形式。

2.1.1.6　梯子间

立井井筒梯子间设置应符合下列规定：

（1）作为矿井安全出口的立井井筒，必须设置由井下通达地面的梯子间。

（2）风井井筒可根据作为安全出口、安全检查等需要设置梯子间。

（3）采用普通凿井法、井深超过 300m 时，宜每隔 200m 设置一个休息点。休息点可在靠近梯子间位置处的井壁上开凿一硐室与梯子间连通。

（4）冻结凿井法或钻井凿井法施工段深度超过 300m 时，宜加大梯子间平台面积或适当设置休息平台；进入到普通凿井法施工段，宜每隔 200m 设置一个休息点。

（5）采用普通凿井法施工的井筒在含水、不稳定地层内严禁设置休息硐室。

（6）采用除注浆凿井法以外的特殊凿井法施工的井筒在特殊凿井段内严禁设置休息硐室。

梯子间布置可采用顺向、折返等形式，并宜采用折返式梯子间。

梯子间布置应符合下列规定：

（1）梯子斜度不应大于 80°；

（2）梯子间相邻两个平台的竖直距离不应大于 8m；

（3）梯子孔左右宽度不应小于 600mm，前后长度不应小于 700mm；

（4）梯子宽度不应小于 400mm，梯阶间距不宜大于 400mm，每架梯子上端伸出平台不应小于 1000mm，梯子正面下端距井壁不应小于 600mm。

梯子间宜采用玻璃钢材料或玻璃钢-钢复合材料制作，也可采用金属等材料制作。

2.1.2 斜井

2.1.2.1 井筒断面布置及设施

A 井筒断面布置要求

a 人行道及梯子间

（1）通达地表的出口有竖井和斜井时，应优先考虑斜井做安全出口，并在其中设置人行道。

（2）人行道按下列情况设置台阶和栏杆（或扶手）。

坡度在 7°~15° 时，设置栏杆（或扶手）；

坡度在 15°~30° 时，设置栏杆（或扶手）及台阶；

坡度在 35°~45° 时，设置栏杆、扶手及梯道；

坡度在 45° 以上时，设置梯子间。

（3）在皮带斜井内，如具有宽度不小于 0.7m 的空道时，则准予作为人行道。

（4）通达地面的出口都是斜井时，须在其中的一个井筒内使用机械设备运送人员。并且要隔出人行道，其宽度不小于 0.7m。如果两条斜井的坡度都在 30° 以上，而无其他出口时，两个斜井均应隔出坚固的人行道，人行道的设置要求见表 2-6。

表 2-6 人行道设置要求

斜井用途	箕斗斜井	串车斜井			皮带斜井	行人斜井
		设置人车	不设人车	斜井中行人		
对设置人行道的要求	一般不设人行道	设人行道	设人行道	隔出坚固人行道*	皮带机两侧均设人行道	专为行人
人行道宽度/mm	—	≥700	≥700	≥1200	≥700	≥1800

注：1. 注 * 者为间隔方法沿井筒每隔 1.5~2m 设一钢轨（或圆木）立柱，立柱间设隔板，隔板应稍高于提升容器。
　　2. 人行道垂高应不小于 1.8m。

（5）在上下人车处，其站台宽度不应小于 1m，站台长度不应小于一组人车长的 1.5~2 倍。

乘人钢丝绳皮带斜井上、下人平台尺寸按表 2-7 要求设置。

表 2-7 平台尺寸 （mm）

平台尺寸	上人平台	下人平台
高度	低于皮带表面 300	低于皮带表面 300
宽度	600~800	800~1000
长度	3000~6000	6000~10000
平台顶面以上至支架的距离	≥1700	≥1800

b 安全间隙

（1）提升设备与支架间安全距离，当斜井采用木材、钢筋混凝土预制支架、喷射混凝土、喷浆、锚杆支护及不支护时，应不小于0.25m。

（2）当采用钢丝绳皮带运人时，皮带表面距顶部支架一般不小于0.8m。

（3）两提升设备间的最突出部分间隙不应小于0.2m。

（4）钢丝绳皮带（或普通皮带）运输机与其他提升设备最突出部分间隙不应小于0.7m。

c 排水沟设置

当斜井井筒滴水较大时，应设置排水沟。

d 防跑车装置和轨道防滑措施

（1）斜井内的轨道铺设必须与运送人员车辆的防跑车装置相适应；

（2）斜井必须装有防止跑车的保险装置。斜井的上部和中间的各停车场必须设有挡车器或挡车栏杆；

（3）当斜井倾角大于20°时，井筒中的轨道铺设应采取相应的防滑措施。

B 斜井的辅助设施

a 轨道

（1）钢轨类型及轨距的选择。斜井中用的钢轨类型随提升容器及其有效载重量而定，其关系见表2-8。

表2-8 斜井用钢轨类型

提升容器重量/t	<2	<5	<8	<12
钢轨类型/kg·m^{-1}	15	18	24	33~38

斜井轨道的轨距，一般对于矿车提升采用600~762mm；对于台车或箕斗提升采用900~1435mm。

（2）轨道铺设及防滑。倾角10°~20°斜井，一般多采用在巷道底板挖槽，然后将枕木嵌入槽内使枕木固定。

$$槽宽 = 枕木宽 + （100~200）mm$$

$$槽深 = \frac{2}{3}枕木厚 + 50mm 道碴厚$$

$$槽长 = 枕木长 + （100~200）mm$$

实践证明，固定轨枕法虽然对阻止枕木下滑起到一定的作用，但由于车辆在运行过程中产生振动，使道钉松动，仍然可能发生下滑，效果不好，且施工比较复杂。

当斜井倾角较小时，轨道下滑甚微，设计时可不考虑特殊的防滑措施；当倾角大于20°~25°时，应考虑特殊的防滑措施。现就几个矿山所使用的防滑装置介绍如下。

1）固定轨枕法：

每隔5~6m加一根长方木代替枕木，两端插入井壁内，且在枕木间加撑木。

每隔一定距离（一般为一节钢轨长度）在巷道底板打木桩，然后在枕木间安撑木。

有的矿山采用打钢钎、加横向拉杆的办法，将枕木固定，效果较好。

2）固定钢轨法：

即在井筒底板上每隔30~50m设一混凝土底梁（或其他固定装置）将钢轨与防滑底梁相固定，以防止钢轨下滑（图2-6~图2-9）。

某矿主坡所采用的防滑装置如图 2-6 所示。井筒中每隔 20m 设置一防滑底梁。其缺点是枕木易被槽钢所挤坏，且易腐烂，不能经久耐用。

某矿人车斜坡防滑装置如图 2-7 所示。它是利用特制的鱼尾板卡在两枕木之间，以防止钢轨下滑，使用效果良好。

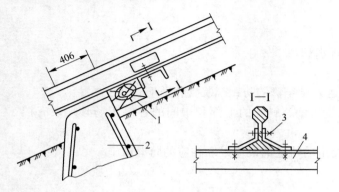

图 2-6　固定钢轨方法一

1—枕木；2—钢筋混凝土底梁；3—螺栓；4—槽钢

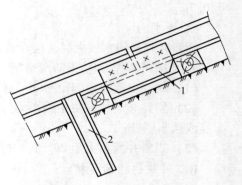

图 2-7　固定钢轨方法二

1—特制鱼尾板；2—钢轨

某矿人车斜井防滑装置如图 2-8 所示。其特点主要是钢轨与底梁之间垫以枕木，增加了弹性。其缺点是地脚螺栓易锈蚀，造成维修和更换上的困难。

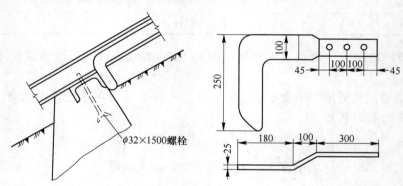

图 2-8　固定钢轨方法三

某矿一号箕斗斜井第一水平至第二水平延深部分所采用的防滑装置如图 2-9 所示。井筒中每隔 40m 设一防滑底梁，强度和可靠性较好，但构件加工较复杂。

　b　斜井人行道踏步

（1）人行道踏步：当斜井坡度较缓、距离较短、服务时间也短时，有的矿山就用简易的方法，将人行道的踏步加以平整，踢脚用木板（木桩）。一般用料石、混凝土预制块，也可采用混凝土整体浇灌。

人行道踏步宽度和高度的一般公式：

$$S = 2h + T = 650 \sim 700\text{mm} \tag{2-34}$$

式中　S——平均步距（地面建筑为 600mm；坑下应适当增大至 630~700mm）；

　　　T——踏步宽度，mm；

h——台阶高度，mm。

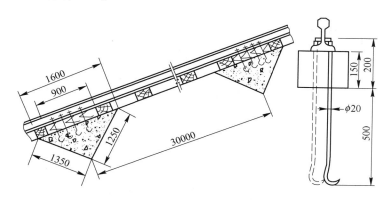

图 2-9　固定钢轨方法四

踏步尺寸，可参考表 2-9。

表 2-9　踏步尺寸表

名　称	角　度			
	16°	20°	25°	30°
踏步高 h/mm	120	140	160	180
踏步宽 T/mm	420	385	340	310

（2）有的斜井中，踏步利用水沟盖板作台阶，这种方法可使断面布置紧凑，减少工程量，也节省材料。但这种方法也有一定缺点，如：清理不方便，影响人行以及两帮出水进入水沟不方便等。

利用水沟盖板作台阶，有两种方式，如图 2-10 所示。

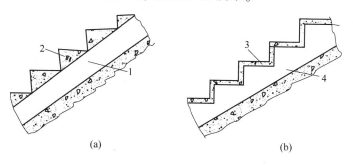

(a)　　　　　　　　　　　　　　(b)

图 2-10　水沟盖板兼作台阶示意图

1，4—水沟；2—预制（或浇灌）混凝土盖板；3—混凝土预制板

图 2-10（a）施工简单，台阶比较稳固，效果较好，但混凝土消耗量大。图 2-10（b）混凝土消耗量略少，但施工复杂，混凝土预制板容易活动、不稳固。

　　c　扶手

扶手安设的高度一般为 800～900mm。坡度大可适当低些，扶手与墙壁的距离一般为 80～100mm。扶手的材料多为管材，管材直径 50mm 左右，也有用方木的，规格为 80mm×

100mm 左右。扶手多用角钢或管材等架设在井壁上。

　　d　管缆敷设

　　（1）充填斜井：

　　1）为便于管路的检修，一般都用混凝土墩将管子架起，其高度以检修更换方便为原则。

　　2）为使管路不下滑，在混凝土墩里预埋角钢（或其他型钢）配合管卡子固定管路。

　　3）管子的间距要考虑更换位置。

　　4）墩座埋深，视斜井倾角大小、底板岩石情况，以不滑动、不倾倒为原则。

　　（2）有提升容器的斜井。当串车提升掉道或跑车时，敷设在井筒中的管缆就有可能被损坏，故设计时应尽量不将管路和电缆敷设在串车提升的斜井中，若必须设置时，应采取相应的保护措施。一般管路设置在人行道一侧，以便检修和维护，并且尽量架设在高于提升容器的井壁上，以减少被碰坏的可能性。

　　斜井中电缆与管路同时敷设时，最好两者分别设置在井筒两侧，如果电缆与管路在同一侧敷设时，电缆应架设在管子上方，且距管子 0.3m 以上。此外电缆应尽量敷设在高于提升容器的位置。

　　悬挂管缆敷设的方法与平巷相同。

　　e　水沟

　　斜井中的水沟，由于流速较大，当服务年限较长，一般应以混凝土砌筑；当服务年限较短时，可不砌筑。

　　（1）水沟布置方式：

　　1）水沟布置在人行道侧：人行台阶与水沟平行布置，斜井跨度相应增加，工程量稍大。

　　2）水沟与人行道台阶重叠布置（即水沟盖板兼作人行台阶）：此种布置方式，可减小斜井跨度，使工程量相应减少。

　　3）水沟设在非人行道一侧：采用此种方式，需加宽非人行道宽度，工程量也相应增加（皮带斜井有条件时优先用）。

　　（2）横向水沟：斜井中横向水沟的数量，是根据井筒涌水量大小而定。一般设置在下列位置：

　　1）含水层下方；

　　2）井筒与井底车场连接处附近；

　　3）皮带斜井中皮带接头硐室下方；

　　4）皮带或箕斗斜井井筒与井底车场联络巷道附近。

　　皮带或箕斗斜井，应尽量将上部井筒中的涌水通过井筒与井底车场联络巷道，引至井底车场附近的主水仓，以减少井底排水量和水窝的清理工作量。故斜井井筒中，井底车场水平以上的水沟与下部水沟应尽量互相隔断。

　　2.1.2.2　斜井井筒断面布置

　　斜井井筒的断面形状和支护选择与巷道基本相同。但斜井井筒是矿井的主要进出口，服务年限长，因此现有生产矿井的斜井多用拱形石材支护。近年来，在一般围岩较稳定的条件下，有些斜井采用光面爆破、锚喷支护取得良好效果。实践证明，这对加快井筒施工速度，降低成本是一项行之有效的措施。

梯形断面的木材、金属或钢筋混凝土支架在斜井井筒中应用较少。因这种支架维修量大，使用年限短，尤其在串车斜井中，一旦发生跑车易被砸坏，不利于安全生产，故一般仅适用于围岩条件较好、服务年限较短的片盘斜井等小型矿井。

斜井井筒的断面布置，一方面要有效合理地使用断面所有空间，减少井筒工程量，另一方面要有利于安全生产，便于井筒的维修，断面布置不宜过于紧凑，应充分留有余地。

断面布置的原则如下：

（1）井筒内提升设备与管路、电缆之间以及设备与支架之间的间隙，必须保证提升的安全，并要考虑到升降最大设备的可能性。

（2）有利于在生产期间井筒的检修、维护、清扫以及人员通行的安全方便。

（3）尽可能避免或减少在提升发生跑车事故时对井筒内管线和其他设备的破坏。

（4）串车斜井一般为进风井，少数也用作回风井，井筒断面要考虑通风要求。

现将各种斜井井筒的断面布置分述如下。

A 串车斜井井筒断面布置

串车斜井井筒断面布置包括提升串车的轨道、人行道、水沟和管路等。图 2-11 为单钩提升 1t 矿车兼提人车的斜井井筒断面布置实际情况。

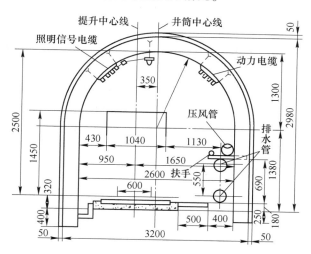

图 2-11 某矿副斜井井筒断面布置示意图

根据水沟和管路布置方式不同，斜井井筒断面布置有以下四种（图 2-12）：

（1）水沟和管路布置在人行道侧，为充分利用断面，管路架在水沟上面（图 2-12（a））。

这种断面布置管路检修较方便，且距轨道较远，发生掉道或跑车时管路不易砸坏，但躲硐将被管路堵住。如将躲硐设在非人行道侧，则又不够安全和方便。

（2）水沟和管路设在非人行道侧，管路架在水沟上面（图 2-12（b））。这种断面布置便于设置躲硐，但管路靠近轨道，一旦发生掉道或跑车，管路易砸坏。

（3）管路与水沟分开布置，管路设在人行道侧，水沟设在非人行道侧（图 2-12（c））。这种断面布置与图 2-12（a）布置的特点相同，但需加大非人行道侧的宽度。

（4）管路与水沟分开布置，管路设在非人行道侧，水沟设在人行道侧（图 2-12（d））。这种断面布置与图 2-12（b）布置的特点相同，但需加大非人行道侧的宽度。

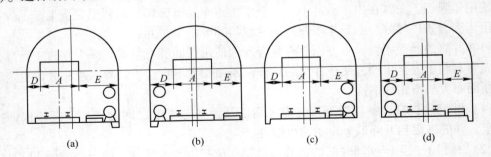

图 2-12 串车斜井井筒断面布置方式

比较上述四种断面布置可以看出，前两种布置较紧凑，后两种断面宽度稍大，但拱形断面的墙高可适当降低，总起来说断面增大不多。在生产实践中，考虑到井筒升降大型设备的可能以及生产发展的需要，往往采用后两种布置较多。

串车斜井难免可能发生掉道或跑车事故，故设计时应尽量不将管路和电缆设在串车提升的井筒中，尤其是提升较频繁的主井，更应避免。近年来，有些矿山利用钻孔将管路和电缆直接引到井下。

当斜井内不设管路时，断面布置与上述基本相似，水沟可布置在任何一侧，但多数设在非人行道侧。

井筒断面尺寸主要根据井筒提升设备、管路和水沟的敷设，以及通风等需要来确定。

非人行道侧提升设备与支架之间的间隙 D，考虑到在生产过程中支架变形及升降大型设备的需要，应不小于 300mm 为宜。如将水沟和管路设在非人行道侧，其宽度还要相应加大。

人行道宽度，按"煤矿安全规程"规定不小于 700mm。若电缆、水沟布置在此侧以及考虑巷道变形等因素，人行道宽度 E 按 760~900mm 设计较为合适。如管路设在人行道侧，其宽度要相应加大。

提升人车的斜井井筒中，在上、下人车停车处应设置乘车站台。站台宽度应不小于 1.0m，长度不小于一组人车总长的 1.5~2.0 倍。

提升设备的宽度 A，应按设备最大宽度考虑。故要提升人车的井筒，应按人车宽度决定。煤矿斜井人车规格尺寸见表 2-10。

表 2-10 斜井人车规格尺寸部分案例

人车型号	轨距 /mm	最大速度 /m·s⁻¹	使用倾角 /(°)	最大牵引力 /kg	外形尺寸/mm			承载人数 /人	人车使用道床要求	制造厂家或研制单位
					长	宽	高			
CRX-4-10	600	3.5	6~30	5000	4500	1035	1450	10	木枕道碴	吉林矿山机械厂
CEX-4-15	600	3.5	6~30	5000	4500	1335	1450	15	木枕道碴	吉林矿山机械厂
XC-10	600	3.5	6~30	5000	4500	1038	1450	10	木枕道碴	江西乐平矿山机械厂

续表 2-10

人车型号	轨距 /mm	最大速度 /m·s⁻¹	使用倾角 /(°)	最大牵引力 /kg	外形尺寸/mm			承载人数 /人	人车使用道床要求	制造厂家或研制单位
					长	宽	高			
CPX-10	600	3.5	6~30	5000	4500	1035	1450	10	木枕道碴	常州第二煤矿机械厂
红旗2号①	600	3.77 2.5	8~40	3000	3300	1100	1510	15	固定道床	平庄矿务局 元宝山矿机厂
湘郡2-20①	600	3.4	8~40	4000	3450	1040	1621	10	固定道床	涟邵局机修厂
SR-10	600	4.0	8~40	4000	3385	1050	1558		固定道床	辽宁煤炭研究所

① 此种斜井人车采用抓捕钢轨的钢丝绳螺旋缓冲器，故试用于固定道床。

表 2-11 为根据矿井下通用设计 TS0211 1t 矿车单钩串车斜井井筒标准设计断面布置及各部尺寸。

表 2-11 单钩串车斜井井筒标准设计断面布置及各部尺寸 （mm）

巷道名称	A	B	D	E	F	H	R	h
单轨矿车（水沟设在非人行道侧）	800	2200	520	800	140	1210	1100	1150
单轨人车（水沟设在非人行道侧）	1040	2300	460	800	170	1360	1150	1450
单轨人车（管子设在非人行道侧）	1040	2600	760	800	20	1210	1300	1450
单轨人车（管子设在人行道侧）	1040	2600	410	1150	370	1210	1300	1450

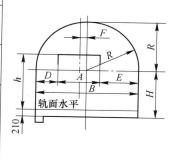

双钩串车斜井井筒断面布置与上述单钩串车斜井基本相同，仅增加一条提升轨道而已，1t 矿车兼作提升人车双钩串车斜井井筒标准设计断面布置及各部分尺寸如表 2-12 所示。

表 2-12 双钩串车斜井井筒标准设计断面布置及各部尺寸 （mm）

	巷道名称	A	B	C	D	E	F	G	H	I	R	r
半圆拱	双轨人车（水沟设在非人行道侧）	1040	3600	210	460	850	820	430	860	—	1800	—
	双轨人车（管子设在非人行道侧）	1040	3850	210	760	800	645	605	990	—	1925	—
三心拱	双轨人车（水沟设在非人行道侧）	1040	3550	210	460	800	795	455	1330	1180	2460	930
	双轨人车（管子设在非人行道侧）	1040	3850	210	760	800	645	605	1230	1280	2660	1010

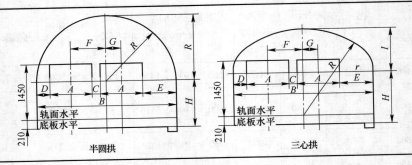

半圆拱　　　　　　　　　　　三心拱

B　箕斗斜井井筒断面布置

箕斗斜井为出煤井，一般在大、中型矿井采用，皆为双箕斗双钩提升，并且不设置管路（洒水管除外）和电缆。箕斗斜井井筒断面大小主要根据箕斗规格尺寸来确定。斜井箕斗规格尺寸见表2-13。采用不同载重量箕斗的斜井井筒断面布置尺寸见表2-14。

表 2-13　斜井箕斗主要规格尺寸

箕斗容量/t	规格尺寸/mm				
	A	a	h	d	轨距
3	1630	1204	1485	800	1300
4	1730	1304	1600	800	1400
6	1770	1268	1840	900	1400
8	1870	1402	1900	900	1500

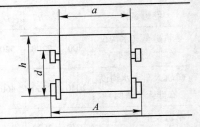

表 2-14　斜井箕斗主要规格尺寸

断面	箕斗容量/t	A/mm	B/mm	C/mm	d/mm	h/mm	H/mm	E/mm	F/mm	G/mm	R/mm	r/mm	净断面/m²
半圆拱	3	1630	4480	220	800	1485	960	1225	625	—	2240	—	12.1
	4	1730	4680	220	800	1600	960	1275	675	—	2340	—	13.0
	6	1770	4770	230	900	1840	1130	1300	700	—	2385	—	14.3
	8	1870	4970	230	900	1900	1180	1350	750	—	2185	—	15.5
三心拱	3	1630	4480	220	800	1485	1150	1225	625	1490	3100	1170	10.1
	4	1730	4680	220	800	1600	1260	1275	675	1560	3240	1230	11.6
	6	1770	4770	230	900	1840	1430	1300	700	1590	3300	1250	12.7
	8	1870	4970	230	900	1900	1480	1350	750	1660	3440	1300	13.8

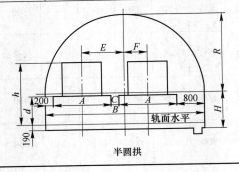

半圆拱

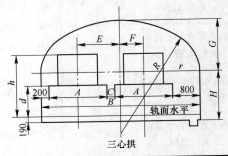

三心拱

C 胶带斜井井筒断面布置

在胶带机斜井中,为便于检修胶带输送机及井内其他设施,井筒内除设胶带输送机外,还应铺设检修道,以便升降在安装、检修中所需的设备。有的矿井检修道还兼供提升人车用。

根据胶带输送机、检修道和人行道三者相对位置的不同,胶带机斜井的井筒断面有三种布置形式(图2-13)。

实践经验证明,图2-13(b)布置形式,在检修时对装卸设备、清扫撒煤及检修操作都不方便,故这种形式一般都不采用。图2-13(c)布置形式,由于检修道两侧均无人行道,故装卸设备及维修检修道不方便,亦不宜采用。图2-13(a)布置形式则比较好,既有利于检修胶带机和轨道,又便于设备的装卸及井筒内撒煤的清扫。因此,大多数皮带斜井都采用这种布置形式。图2-14为淮南某矿皮带暗斜井井筒采用这种断面布置的实例,该斜井采用1.0m宽吊挂胶带,检修道同时兼提升人车。

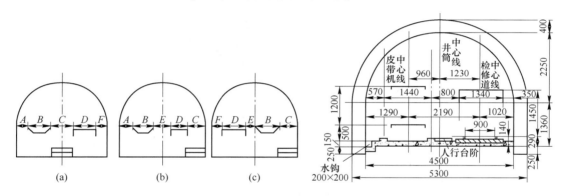

图2-13 胶带机斜井井筒断面布置方式   图2-14 某矿皮带暗斜井井筒断面布置

胶带机斜井断面尺寸主要根据运输设备及安全间隙来确定。图2-13所示各部分宽度如下:

为便于检修胶带机、清扫撒煤和设置水沟,胶带机外缘与井壁之间间隙 A 不应小于400mm,一般为400~500mm。

人行道宽度 C 按规定不小于700mm,一般设计为800~900mm。

检修道宽度 D,根据提升设备确定。若检修道兼工作人员提升时,其宽度应取人车或矿车二者中最宽的作为设计依据。

检修道提升容器外缘与支架之间间隙 F,设计时应考虑到升降大型设备及井壁变形的可能,故通常取250~400mm为宜。

2.1.2.3 斜风井井筒及井口布置

A 井筒

斜风井井筒多采用半圆拱形断面、料石或混凝土,以减少通风阻力,降低通风费用。近年来也有采用光面爆破、喷射混凝土支护的。

斜风井井筒断面尺寸主要根据井筒通过的风量来决定。

斜风井倾角根据煤(矿)层赋存条件、矿井开拓布置等来决定。但为了减少井筒工程量，缩短井筒长度，一般倾角皆大于 20°，但不宜超过 30°。少数小型矿井或不行人的斜风井倾角也可达 45°。

斜风井井筒一般作为矿井的安全出口，因此，为行人方便，在井筒一侧设有人行台阶。如井筒内有水，另一侧还应设水沟。

B   井口布置

a   布置形式

斜风井井口包括井筒、风硐、人行道（安全出口）及防爆门等。通常采用以下几种布置形式：

第一种布置形式（图 2-15），适用于表土层薄、地质条件好、采用轴流式通风机通风的情况下。如图 2-15（a）所示形式，人行道与井筒联接处容易施工，因此应优先考虑采用。若地形或地面布置条件不允许时，也可采用图 2-15（b）的形式。

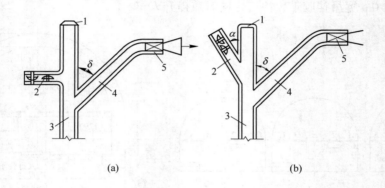

图 2-15   斜风井井口布置形式

1—防爆门；2—人行道；3—风井井筒；4—风硐；5—风机

第二种形式（图 2-16）适用于表土层较厚或施工困难的地区，其特点是人行道与井筒合并布置，减少施工困难。

第三种布置形式（图 2-17）适合采用离心式通风机的情况，以利于地面布置。

b   设计注意事项

斜风井井口布置可以多种多样，主要取决于地质地形情况及通风机型式。但应注意以下两点：

（1）为减少风机阻力和便于施工，风井井筒与风硐夹角以 30°～45°为宜。

（2）防爆门应正对井筒风流方向。

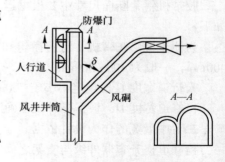

图 2-16   斜风井井口布置

风井井口防爆门是否能起到保护通风机的作用，目前认识不一致。有些矿井风井防爆门因长期失修已不起作用，对这一问题，有待于今后通过生产实践和科学实验加以解决。

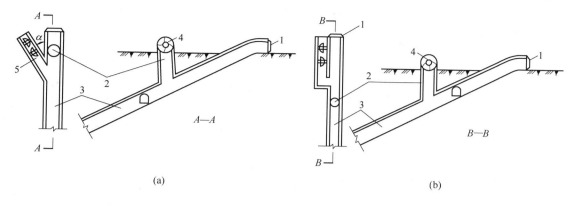

图 2-17　采用离心式风机时斜风井井口布置
1—防爆门；2—风硐；3—风井；4—风机；5—人行道

2.1.3　平硐断面的设计

2.1.3.1　平硐（巷）净高度的确定

平硐净高应满足运输、行人及管缆架设的要求：

（1）平硐（巷）的最小高度应符合安全规程的有关规定。

（2）当采用木支架和钢筋混凝土预制支架时，平硐（巷）高度应考虑 100mm 的下沉量。

（3）架线式电机车运输平硐（巷）的高度：

1）平硐（或主要巷道）由轨面起到电机车架线的高度不得小于 1.8m；

2）井底车场不得小于 2m；

3）机械运送人员的上下车处不得小于 2.2m；

4）由电机车架线到顶板支护的高度不得小于 0.2m；

5）电机车架线悬挂在巷道一侧时，人行道应设在另一侧；

6）采用平硐溜井运输的平硐，矿车顶面距架线高度的距离不得小于一块矿石最大块度的尺寸；

7）平硐（巷）底板到轨面高度 h 见表 2-15。

$$h = h_\text{轨} + h_\text{垫} + h_\text{枕} + h_\text{碴} \tag{2-35}$$

式中　$h_\text{轨}$——钢轨高度，mm；

$\quad\quad h_\text{垫}$——垫片高度，mm；

$\quad\quad h_\text{枕}$——枕木高度，mm；

$\quad\quad h_\text{碴}$——枕木下面的道碴高度，mm。

用电机车运输时，$h_\text{渣} \geq 100$mm；用人推车运输时，$h_\text{渣} \geq 50$mm。

（4）用蓄电池式电机车运输或用其他运输方式时，轨面到顶板支护的高度不得小于 1.9m。

（5）用人力运输或无运输设备的平硐（巷），轨面（或巷道底板）到顶板支护的高度不得小于 1.8m。

表 2-15　平硐（巷）底板到轨面高度 h 值　　　　　　　（mm）

钢轨类型		8kg/m	11kg/m	15kg/m	18kg/m	24kg/m
轨枕	钢筋混凝土	320（260）	320（270）	350	350	400
	木材	300（250）	320（360）	320	320	350

注：括号内尺寸为人推车运输。

2.1.3.2　平硐（巷）壁高的确定

当架线式电机车运输巷道的壁高决定于集电弓与墙壁之间的最小距离（200mm）时，其计算公式为：

（1）三心圆拱巷道：如图 2-18 所示。

当 $\dfrac{r-a+K}{r-200} \geqslant 0.55$ 时

$$h_3 = h_4 + h_c - \sqrt{(r-200)^2 - (r-a+K)^2}$$
（2-36）

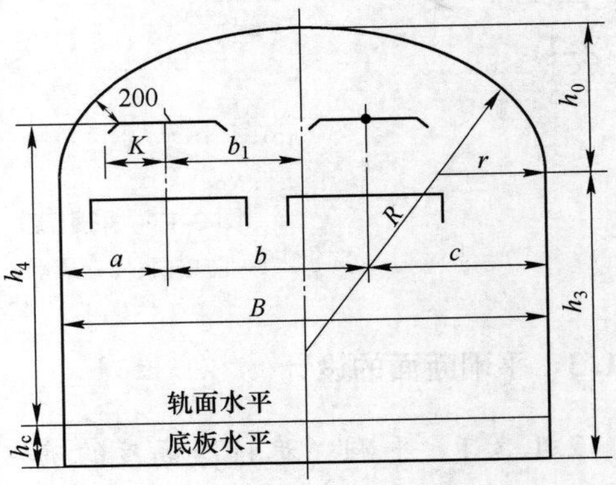

当 $\dfrac{r-a+K}{r-200} < 0.55$ 时

图 2-18　三心拱架线式电机车巷道按运输壁高计算

$$h_3 = h_4 + h_c - h_0 + R - \sqrt{(R-200)^2 - (K+b_1)^2} \tag{2-37}$$

式（图）中，h_3 为从底板算起，巷道的壁高，mm；h_4 为从轨面算起，电机车的架线高，mm；h_0 为拱高，mm；h_c 为从底板至轨面的高度，mm；r、R 为拱的小半径和大半径，mm；a、c 为非人行道侧帮及人行道一侧轨道中心线至壁的距离，mm；b_1 为轨道中心线与巷道中心线间距，mm；K 为电机车集电弓宽度之半，mm。一般 $2K = 800 \sim 900$mm。

（2）半圆拱巷道，如图 2-19 所示。

$$h_3 = h_4 + h_c - \sqrt{(R-200)^2 - (K+b_1)^2} \tag{2-38}$$

当架线式电机车运输巷道的壁高决定于管子架设高度的要求时，（直线巷道）其计算公式为：

（1）三心圆拱巷道，如图 2-20 所示。

$$h_3 = h_b + 1800 + h' - \sqrt{r^2 - \left[r - \left(\frac{B}{2} - b_2 - K - 300 - D\right)\right]^2} \tag{2-39}$$

式中的符号如图 2-20 所示。

（2）半圆拱巷道，如图 2-21 所示。

$$h_3 = h_b + 1800 - h' - \sqrt{R^2 - [R - (R + b_1 - K - 300 - D)]^2} \tag{2-40}$$

式（图）中，h_b 为道碴厚度，mm；B 为巷道净宽，mm；D 为压风管的法兰盘外径，

mm；300 为集电弓距管子的最小距离，mm；1800 为人行高度（从道碴面算起），mm。

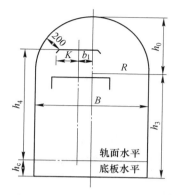 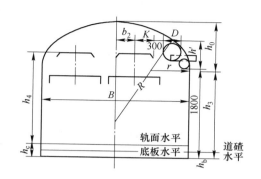

图 2-19 半圆拱架线式电机车巷道
按运输壁高计算

图 2-20 三心拱架线式电机车巷道
按管子架设要求壁高计算

从前面两种情况中计算出的巷道壁高中，选取其较大值。

非架线式电机车运输，无管道的巷道壁高决定于人行道高度时：

（1）三心圆拱巷道，如图 2-22 所示。

$$h_3 = 1800 + h_b - \sqrt{r^2 - (r - 50)^2} \qquad (2\text{-}41)$$

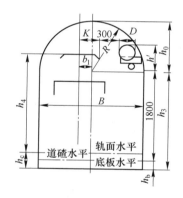 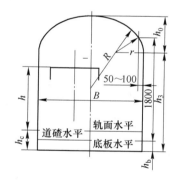

图 2-21 半圆拱架线式电机车巷道
按管子架设要求壁高计算

图 2-22 三心圆拱巷道按人行
要求壁高计算

（2）半圆拱巷道，如图 2-19 所示。

$$h_3 = 1800 + h_b - \sqrt{R^2 - (R - 50)^2} \qquad (2\text{-}42)$$

式中，h_b 为道碴厚度。

倾斜巷道的净高，其高度应保证垂直高度合乎《煤矿规程》相关规定。

2.1.3.3 巷道断面计算公式

计算巷道断面时需要参考井下架线式电机车、矿车及辅助车辆相关标准规定的尺寸。

（1）木支架（混凝土预制支架）梯形巷道断面计算公式见表 2-16 及表中图解。

表 2-16 梯形巷道断面计算公式

序号	项目名称		单位	符号和计算公式	图 解
1	从轨面起至电机车（矿车）的高度		mm	h	
2	从轨面至道碴面高度		mm	h_a	
3	从底板至道碴面高度		mm	h_b	
4	从轨面至底板高度		mm	$h_c = h_a + h_b$	
5	从轨面起巷道沉实后的净高度		mm	h_1	
6	从轨面起巷道沉实前的净高度		mm	$h_1' = h_1 + 100$（沉降值）	
7	从道碴面起巷道沉实后的净高度		mm	$h_2 = h_1 + h_a$	
8	从道碴面起巷道沉实前的净高度		mm	$h_2' = h_2 + 100$	
9	从底板起巷道沉实后的净高度		mm	$h_3 = h_2 + h_b$	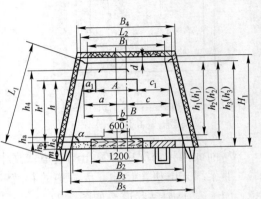 单轨木支架巷道断面图
10	从底板起巷道沉实前的净高度		mm	$h_3' = h_3 + 100$	
11	从底板起巷道设计掘进高度		mm	$H_1 = h_3' + d + t$	
12	从底板起巷道计算掘进高度		mm	$H_2 = H_1 + \delta$（充填厚度）	
13	从轨面起架线电机车架线高度		mm	$H_4 = 2000$	
14	电机车（矿车）最大突出设计宽度		mm	A	
15	棚腿的倾斜角度		(°)	$\alpha = 80°$	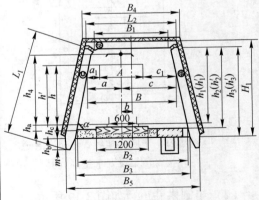 钢筋混凝土预制支架巷道断面图
16	棚腿的斜长	木支架时	mm	$L_1 = \dfrac{h_3 + m}{\sin\alpha} + \dfrac{d}{2}$	
		预制支架时	mm	$L_1 = \dfrac{h_3 + m}{\sin\alpha}$	
17	在车辆水平人行道的宽度		mm	c_1	
18	在车辆水平非人行道侧的宽度		mm	a_1	
19	单轨巷道的净宽度		mm	$B = a + c$	

续表 2-16

序号	项目名称		单位	符号和计算公式	图 解
20	双轨巷道的净宽度		mm	$B = a + b + c$	
21	巷道中心线与轨道中心线间距	单轨	mm	$b = \dfrac{B}{2} - a$	
		双轨	mm	$b = \dfrac{B}{2} - a(或 c)$	
22	巷道顶梁处净宽度		mm	$B_1 = B - 2(h_1 - h)\cot\alpha$	
23	巷道道碴面处的净宽度		mm	$B_2 = B + 2(h + h_a)\cot\alpha$	
24	巷道底板处的净宽度		mm	$B_2 = B + 2(h + h_c)\cot\alpha$	
25	顶梁长度		mm	$L_2 = B_1 + 2d$	
26	巷道顶板的设计掘进宽度		mm	$B_4 = B_1 + 2d + 2t$	
27	巷道顶板的计算掘进宽度		mm	$B'_4 = B_4 + 2\delta$	
28	巷道底板的设计掘进宽度		mm	$B_5 = B_3 + 2d + 2t$	
29	巷道底板的计算掘进宽度		mm	$B'_5 = B_5 + 2\delta$	
30	巷道沉实后的净断面		m²	$S = \dfrac{B_1 + B_2}{2}h_2$	
31	掘进断面		m²	$S_2 = \dfrac{B'_4 + B'_5}{2}H_2$	
32	巷道沉实后的净周长		m	$P = B_1 + B_2 + \dfrac{2h_2}{\sin\alpha}$	

双枕木支架巷道断面图

注：1. 非水平顶梁巷道断面应根据岩层情况及设计要求另行计算。

2. 掘进断面包括充填部分。计算掘进高度 H_2 及掘进高度 B'_4、B'_5 仅供计算使用，图纸上不表示。

3. 除梁腿长度和直径的单位分别用 m 和 cm 表示外，其他长度均以 mm 表示。

4. 式中符号除注明者外，其余分别为：d—坑木直径（一般指小头而言）或钢筋混凝土预制架相应部分的尺寸；δ—岩壁上背板间凹凸不平的填充厚度，平均按 25mm 计算；m—棚腿插入底板深度，一般采用 100~200mm；t—背板厚度，平均按 25mm 计算（若是钢筋混凝土预制架，按实际厚度计算）。

5. 水沟断面应根据实际情况另行设计。

6. 用钢筋混凝土预制架支护，巷道背板的消耗量应根据背板规格尺寸另行计算。

7. 断面积计算取一位小数；支护材料消耗取两位小数，木材消耗取三位小数。

（2）三心拱形巷道断面积计算公式见表 2-17 及表中图解。

表 2-17 三心拱形巷道断面积计算公式

序号	项目名称		单位	符号和计算公式
1	从轨面起电机车（矿车）的高度		mm	h
2	从轨面起巷道的壁高		mm	h_1
3	从道碴面起巷道的壁高		mm	$h_2 = h_1 + h_a$
4	从底板起巷道的壁高		mm	$h_3 = h_2 + h_b$
5	三心拱高		mm	$h_0 = \dfrac{B}{3}$; $h_0 = \dfrac{B}{4}$
6	巷道的设计掘进高度		mm	$H_1 = h_3 + h_0 + d_0$
7	巷道的计算掘进高度		mm	$H_2 = H_1 + \delta$
8	单轨巷道的宽度		mm	$B = a + c$
9	双轨巷道的宽度		mm	$B = a + b + c$
10	巷道的设计掘进宽度		mm	$B_1 = B + 2T$
11	巷道的计算掘进宽度		mm	$B_2 = B_1 + 2\delta$
12	三心拱的大圆半径	$h_0 = \dfrac{1}{3}B$	mm	$R = 0.692B$，$\alpha = 33°41'$
		$h_0 = \dfrac{1}{4}B$	mm	$R = 0.904B$，$\alpha = 26°34'$
13	三心拱的小圆半径	$h_0 = \dfrac{1}{3}B$	mm	$r = 0.262B$，$\beta = 56°19'$
		$h_0 = \dfrac{1}{4}B$	mm	$r = 0.173B$，$\beta = 63°26'$
14	净断面	$h_0 = \dfrac{1}{4}B$	m²	$S = B(h_2 + 0.262B)$
		$h_0 = \dfrac{1}{3}B$	m²	$S = B(h_2 + 0.173B)$
15	掘进断面	$h_0 = \dfrac{1}{3}B$; $d_0 = T$	m²	$S_2 = B_2[h_3 + 0.26(B_2 + T + \delta)]$
		$h_0 = \dfrac{1}{3}B$; $d_0 \neq T$	m²	$S_2 = B_2[h_3 + 0.26(B + 3d_0 + 3\delta)]$
		$h_0 = \dfrac{1}{4}B$; $d_0 = T$	m²	$S_2 = B_2\{h_3 + 0.26(T + \delta) + B[0.62(T + \delta) + h_2 + 0.2B]\}$
		$h_0 = \dfrac{1}{4}B$; $d_0 \neq T$	m²	$S_2 = B_2 h_3 + B(h_2 + 0.2B) + 1.233(B + d_0 + \delta)(d_0 + \delta)$
16	基础掘进断面	有水沟	m²	$S_3 = (m_1 + m_2 + 2\delta)(T + 2\delta)$
		无水沟	m²	$S_3 = (m_1 + \delta)(T + \delta + e) + (m_2 + \delta)(T + 2\delta)$

序号	项目名称		单位	符号和计算公式
17	净周长	$h_0 = \dfrac{B}{4}$	m	$P = 2.33B + 2h_2$
		$h_0 = \dfrac{B}{3}$	m	$P = 2.22B + 2h_2$
18	在车辆水平人行道的宽度		mm	c'
19	在车辆水平非人行道的宽度		mm	M
20	巷道中心线与轨道中心线间距	单轨	mm	$b = \dfrac{B}{2} - a$
		双轨	mm	$b = \dfrac{B}{2} - a$（或 c）
21	巷道允许通过风量		m^3	$Q = S \cdot v$（风速）
22	每延米巷道砌拱所需材料数量	$h_0 = \dfrac{1}{3}B$ $\quad d_0 = T$	m^3	$V_1 = 1.33(B + T)T$
		$d_0 \neq T$	m^3	$V_1 = 0.26(3B_1 d_0 + 2BT)$
		$h_0 = \dfrac{1}{4}B$ $\quad d_0 = T$	m^3	$V_1 = 0.62(B + B_1)T$
		$d_0 \neq T$	m^3	$V_1 = 1.233(B + d_0)d_0$
23	每延米巷道砌壁所需材料数量		m^3	$V_2 = 2h_3 T$
24	每延米巷道基础所需材料数量		m^3	$V_3 = (m_1 + m_2)T + m_1 e$
25	每延米巷道充填拱所需材料数量	$h_0 = \dfrac{1}{3}B$ $\quad d_0 = T$	m^3	$V_4 = 1.33(B + 2T + \delta)\delta$
		$d_0 \neq T$	m^3	$V_4 = 1.33(B + T + d_0 + \delta)\delta$
		$h_0 = \dfrac{1}{4}B$ $\quad d_0 = T$	m^3	$V_4 = 0.62(B_2 + B_1)\delta$
		$d_0 \neq T$	m^3	$V_4 = 1.233(B + 2d_0 + \delta)\delta$
26	每延米巷道充填壁基所需材料的数量		m^3	$V_5 = 2h_3 \delta$
27	每延米巷道充填基础所需材料数量	有水沟时	m^3	$V_6 = (m_1 + 2m_2 + 2T + 3\delta + e)\delta$
		无水沟时	m^3	$V_6 = 2(m_1 + m_2 + T + 2\delta)\delta$
28	每延米巷道基础掘进体积		m^3	$V_7 = S_3$
29	每延米巷道的掘进体积		m^3	$V = S_2 + V_7$
30	每延米巷道的粉刷面积	$h_0 = \dfrac{1}{3}B$	m^2	$S_n = 1.33B + 2h_2$
		$h_0 = \dfrac{1}{4}B$	m^2	$S_n = 1.22B + 2h_2$

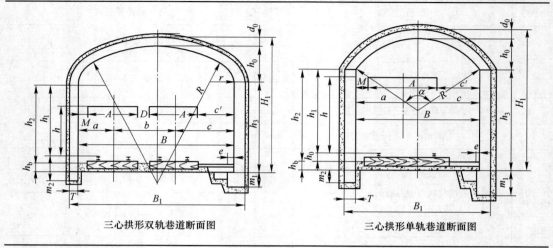

三心拱形双轨巷道断面图　　　　　　　三心拱形单轨巷道断面图

注：1. 本公式适用于计算混凝土拱、料石、混凝土砖或砖壁支护的巷道断面；
　　2. 掘进断面内包括充填部分，但不包括基础的各项工程量；
　　3. 基础尺寸：
　　　（1）基础深度：当没有水沟时为 250~300mm；有水沟时为 450~500mm；
　　　（2）基础宽度：当为混凝土墙时，基础宽度等于墙厚 T；当为砖石墙时，基础宽度等于 $T+125$mm。

（3）半圆拱形巷道断面计算公式见表 2-18 及表中图解。

表 2-18　半圆拱形巷道断面计算公式

序号	项 目 名 称		单位	符号和计算公式
1	从轨面起电机车（矿车）的高度		mm	h
2	从轨面起巷道的壁高		mm	h_1
3	从道碴面起巷道的壁高		mm	$h_2 = h_1 + h_a$
4	从底板起巷道的壁高		mm	$h_3 = h_2 + h_b$
5	拱高		mm	$h_0 = \dfrac{B}{2}$
6	巷道的设计掘进高度		mm	$H_1 = h_3 + h_0 + d_0$
7	巷道的计算掘进高度		mm	$H_2 = H_1 + \delta$
8	单轨巷道的宽度		mm	$B = a + c$
9	双轨巷道的宽度		mm	$B = a + b + c$
10	巷道的设计掘进宽度		mm	$B_1 = B + 2T$
11	巷道的计算掘进宽度		mm	$B_2 = B_1 + 2\delta$
12	净断面		m²	$S = B(0.3B + h_2)$
13	掘进断面	$d_0 = T$	m²	$S_2 = B_2(0.39B_2 + h_3)$
		$d_0 \neq T$	m²	$S_3 = B_2[0.39(B + 2d_0 + 2\delta) + h_3]$

序号	项　目　名　称		单位	符号和计算公式
14	基础掘进断面	无水沟时	m²	$S_3 = (m_1 + m_2 + 2\delta)(T + 2\delta)$
		有水沟时	m²	$S_3 = (m_1 + \delta)(T + \delta + e) + (m_2 + \delta)(T + 2\delta)$
15	净周长		m	$P = 2.57B + 2h_2$
16	在车辆水平人行道的宽度		mm	c'
17	在车辆水平非人行道侧的宽度		mm	M
18	巷道中心线与轨道中心线间距	单轨	mm	$b = \dfrac{B}{2} - a$
		双轨	mm	$b = \dfrac{B}{2} - a(\text{或} c)$
19	巷道允许通过风量		m³	$Q = S \cdot v\,(\text{风速})$
20	每延米巷道砌拱所需材料数量	$d_0 = T$	m³	$V_1 = 1.57(B + T)T$
		$d_0 \neq T$	m³	$V_2 = 0.79(B_1 d_0 + BT)$
21	每延米巷道砌壁所需材料数量		m³	$V_2 = 2h_3 T$
22	每延米巷道基础所需材料数量		m³	$V_3 = (m_1 + m_2)T + m_1 e$
23	每延米巷道充填拱所需材料数量	$d_0 = T$	m³	$V_4 = 1.57(B_1 + \delta)\delta$
		$d_0 \neq T$	m³	$V_4 = 1.57(B + T + d_0 + \delta)\delta$
24	每延米巷道充填壁基所需材料数量		m³	$V_5 = 2h_3 \delta$
25	每延米巷道充填基础所需材料数量	有水沟时	m³	$V_6 = (m_1 + 2m_2 + 2T + 3\delta + e)\delta$
		无水沟时	m³	$V_6 = 2(m_1 + m_2 + T + 2\delta)\delta$
26	每延米巷道基础掘进体积		m³	$V_7 = S_3$
27	每延米巷道的掘进体积		m³	$V = S_2 + V_7$
28	每延米巷道的粉刷面积		m²	$S_n = 1.57B + 2h_2$

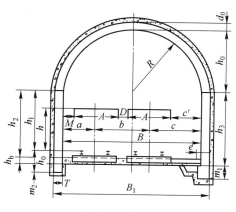

半圆拱形双轨巷道断面图

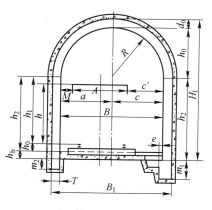

半圆拱形单轨巷道断面图

（4）圆弧拱形巷道断面计算公式见表 2-19 及图表中的图解。

表 2-19　圆弧拱形巷道断面计算公式

序号	项 目 名 称		单位	符号和计算公式
1	从轨面起电机车（矿车）的高度		mm	h
2	从轨面起巷道的壁高		mm	h_1
3	从道碴面起巷道的壁高		mm	$h_2 = h_1 + h_a$
4	从底板起巷道的壁高		mm	$h_3 = h_2 + h_b$
5	圆弧拱高		mm	$h_0 = \dfrac{B}{3}$,　$h_0 = \dfrac{B}{4}$,　$h_0 = \dfrac{B}{5}$
6	巷道的设计掘进高度		mm	$H_1 = h_3 + h_0 + d_0$
7	巷道的计算掘进高度		mm	$H_2 = H_1 + \delta$
8	单轨巷道的宽度		mm	$B = a + c$
9	双轨巷道的宽度		mm	$B = a + b + c$
10	巷道的设计掘进宽度		mm	$B_1 = B + 2T$
11	巷道的计算掘进宽度		mm	$B_2 = B_1 + 2\delta$
12	圆弧拱半径、扇形夹角	$h_0 = \dfrac{B}{3}$	mm (°,′)	$R = 0.5417B$,　$\alpha = 134°44'$
		$h_0 = \dfrac{B}{4}$		$R = 0.625B$,　$\alpha = 106°16'$
		$h_0 = \dfrac{B}{5}$		$R = 0.7251B$,　$\alpha = 87°12'$
13	净断面	$h_0 = \dfrac{B}{3}$	m²	$S_1 = B(h_2 + 0.2406B)$
		$h_0 = \dfrac{B}{4}$	m²	$S_1 = B(h_2 + 0.2406B)$
		$h_0 = \dfrac{B}{5}$	m²	$S_1 = B(h_2 + 0.2406B)$
14	混凝土拱面积	$h_0 = \dfrac{B}{3}, d_0 = T$	m²	$S_2 = (1.13B + 1.30T)T$
		$d_0 \neq T$	m²	$S_2 = (1.13B + 1.30d_0)d_0$
		$h_0 = \dfrac{B}{4}, d_0 = T$	m²	$S_2 = (0.95B + 1.20T)T$
		$d_0 \neq T$	m²	$S_2 = (0.95B + 1.20d_0)d_0$
		$h_0 = \dfrac{B}{5}, d_0 = T$	m²	$S_2 = (0.85B + 1.15T)T$
		$d_0 \neq T$	m²	$S_2 = (0.85B + 1.15d_0)d_0$
15	弓形面积	$h_0 = \dfrac{B}{3}$	m²	$S_3 = 0.241B^2$
		$h_0 = \dfrac{B}{4}$	m²	$S_3 = 0.175B^2$
		$h_0 = \dfrac{B}{5}$	m²	$S_3 = 0.138B^2$

续表 2-19

序号	项目名称		单位	符号和计算公式
16	充填拱面积	$h_0 = \dfrac{B}{3}$, $d_0 = T$	m²	$S_4 = \delta(1.3\delta + 1.13B + 2.6T)$
		$d_0 \neq T$	m²	$S_4 = \delta(1.3\delta + 1.13B + 2.6d_0)$
		$h_0 = \dfrac{B}{4}$, $d_0 = T$	m²	$S_4 = \delta(1.2\delta + 0.95B + 2.4T)$
		$d_0 \neq T$	m²	$S_4 = \delta(1.2\delta + 0.95B + 2.4d_0)$
		$h_0 = \dfrac{B}{5}$, $d_0 = T$	m²	$S_4 = \delta(1.15\delta + 0.85B + 2.3T)$
		$d_0 \neq T$	m²	$S_4 = \delta(1.15\delta + 0.85B + 2.3d_0)$
17	掘进断面		m²	$S = B_2h_3 + S_2 + S_3 + S_4$
18	基础掘进断面	无水沟时	m²	$S_5 = (m_1 + m_2 + 2\delta)(T + 2\delta)$
		有水沟时	m²	$S_5 = (m_1 + \delta)(T + \delta + e) +$ $(m_2 + \delta)(T + 2\delta)$
19	净周长	$h_0 = \dfrac{B}{3}$	m	$P = 2.274B + 2h_2$
		$h_0 = \dfrac{B}{4}$	m	$P = 2.1591B + 2h_2$
		$h_0 = \dfrac{B}{5}$	m	$P = 2.1035B + 2h_2$
20	在车辆水平人行道的宽度		mm	c'
21	在车辆水平非人行道侧的宽度		mm	M
22	巷道中心线与轨道中心线间距	单轨	mm	$b = \dfrac{B}{2} - a$
		双轨	mm	$b = \dfrac{B}{2} - a(或 c)$
23	巷道允许通过风量		m³	$Q = S_1 \cdot v(风速)$
24	每延米巷道砌拱所需材料数量		m³	$V_1 = S_2$
25	每延米巷道砌壁所需材料数量		m³	$V_2 = 2h_3T$
26	每延米巷道基础所需材料数量		m³	$V_3 = (m_1 + m_2)T + m_1e$
27	每延米巷道充填拱所需材料数量		m³	$V_4 = S_4$
28	每延米巷道充填壁基所需材料数量		m³	$V_5 = 2h_3\delta$
29	每延米巷道充填基础所需材料数量	有水沟时	m³	$V_6 = (m_1 + 2m_2 + 2T + 3\delta + e)\delta$
		无水沟时	m³	$V_6 = 2(m_1 + m_2 + T + 2\delta)\delta$
30	每延米巷道基础掘进体积		m³	$V_7 = S_5$
31	每延米巷道的掘进体积		m³	$V = S + V_7$

序号	项目名称		单位	符号和计算公式
32	每延米巷道的粉刷面积	$h_0 = \dfrac{B}{3}$	m^2	$S_n = 1.274B + 2h_2$
		$h_0 = \dfrac{B}{4}$	m^2	$S_n = 1.1591B + 2h_2$
		$h_0 = \dfrac{B}{5}$	m^2	$S_n = 1.1035B + 2h_2$

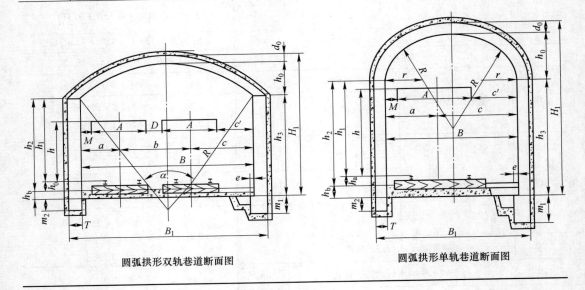

圆弧拱形双轨巷道断面图　　　　　　　　圆弧拱形单轨巷道断面图

2.2　矿床开拓的方法及开拓方案

2.2.1　矿床的开拓基础知识

2.2.1.1　矿床开拓的作用及工程

为了开采埋藏在地下的矿床，首先要进行开拓。开拓工程是从地面掘进一系列巷道和硐室与矿体相通，使之构成一个完整的提升、运输、通风、排水和供风、供水、供电系统，以便在矿床开采中为进行下一个步骤——采准和回采工作创造必要的条件。形成上述工程的开掘工作，称为矿床开拓。为开拓矿床而掘进的井巷工程，称为开拓巷道。

开拓巷道按其在开采矿床中所起的作用，可分为主要开拓巷道和辅助开拓巷道两类。主要开拓巷道用于运输、提升矿石。如主要运输平硐、提升竖井、提升斜井等。这些工程在地表有出口，使地表与矿床相沟通，起着主要开拓作用。辅助开拓巷道，如废石提运、通风（进风或出风）巷道。从上部中段往下部中段溜放矿石的溜矿井，从地表向井下输送充填材料的充填巷道，连接井筒与水平巷道的石门，井下调车用的调车场，各种专用硐室和阶段主要运输巷道等，起辅助开拓作用。

作为一个矿床的开拓系统，并非需要具备上述所有开拓巷道，而是仅用其中的一部分即可，至于需要开掘哪些开拓巷道，应根据实际情况以满足矿床开拓需要为准。主要开拓巷道是矿床通往地表的主要出口，任何类型的矿床开拓系统，都必须有主要开拓巷道。辅助开拓巷道则根据矿床开拓的实际需要而定。对于中小型矿山，在满足安全规程的前提下，应尽量减少开拓工程。

2.2.1.2　开采步骤及其相应的工程

金属矿床地下开采一般按开拓、采准和切割（简称采切）与回采三个步骤进行，如图 2-23 所示，各步骤之间保持一定的时空超前关系，每一步为下一步创造条件，准备出适当的矿量。

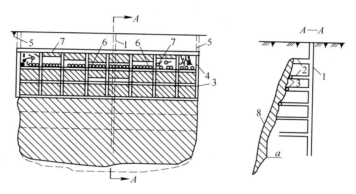

图 2-23　矿床开采的三个步骤和三级矿量

1—主井；2—石门；3—平巷；4—天井；5—副井；6—拉底和漏斗；7—矿块；8—矿体

A　开拓

矿山基本建设计划所体现的开拓工程量，不应包括整个矿床开拓的全部开拓工程，而仅为其中的一部分，即达到设计要求的三级矿量中的开拓矿量所必须的开拓工程量。尤其是小矿山的基建工程更应如此，以节省基建投资，缩短基建时间，提高动态经济效益。

按照对矿床开采的准备程度，地下矿的生产矿量通常划分为三级：开拓矿量、采准矿量与备采矿量，统称为三级矿量。

在一般的开拓工程中，主竖井（或主运输平硐）等工程是必须一次完成的；回风巷道可尽量采用自上而下的接力式施工，这样上部满足了开拓矿量要求，以后可边生产边继续施工深部的通风巷道；同样道理，在那些多中段开拓的矿山，各中段车场、专用硐室和中段主要运输巷道等开拓工程，只要不妨碍基建后的正常生产，能缓施工的就尽量晚些施工，使之早日建成投产，达到早日见效的目的。

B　采准和切割

在开拓完毕的中段或盘区中，掘进采准和切割巷道，将中段或盘区划分成矿块（矿房）或矿壁，同时解决矿块（矿房）或矿壁中的行人、运输和通风等问题，并创造必要的回采作业条件，这项工作叫作采切。采切巷道包括采区天井、凿岩天井与硐室拉底巷道、切割巷道、矿房充填井、漏斗和电耙道等。

C　回采

在已经做好采准和切割工程的矿块（矿房或矿壁）中，进行大量采矿工作的所有生产过程叫作回采。回采包括落矿（凿岩与爆破）、矿石运搬和采场支护等主要生产工序。回采工作结束后，除充填采矿方法外的其他方法（尤其是空场采矿法）的采空区必须及时进行处理，空区处理的主要方法为空区一次充填和崩落围岩等，这样不仅可以控制地压活动，防止和缓和地表错动和陷落，同时如安排得当，可以做到废石不出坑，节省排废石场地和废石排弃费用。

2.2.2　开拓方法

2.2.2.1　开拓方法分类

矿床开拓方法大致可分为单一开拓和联合开拓两大类。凡用某一种主要开拓巷道开拓整个矿床的开拓方法，叫作单一开拓法；有的矿体埋藏较深，或矿体深部倾角发生变化，矿床的上部用某种主要开拓巷道开拓，而下部则根据需要改用另一种开拓巷道开拓，这种方法叫做联合开拓法。常用的开拓方法见表2-20。除此之外，斜坡道开拓以及与其相关的联合开拓也逐渐增多。

表 2-20　开拓方法分类表

开 拓 方 法		主要开拓巷道的型式和位置
单一开拓法	平硐开拓	1. 平硐沿矿体走向；2. 平硐与矿体走向相交
	竖井开拓	1. 竖井穿过矿体；2. 竖井在矿体上盘；3. 竖井在矿体下盘；4. 竖井在矿体侧翼
	斜井开拓	1. 斜井在矿体下盘；2. 斜井在矿体中
联合开拓法	平硐有竖井开拓	矿体上部为平硐，深部为盲竖井
	平硐自斜井开拓	矿体上部为平硐，深部为盲斜井
	竖井有竖井开拓	矿体上部为竖井，深部为盲竖井
	竖井有斜井开拓	矿体上部为竖井，深部为盲斜井
	斜井有竖井开拓	矿体上部为斜井，深部为盲竖井
	斜井有斜井开拓	矿体上部为斜升，深部为盲斜井

2.2.2.2　开拓的方法

主要开拓巷道是决定一个矿床开拓方法的核心，其选择在矿山设计中是至关重要的。

主要开拓巷道类型的选择由以下几个条件来决定：

（1）地表地形条件。不仅要考虑矿石从井下（或硐口）运出后，通往选矿厂或外运装车地点的运输距离和运输条件，同时要考虑附近是否有容积较充分的排废石场地，否则因附近无排废石场地，势必造成废石的远距离运输，从而增加了矿石成本。此外，还需考虑地表永久设施（如铁路）、河流等影响因素。

（2）矿床赋存条件。它是矿山选择开拓方法的主要依据，如矿体的倾角、侧伏角等产状要素对决定开拓方法有重要意义。

（3）矿岩性质。这里主要指的是矿体和围岩的稳固情况。为减少因矿岩稳固程度差或成矿后地压活动的影响而增加的工程维护费用。在选择开拓方法时，必须考虑矿岩性质。

（4）生产能力。就前节所介绍的开拓方法，因主要开拓巷道与巷道装备不同，其生产能力（提升或运输）也不同。一般来说，平硐开拓方法的运输能力最大，竖井高于斜井。

另外，开拓巷道施工的难易程度、工程量。工程造价和工期长短等，虽然不能作为确定开拓方案的重要依据，但决不可忽视。尤其是小型矿山，往往存在施工力量不足和技术素养较差、施工管理跟不上等情况。因此，当地的施工力量和特点，在巷道类型的选择上也应一并考虑。

下面介绍较常用的开拓方法。

A 平硐开拓法

平硐开拓法以平硐为主要开拓巷道，是一种最方便、最安全、最经济的开拓方法。但只有在地形有利的情况下，才能发挥其优点，即只有矿床赋存于山岭地区，埋藏在周围平地的地平面以上才能使用。

采用平硐开拓方法，平硐以上各中段采下的矿石，一般用矿车中转，经溜矿井（或辅助盲竖井）下放到平硐水平，再由矿车经平硐运出地表，如图 2-24 所示。上部中段废石可经专设的废石溜井再经平硐运出地表（入废石场），或平硐以上各中段均有地表出口时，从各中段直接排往地表。

图 2-24 中的 154 m 中段为主要运输中段，主平硐 1 就设在这里。上部各生产中段，废石经 224m 和 194m 巷道直接运出地表，生产矿石经由溜井 2，放到 154m 水平，再经主平硐 1 运出硐口。

平硐开拓方法又有以下几种方案：

（1）与矿体相交的平硐开拓方案。这种开拓方案又有上盘平硐和下盘平硐两种形式。图 2-24 所示是下盘平硐开拓，上盘平硐开拓如图 2-25 所示，这种方案的矿石运输方式与图 2-24 相同，只是因上部中段无地表出口（如条件适合，也可直通地表），人员、设备、材料等由辅助盲竖井 4 提升到上部各中段。为通风需要，在 490m 水平与地表相通。

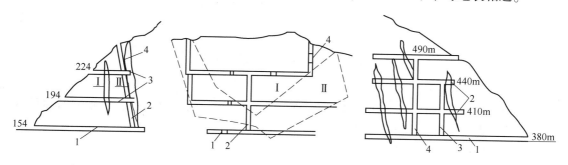

图 2-24　下盘平硐开拓法示意图
Ⅰ，Ⅱ—矿体编号；1—主平硐；2—溜井；
3—上部中段平巷；4—回风井

图 2-25　上盘平硐开拓法示意图
1—主平硐；2—中段平巷；
3—溜井；4—辅助盲竖井

在图 2-24 和图 2-25 中，如果各中段通往矿体的平巷工程量不大，该方案的优点是较为突出的，各中段可同时开工，特别是为上下中段的溜井等工程施工创造了有利条件（如用吊罐法施工天井等工程），可达到压缩工期、缩短基建周期的目的；同时，掘进过程中通风等作业条件也比较好。在选择方案时，平硐短的方案通常应该是平硐与矿体走向正交，这无疑是最理想的。然而，现场条件往往不能如愿。如有以下情况者，就要考虑平硐与矿体斜交的方案：1) 与矿体走向正交时，由于地势不利而加长了平硐长度；2) 与矿体正交时，平硐口与外界交通十分不便，尤其是没有足够的排废石场地和外部运输条件；3) 欲使平硐与矿体走向正交，则需通过破碎带。这种不得不采用平硐与矿体斜交的方案已成为一般通用的方案。

(2) 沿矿体走向的平硐开拓方案。当矿体的一端沿山坡露出或距山坡表面很近，工业场地也位于同一端，与矿体走向相交的平硐开拓方案又不合理时，可采用这种开拓方案。该方案有两种常见的形式：

1) 平硐在矿体下盘。只有矿体厚度很大且矿石不够稳固时才用这种方法。从矿床勘探类型来看，适用于走向较稳定的矿体，即Ⅰ、Ⅱ勘探类型矿体；或者矿体勘探工程较密，尤其是矿体产状在走向方面摸得较清楚。否则因矿体走向不明，而造成穿脉工程过大。

图2-26所表示的下盘沿脉平硐开拓方案，由上部中段采下的矿石经溜井4放至主平硐1并由主平硐运至地表，形成完整的运输系统。人员、设备、材料等由85m平巷、45m主平硐送至各工作地点。

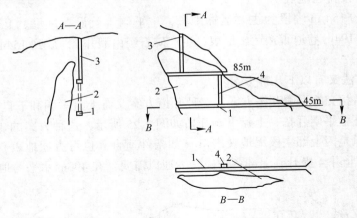

图2-26　沿走向平硐开拓示意图
1—主平硐；2—矿体；3—风井；4—溜井

2) 平硐在矿体内。只有在围岩很不稳固的情况下才采用这种方法，否则将增加平巷和平硐的掘进成本及巷道支护、管理等费用。

　B　竖井开拓法

竖井开拓法以竖井为主要开拓巷道。它主要用来开采急倾斜矿体（一般矿体倾角大于45°）和埋藏较深的水平和缓倾斜矿体（倾角小于20°）。这种方法便于管理，生产能力较高，在金属矿山使用较普遍。

矿体倾角是选择竖井开拓的重要因素，但是，同其他开拓方法的方案选择一样，也受到地形的约束。由于各种条件的不同，竖井与矿体的相对位置也会有所不同，因而这种方法又可分为穿过矿体的竖井开拓、上盘竖井开拓、下盘竖井开拓和侧翼竖井开拓四种开拓方案：

（1）穿过矿体的竖井开拓方案。竖井穿过矿体的开拓方案如图 2-27 所示。这种方法的优点是石门长度都较短，基建时三级矿量提交较快；缺点是为了维护竖井，必须留有保安矿柱。这种方案在稀有金属和贵重金属矿山中应用较少，因为井筒保安矿柱的矿量往往是相当可观的。在生产过程中，编制采掘计划和统计三级矿量时，这部分矿量一般是要扣除的，有可能在矿井生产末期进行回采，且要采取特殊措施，这样不仅增加了采矿成本，而且回采率极低。因此，该方案的应用受到限制，只有在矿体倾角较小（一般在 20° 左右），厚度不大且分布较广或矿石价值较低时方可使用。

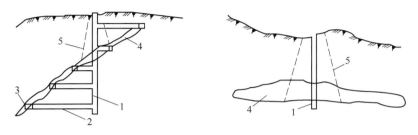

图 2-27 沿走向平硐开拓示意图
1—平硐；2—矿体；3—风井；4—溜井；5—移动界线

（2）下盘竖井开拓方案。下盘竖井开拓是开拓急倾斜矿体常用的方法。竖井布置在矿体下盘的移动界线以外（同时要保留安全距离），如图 2-28（a）所示。从竖井掘若干石门与矿体连通。此方案的优点是井筒维护条件好，又不需要留保安矿柱；缺点是深部石门较长，尤其是矿体倾角变小时，石门长度随开采深度的增加而急剧增加。一般，矿体倾角 60° 以上采用该方案最为有利，但矿体倾角在 55° 左右，作为小矿山亦可采用这种方法。因小矿山提升设备小，为开采深部矿体，可采用盲竖井（二级提升）来减少石门长度，如图 2-28（b）所示。

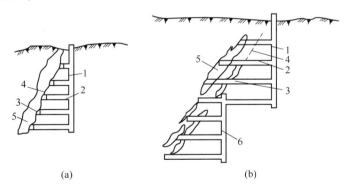

（a）   （b）

图 2-28 下盘竖井开拓
（a）下盘竖井开拓方案；（b）下盘竖井开拓方案（二级提升）
1—竖井；2—石门；3—平巷；4—移动界线；5—矿体；6—盲竖井

（3）上盘竖井开拓方案。竖井布置在矿体上盘移动带范围之外（须留有规定的安全距离），掘进石门使之与矿体连通。这种开拓方案的适用条件是：

1）从技术上看，不可能在矿体下盘掘进竖井（如下盘岩层含水或较破碎，地表有其他永久性建筑物等)。

　2) 上盘开拓比下盘开拓在经济上更为合理 (矿床下盘为高山, 无工业场地, 地面运输困难且费用高), 如在图 2-29 所示的地形条件下, 上盘开拓就更为合适。

　　上盘竖井开拓与下盘竖井开拓相比, 有明显的缺点: 上部中段的石门较长。初期的基建工程量大, 基建时间长, 初期基建投资也必须增加等。鉴于上盘竖井方案本身所存在的缺点, 一般不采用这种开拓方案。

　　(4) 侧翼竖井开拓方案。侧翼竖井开拓方案是将主竖井布置在矿体走向一端的移动范围以外 (并留有规定的安全距离), 如图 2-30 所示。

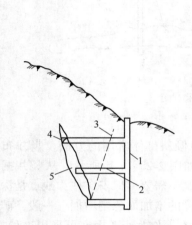

图 2-29　上盘竖井开拓方案
1—上盘竖井; 2—阶段石门; 3—移动界线;
4—中段脉内平巷; 5—矿体

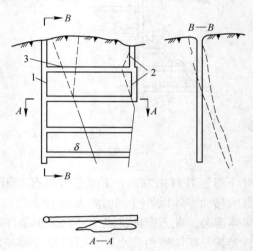

图 2-30　侧翼竖井开拓方案
1—竖井; 2—回风井; 3—移动界线

　　凡采用侧翼竖井的开拓系统, 其通风系统均为对角式, 从而简化了通风系统, 风量分配及通风管理也比较方便。由于前面所提到的原因, 小型矿山凡适用竖井开拓条件的, 大都采用了侧翼竖井开拓方案。如山东省某金矿, 矿体倾角 40°, 厚度 8~14m, 矿体走向长度 400m。上部采用了下盘斜井开拓方案, 设计深度自 +5～ -120m。后期发现深部矿石品位高, 且矿体普遍变厚, 地质储量猛增, 因此在二期工程中, 设计能力由原来的 150t/d 增加到 250t/d; 中段高度由原来的 25m 增加到 30m; 采用了对角式通风系统, 由原来的两侧回风井 (图 2-31 中的 7、9) 改为一条回风井 8。这样, 二期工程由于采用了侧翼竖井开拓方案, 节省了主回风井, 使工期安排更为合理。

　　在金属矿床的竖井开拓中, 除下盘竖井开拓方案外, 侧翼竖井开拓应用较多。与下盘竖井开拓方案相比, 这种方案存在以下缺点: 1) 由于竖井布置在矿体侧翼, 井下运输只能是单向的, 因而运输功大; 2) 巷道掘进与回采顺序也是单向的, 掘进速度和回采强度受到限制。

　　这种开拓方案通常的适用条件如下:

　　(1) 矿体走向长度较短, 有利于对角式通风, 对于中小矿山, 当矿体走向长度在 500m 左右时, 选用这种方案是合理的。

（2）矿体为急倾斜，无侧伏或侧伏角不大的矿体采用侧翼竖井开拓方案，较上下盘竖井开拓方案的石门都短，如图 2-30 和图 2-31 所示。

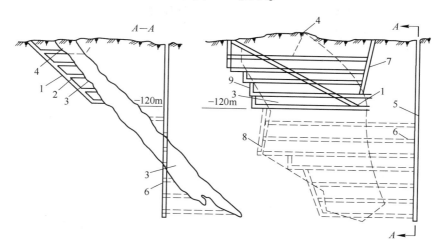

图 2-31　扩建后的侧翼竖井开拓方案
1—斜井；2—石门；3—矿体；4—上部小露天；5—竖井；6—石门；7~9—回风井

（3）矿体上下盘的地形和围岩条件不利于布置井筒，且矿体侧翼有较合适的工业场地，这时的选厂布置在同侧为宜，这样可使矿石的地下运输方向与地表方向一致。

（4）矿体比较厚，或矿体为缓倾斜而面积较大的薄矿体，见图 2-32。

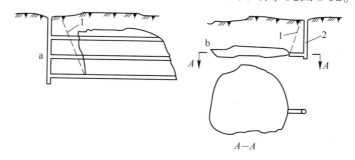

图 2-32　侧翼竖井开拓方案
a—厚度较大矿体；b—缓倾斜薄矿体；1—移动界线；2—竖井

C　斜井开拓法

斜井开拓法以斜井为主要开拓巷道，适用于开采缓倾斜矿体，特别适用于开采矿体埋藏不太深而且矿体倾角为 20°~40° 的矿床。这种方法的特点是施工简便中段石门短、基建工程量少、基建期短、见效快，但斜井生产能力低。因此更适用于中小型金属矿山，尤其是小型矿山。

根据斜井与矿体的相对位置，可分为下盘斜井开拓方案（图 2-33）和脉内斜井开拓方案（图 2-34）。

（1）下盘斜井开拓方案。这种方案是斜井布置在矿体下盘围岩中，掘若干个石门使之与矿体相通，在矿体（或沿矿岩接触部位）中掘进中段平巷。这种开拓方法不需要保安矿柱，井筒维护条件也比较好，这是它的最大优点。此方案在小型金属矿山应用较多，如在山东省招掖断裂带和招平断裂带的矿床，其生产能力在 300t/d 以下的十几个金属矿山大都采用这种方案。这种方案斜井的倾角最好与矿体倾角大致相同，上述地区的矿体倾角均在 35°~42°；多半采用了斜井倾角为 25°~28° 的下盘伪斜井方案。斜井的水平投影与矿体走向夹角 β 为：

$$\sin\beta = \frac{\tan\gamma}{\tan\alpha} \tag{2-43}$$

$$\beta = \arcsin\frac{\tan\gamma}{\tan\alpha} \tag{2-44}$$

式中　γ——已确定的斜井倾角，$\gamma = 24°~28°$；

　　　α——矿体倾角。

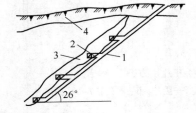

图 2-33　下盘斜井开拓方案
1—斜井；2—中段石门；3—矿体；4—覆土层

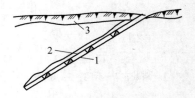

图 2-34　脉内斜井开拓方案
1—斜井；2—矿体；3—覆土层

　　在确定斜井开拓方案之前，必须搞清楚矿体倾斜角度，就是说，在设计前，除了要了解矿体有关产状等资料外，要准确掌握矿体（尤其下盘）倾角，否则，不管是下盘斜井方案或是脉内斜井方案，都会使工程出现问题。如某金矿的下盘斜井开拓方案，因钻控程度较低，只是上部较清楚，设计时按上部已清楚资料为准，完全没预料到 -30m 以下矿体倾角的变化。因此在施工中，当斜井掘到 -25m 时，斜井插入矿体（图 2-35），不得不为保护斜井而留下保安矿柱，结果因地质资料不清楚而造成工程上的失误。

　　要防止上述情况的发生，唯一的办法是按规程进度提交地质资料（这是起码的要求），同时要做调查工作，充分了解和掌握本地区的矿床和矿体赋存规律。而一些中小型矿山，特别是地方小矿山，矿山设计工作在地质资料尚不足或不十分充分的情况下就开始，这时设计者要充分注意矿体深部（或局部）倾角发生的变化（尤其是倾角变急），如果就此地质资料采用斜井，可考虑斜井口距矿体远些，以防矿体倾角发生变化而造成工程上的失误。

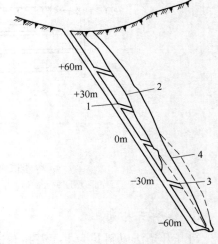

图 2-35　某金矿下盘斜井开拓方案
1—斜井倾角 26°；2—上部矿体界线，倾角 27°；
3—下部原预计矿体界线，倾角 27°；
4—下部实际矿体界线，倾角 35°

（2）脉内斜井开拓方案。采用脉内斜井开拓方案（图2-34）时，斜井布置在矿体内，斜井靠近矿体下盘的位置，其倾角最好与矿体倾角相同（或相接近）。这种开拓方案的优点是：不需掘进石门，开拓时间短，投产快；在整个开拓工程中，同时开采出副产矿石，这种副产矿石可以抵消部分掘进费用；脉内斜井掘进有助于进一步探矿。其缺点是：矿体倾斜不规则，尤其是矿体下盘不规则，井筒难以保持平直，不利于提升和维护；为维护斜井安全，要留有保安矿柱。因此在有色金属矿山或贵重金属矿山，此种方案应用不多，只有那些储量较丰富且矿石价值不高的矿山，才可考虑使用。

D 联合开拓法

由两种或两种以上主要开拓巷道来开拓一个矿床的方法称为联合开拓法。其实质是因矿床深部开采或矿体深部产状（尤其是倾角）发生变化而采用的两种以上单一开拓法的联合使用。即矿床上部用一种主要开拓巷道，而深部用另一种主要开拓巷道补充开拓。成为一个统一的开拓系统。

由于地形条件、矿床赋存情况、埋藏深度等情况的多变性，联合开拓法所包括的方案很多（见表2-20），这里介绍常用的几种联合开拓方案。

（1）上部平硐下部盲竖井开拓方案。当矿体上部赋存在地平面以上山地。下部赋存于地平面以下时，为开拓方便和更加经济合理，矿体上部可用平硐开拓，下部可采用盲竖井开拓，如图2-36所示。

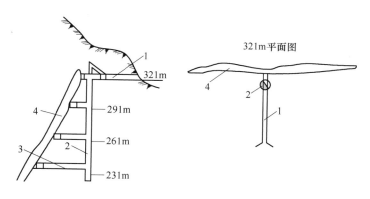

图2-36 平硐竖井联合开拓方案
1—平硐；2—盲竖井；3—石门；4—矿体

在图2-36中，在平硐接近矿体处（见321m平面图）考虑盲竖井的位置时（其影响因素与单一开拓方案中的下盘竖井方案相同），应使各中段石门较短。矿石（或废石）可经盲竖井提升到321m中段。矿车在车场编组后用电机车运出硐口。

这种方案的特点是需要在321m平硐增掘井下车场和卷扬机硐室等工程。如果矿体上部离地表不远，平硐口又缺乏排废场地时（或为了压缩排废石场占用农田面积），可采用平硐竖井道地表的联合开拓方案，这时卷扬机安设在地表，井下废石提升到井口，然后排往井口废石场，而各中段矿石经竖井提升到平硐水平，经平硐运往硐口。在具体选择方案时必须多方面考虑，才能最终确定出最合理的方案。

（2）上部平硐下部盲斜井开拓方案。这种方案的适用条件为：1）地表地形为山岭地区，矿体上方无理想的工业场地；2）矿体倾角为中等（即倾角在45°~55°之间），为盲矿体且赋存于地平面以下；3）地平面以上有矿体，但上部矿体已被土法开采结束，且形成许多老硐者。

这种方法的优点是可以减少上部无矿段或已采段的开拓工程量，缩短斜井长度，从而达到增加斜井生产能力的目的，同时石门长度可尽量压缩，从而缩短了基建时间。

该方案的运输系统如图 2-37 所示，矿石或废石经各中段石门，由盲斜井提到 323 平硐的井下车场，然后经平硐运出硐口。

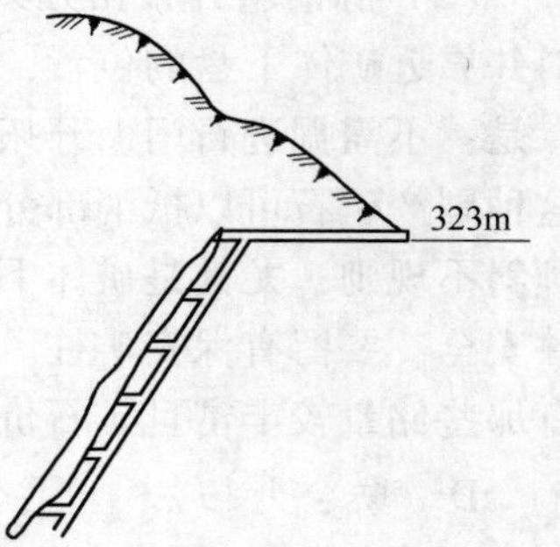

图 2-37　平硐盲斜井开拓方案

（3）上部竖井下部盲竖井开拓方案。这种开拓方案（图 2-38）一般适用于矿体或矿体群倾角较陡，矿体一直向深部延伸，地质储量较丰富的矿山。另外，因竖井或盲竖井的生产能力较大，所以中型或偏大型矿山多用这种方法。

竖井盲竖井开拓方案的优点是：1）井下的各中段石门都不太长，尤其基建初期石门较短，因此可节省初期基建投资，缩短基建期。2）在深部地质资料不清的情况下，建设上部竖井；当深部地质资料搞清后，且矿体倾角不变时，可开掘盲竖井；两段提升能力适当，能使矿山保持较长时间的稳定生产。

（4）上部竖井下部盲斜井开拓方案。如前所述，当上部地质资料清楚且矿体产状为急倾斜，上部采用竖井开拓是合理的。一旦得到深部较完善的地质资料，且深部矿体倾角变缓，则深部可采用盲斜井开拓方案，如图 2-39 所示。这样可使一期工程（上部竖井部分）和深部开拓工程（下部盲斜井部分）的工程量压缩到最大限度，缩短建设时间，使开拓方案在经济上更为合理。

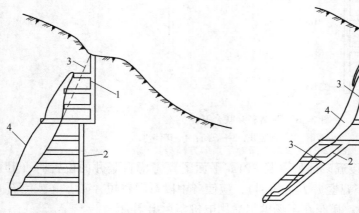

图 2-38　竖井盲竖井开拓方案
1—竖井（或明竖井）；2—盲竖井；
3—移动界线；4—矿体

图 2-39　竖井盲斜井开拓方案
1—竖井；2—盲斜井；3—石门；4—矿体

（5）上部斜井下部盲竖井开拓方案。这种开拓方案一般适用于矿体倾角较缓，且沿倾斜方向延伸较长，或地质储量不大以及生产能力也不大的小矿山。在小型矿山，由于各方面条件的限制，矿山设备（包括矿井提升设备）的规格宜小不宜大，这就给开采深部矿体带来不便。若矿体倾角变缓，其深部开拓可采用与上部同样的斜井，往深部形成

"之"字形折返下降。实际上这种做法在经济上是不合理的，其一，斜井的维护费用较高，提升能力却较低；其二，这样会形成多段（节）提升，将增加不少辅助生产人员，并使下车间管理费增加，从而增加了矿成本；同时，因为设备多，生产环节多，设备事故发生率也高，这又增加了生产管理中的困难。如某金矿就是因上述原因才决定深部采用盲竖井的联合开拓方案。

2.3 非煤地下矿山采矿方法

2.3.1 采矿方法分类与选择

2.3.1.1 采矿方法的概念

如前所述，非煤矿床地下开采的全过程可以概括为矿床开拓，矿块采准切割和回采。矿床开拓后，矿块的外部生产条件已经具备，可以在矿块内进行采准、切割和回采。在矿块中进行的采准，切割和回采工作的总和，称为采矿方法。

采矿方法主要涉及的问题包括：（1）确定矿块结构和参数；（2）确定采准和切割巷道的类型、数目及位置；（3）确定矿块底部结构形式及有关参数；（4）确定矿块回采方法，包括落矿、矿石运搬和采场地压管理方法。

2.3.1.2 采矿方法分类

由于非煤矿床的赋存条件千变万化，矿岩力学性质差别极大，而且矿石种类繁多，价值和品位不同，为了适应不同的条件，生产实践中采用的采矿方法达200种之多，目前常用的就有20多种。

按采场地压管理方法不同，将采矿方法划分为空场采矿法、崩落采矿法和充填采矿法三大类。空场采矿法利用矿岩自身的稳固性和留矿柱进行地压管理；崩落采矿法通过崩落围岩进行地压管理；充填采矿法用充填材料充填采空区进行地压管理。三大类采矿方法中，目前空场采矿法和崩落采矿法用得较多，这与开采深度较浅有关。随着开采深度的增加，充填采矿法的应用比重将不断增大，而空场采矿法的应用会逐渐减少。

根据采矿方法的结构特点、工作面布置形式和落矿方法不同，可进一步将三大类采矿方法划分为若干典型方法，如表2-21所示。

表 2-21 非煤矿床地下采矿方法分类

类　　别	组　　别	典型采矿方法
I. 空场采矿法	1. 全面采矿法	（1）全面采矿法
	2. 房柱采矿法	（2）房柱采矿法
	3. 留矿采矿法	（3）普通留矿法
		（4）选别留矿法
	4. 分段矿房法	（5）分段矿房法
	5. 阶段采矿法	（6）水平深孔落矿阶段矿房法
		（7）垂直深孔落矿阶段矿房法
		（8）垂直深孔球状药包落矿阶段矿房法

续表 2-21

类　　别	组　　别	典型采矿方法
Ⅱ. 崩落采矿法	6. 单层崩落法	(9) 长壁式崩落法
	7. 分段崩落法	(10) 有底柱分段崩落法
		(11) 无底柱分段崩落法
	8. 阶段崩落法	(12) 阶段强制崩落法
		(13) 阶段自然崩落法
Ⅲ. 充填采矿法	9. 单层充填采矿法	(14) 壁式充填采矿法
	10. 分层充填采矿法	(15) 上向分层充填采矿法
		(16) 下向分层充填采矿法
	11. 进路充填采矿法	(17) 上向进路充填采矿法
		(18) 下向进路充填采矿法
	12. 分采（削壁）充填采矿法	(19) 分采充填（削壁充填）采矿法

除房柱采矿法、壁式崩落法和壁式充填法等少数几种采矿方法外，大多数与采煤方法不同，有的甚至完全不同，这主要是由非煤矿床的矿体赋存条件、矿石坚固性、矿岩稳固性及由此带来的采矿工艺特点决定的。本章只介绍目前常用且与采煤方法差别较大的几种采矿方法。

2.3.1.3　采矿方法选择

矿块是矿井最基本的、独立的回采单元，是矿井生产的心脏。采矿方法作为矿块的开采方法，它的选择适当与否，必然对矿井的安全生产、劳动生产率、采出矿石质量、采矿成本以及对矿产资源回收等都有直接影响。所以，采矿方法在非煤矿床开采中占有相当重要的地位。

对采矿方法的基本要求是：(1) 安全性好；(2) 矿石回收率高（一般为 80% ~ 85%）；(3) 矿石贫化率低（一般为 15% ~ 20%）；(4) 矿块生产能力大；(5) 经济效果好。

在具体条件下，当满足上述所有要求有困难时，在尽可能兼顾这些要求的前提下，又要有所侧重。比如：对国家稀缺的矿产，贵重金属与非金属矿石（如金、铂、金刚石等）和高品位富矿，应重点考虑对矿石回收率和贫化率的要求；反之，则应侧重矿块生产能力和采矿成本。

开采石棉、云母、水晶、金刚石、高岭土和滑石等以矿物为直接利用对象的矿床时，采矿方法选择除了应遵循上述的一般原则外，还应满足一些特殊要求。因为这部分矿产具有某种特殊的物理性能，工业上常常直接利用它们这种独特的性质，并按照工业要求分级。不同等级的这类矿产，其工业价值不同，价格差别也很大。石棉的价值在于纤维长度，云母的价值在于晶体面积，水晶和金刚石的价值在于晶体（颗粒）大小及其完整性，而高岭土和滑石的价值在于它们的纯度。因此，开采这类矿床时，应选择有利于保护矿物纤维和晶体不被破坏，纯度不被污染的采矿方法，特别是落矿和矿石运搬方法。此外，由于不同等级的这类矿产的价值和价格不同，因此应采用便于分采、分装和分运的采矿方法。

采矿方法选择必须考虑矿床地质条件和开采技术经济条件。

需要考虑的矿床地质条件包括：（1）矿体厚度与倾角；（2）矿岩稳固性；（3）矿石种类、价值与品位；（4）矿石结块性、氧化性和自燃性；（5）矿石中有用成分分布及固岩的矿物成分；（6）开采深度。

需要考虑的开采技术经济条件包括：（1）地表允许塌陷的可能性；（2）加工部门对矿石质量的要求；（3）采矿方法的技术复杂程度以及所需设备和材料的供应条件。

通常，采矿方法的取舍需要经过不同方案的技术经济比较才能确定。衡量采矿方法优劣的技术经济指标主要有矿块生产能力、采准工作量（指矿块每采出一千吨矿石所需掘进的采准和切割巷道工程量，常用 m/kt 表示）、矿石损失率、矿石贫化率、采矿工效、主要材料（坑木、炸药、水泥等）消耗和采矿直接成本。

2.3.2　空场采矿法

如图 2-40 所示，空场采矿法将矿块划分为矿房和矿柱，两步骤回采：先采矿房，后采矿柱。回采矿房时形成的采空区利用矿岩自身的稳固性和矿柱维护，一般无需采取支护措施。矿房采完后，再回采矿柱和处理采空区。矿岩均稳固是采用空场采矿法的基本条件。

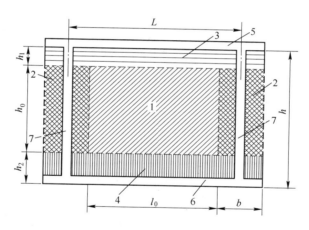

图 2-40　矿块划分为矿房和矿柱

h—阶段高；L—矿块长；h_1—顶柱厚；h_0—矿房高；h_2—底柱高；l_0—矿房长；b—间柱宽

1—矿房；2—间柱；3—顶柱；4—底柱；5—阶段回风巷；6—阶段运输巷；7—天井

2.3.2.1　房柱采矿法

房柱采矿法主要用于开采矿石和围岩都稳固的水平及缓斜矿体。它的基本特征是，在矿块或盘区内交替布置矿房和矿柱，回采矿房时，靠（间断或连续的）房间矿柱支撑顶板（必要时可辅以锚杆、锚杆桁架支护），如图 2-41 所示。

房柱采矿法对矿体厚度没有限制，既可用于薄矿体，也可用于开采厚和极厚矿体。视矿体厚度和是否分层开采，采用浅孔、中深孔和深孔落矿。分层开采时，视矿石和围岩稳固性不同，可以自下而上或自上而下回采。自下而上分层回采时，先采底分层，称为拉底（回采）；自上而下分层回采时，先采顶分层，称为挑顶（回采）。

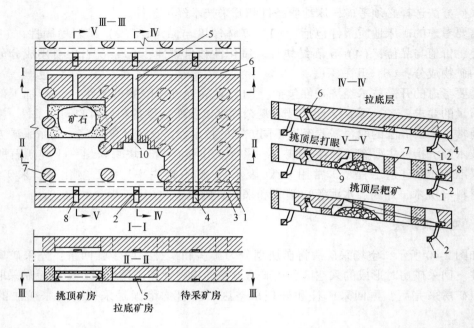

图 2-41 房柱采矿法

1—阶段（或盘区）运输巷；2—矿石溜井；3—切割平巷；4—电耙硐室；5—切割上山；
6—联络平巷；7—矿柱；8—电耙绞车；9—凿岩机；10—炮孔

采用电耙运搬时，矿房长轴通常沿矿体倾斜布置，其长度一般为 40~60m。矿房宽度变化在 8~20m 之间，视矿体厚度和矿岩稳固程度不同而定。房间矿柱断面多为圆形，直径 3~7m，间距 5~8m。

如图 2-41 所示，采准工作是从阶段（或盘区）运输巷 1 分别在每个矿房中央掘进矿石溜井 2；在矿块下部的矿柱内开凿电耙绞车硐室 4；在矿房中央沿底板掘进切割上山 5，作为拉底的一个自由面，并用于行人、通风和运料；在矿块上部掘通风联络平巷 6；在矿房下部掘切割平巷 3，作为房间通道和起始回采的自由面。

图 2-41 所示为自下而上分层回采，回采工作从切割平巷开始，沿矿房逆倾斜向上推进，并在矿房两侧按设计留出矿柱。整个矿房拉底结束后，再回采上一分层。为便于上分层回采凿岩和爆破，需要局部留矿。采下的矿石用电耙耙入矿石溜井，然后装车外运。人员和材料从阶段运输巷，经由相邻未回采出矿的矿石溜井、切割平巷到采场。新鲜风流从阶段运输巷，经未出矿的矿石溜井，切割平巷到采场，污风则经切割上山、通风联络平巷到阶段回风平巷。

房柱采矿法是开采水平和缓斜层状矿体最有效的采矿方法，具有采准切割工程量小、回采工艺简单、矿房生产能力大、通风良好、坑木消耗少等优点。而且，这种采矿方法可以达到相当高的机械化水平。图 2-42 所示为凿岩和出矿全部采用无轨驱动的凿岩装载设备车辆的某矿区的房柱采矿法采场。

房柱采矿法的主要缺点是矿柱矿量所占比重大（间断矿柱占 15%~20%，连续矿柱高达 40%），且难以回收，故矿石损失大。因此，用房柱采矿法开采贵重矿石或高品位富矿时，应尽量减少矿柱矿量，甚至用混凝土柱代替矿柱。

2.3.2.2 留矿采矿法

留矿采矿法主要用于开采矿岩稳固的急斜薄及极薄矿体。如图 2-43 所示,它的基本特征是,在矿房内自下而上分层回采,每次采下的矿石只放出约 1/3,其余矿石暂时留在矿房中作为继续上采的工作台,待矿房采完后再全部放出。按是否在采场对矿石进行人工分选,又将其分为普通留矿法和选别留矿法两种方案。

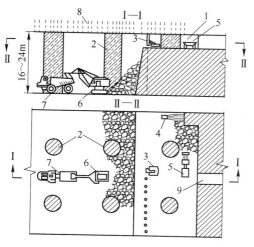

图 2-42 用无轨自行设备开采的房柱采矿法采场
1—切顶工作面;2—矿柱;3—履带式凿岩台车;
4—轮胎式凿岩台车;5—前端式装载机;6—电铲;
7—卡车;8—护顶锚杆;9—顶板切割巷道

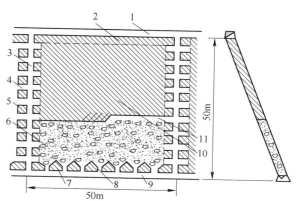

图 2-43 普通留矿法
1—阶段回风巷;2—顶柱;3—天井;4—联络道;
5—间柱;6—存留矿石;7—底柱;8—漏斗;
9—阶段运输巷;10—未采矿石;11—回采空间

A 普通留矿采矿法

a 矿块结构与参数

普通留矿法的矿块结构见图 2-43,主要参数有阶段高度、矿块长度及矿柱尺寸。

阶段高度视矿床勘探复杂程度、矿岩稳固性和矿体倾角而定,一般介于 $30 \sim 50 m$ 之间。矿块长度也与矿岩稳固性有关,为 $40 \sim 60 m$。矿柱尺寸:开采薄及极薄矿体时,顶柱厚 $2 \sim 3 m$,底柱高 $4 \sim 6 m$,间柱宽 $2 \sim 6 m$;开采中厚矿体时,顶柱厚,底柱高分别为 $4 \sim 6 m$ 和 $8 \sim 10 m$,间柱宽 $8 \sim 12 m$。

b 采准与切割

(1)采准工作。主要是掘进阶段运输巷 9,在间柱内掘进天井 3 与阶段回风巷 1 相通,并沿天井每隔 $4 \sim 6 m$ 掘进联络道 4 通往矿房。此外,沿阶段运输巷每隔 $5 \sim 7 m$ 向上掘漏斗颈至底柱上部边界,再自底柱上部边界掘拉底巷道与矿块两侧的天井相通。

阶段运输巷道位置有脉内,下盘接触线处和下盘脉外三种布置方式(图 2-44)。脉内布置用于薄及极薄矿体,后两种用于中厚矿体。与下盘脉外布置相比,位于脉内和下盘接触线处有利于探矿,掘进即可出副产矿石,但对运输不利,矿柱不能及时回收。

天井是连接阶段运输巷和阶段回风巷的垂直或倾角较大的倾斜巷道。其作用类似于煤矿的采区上山,用于通风、行人和提升材料设备。天井断面形状以矩形居多,一般分为行人格和提升格(有的还设有放矿格)。如图 2-45 所示。天井既可以在矿房回采前掘出

（称为先进天井），也可以随采随掘（称为顺路天井）。前者有利于探矿，但矿块的采准工作量大，后者则相反。此外，顺路天井在采空区维护比较困难，多用于极薄矿脉开采。事实上，开采极薄矿脉时，由于矿房宽度小，一般不留间柱，矿块之间靠在采空区维护的天井隔开。当矿块两侧布置顺路天井时，需要在矿块中部布置先进天井回风。

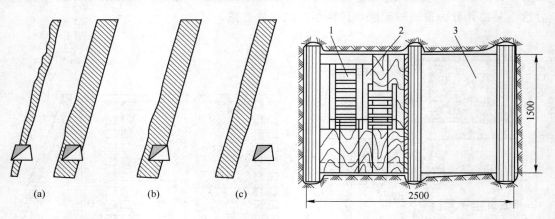

图 2-44　阶段运输（采准）巷道布置	图 2-45　天井断面布置
（a）位于脉内；（b）位于下盘接触线处；（c）位于下盘脉外	1—人梯；2—行人格；3—提升格

（2）切割工作。普通留矿法切割工作包括拉底和扩漏。将拉底巷道扩宽至矿体上下盘，形成拉底空间，并为回采开辟自由面，称为拉底。显然，拉底工作完成后，拉底巷道将不复存在。将漏斗颈上部扩大成喇叭口，形成漏斗，称为扩漏。

掘进拉底巷道的拉底扩漏法见图 2-46。在拉底水平从漏斗向两边掘进平巷，与相邻的斗颈相通，形成拉底巷道。然后在拉底巷道中用水平浅孔向两侧扩帮至矿体上下盘，形成拉底空间。最后，由斗颈中向上或从拉底空间向下钻凿倾斜炮孔扩漏（扩喇叭口）。

不掘进拉底巷道的拉底扩漏法见图 2-47。该方法用于厚度不太大的矿体。在运输平巷应开漏斗的一侧，按照漏斗的规格用向上式凿岩机开 40°~50° 的第一拨炮孔。在第一拨炮孔的渣堆上钻凿第二拨约 70° 的炮孔，爆破后将全部矿石运出。架设漏斗口及平台，继续开凿第三拨、第四拨炮孔，爆破后的矿石均由漏斗口运出，此时已形成高为 4~4.5m 的漏斗颈。自漏斗颈上部向四周打倾斜炮孔扩漏，使得两相邻漏斗喇叭口扩大至相通，从而同时完成拉底及扩漏工作。

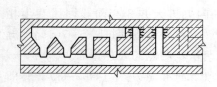
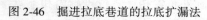
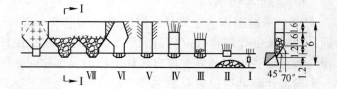

图 2-46　掘进拉底巷道的拉底扩漏法	图 2-47　不掘进拉底巷道的拉底扩漏法（单位：m）

c　回采

回采工作包括凿岩、爆破、通风、局部放矿、撬顶、平场、二次破碎和最终放矿。

（1）凿岩。采用浅孔落矿，分层高度一般为 2~3m。视矿石稳固程度，凿上向炮孔或水平炮孔。凿水平炮孔时，有时将工作面分成 2~4m 长的梯段凿岩，以增加凿岩作业线的长度，但同时也增加了平场的工作量。

（2）爆破。非煤矿井下爆破一般采用岩石硝铵类炸药，常用的有铵梯炸药和铵油炸药。爆破广泛采用火雷管，用导火索导爆索和塑料导爆管起爆。塑料导爆管是一种非电起爆器材，它的机械安全性好，耐高温，绝缘性好（能耐 30kV 静电电压），只有用雷管才能引爆，但不能用于有沼气和煤尘爆炸危险的矿井。

（3）通风。新鲜风流从矿块近井底车场侧的天井经联络道进入矿房，清洗工作面后，污风从矿块另一侧的天井经阶段回风巷排出。

（4）局部放矿、撬顶、平场与二次破碎。局部放矿是指每次放出崩落矿石的 1/3，一般采用重力运搬或电耙运搬。采用电耙运搬时，电耙巷道应独立通风，防止耙运矿石产生的大量粉尘进入采场或阶段运输巷。撬顶是指将采场顶板松动的矿石块和两帮已松动的浮石撬落，以保证后续作业的安全。平场是指将局部放矿形成的凹凸不平的矿石堆表面整平，以作为继续上采的工作台。平场工作主要用人工方法，矿房宽度允许时可用电耙平场。落矿和撬顶产生的大块，应在平场时进行二次破碎，以免堵塞漏斗。

留矿采矿法放矿应注意防止留矿堆中出现空洞。大块矿石相互咬合，在放矿过程中可能形成空洞，从而不仅造成放矿困难，而且留下了安全隐患，因此应采取措施及时处理。采用爆破震动，高压水冲洗和在空洞两侧漏斗放矿等方法，都可以消除空洞。

（5）最终放矿。即矿房采完后，将暂存于矿房中的矿石全部放出，也称为大量放矿。

B 选别留矿法

选别留矿法与普通留矿法的不同之处仅在于：在采场对崩落矿石进行人工分选，将优质矿石从天井的放矿格单独运出，其余矿石和普通留矿法一样，通过局部放矿和最终放矿从漏斗放出。开采石棉、云母等具有特殊物理性能的矿产时，常用选别留矿法。为减轻放矿过程中损伤优质矿石，将放矿格架设成"W"形放矿槽。

C 留矿采矿法评价

留矿采矿法具有结构及回采工艺简单，采准工作量小，通风条件好，可以利用矿石自重放矿，便于分采、分运等优点。但开采矿体厚度大时：（1）回采矿柱的矿石损失与贫化大；（2）工人在较大的暴露面下作业，安全性差；（3）平场工作量大。

而且采场长时间积压大量矿石（资金）；选别留矿法矿块生产能力小，效率低和成本较高。因此，留矿采矿法比较适用于矿岩稳固的急斜薄及极薄矿体，并且矿石应无结块性和自燃性。为使崩落矿石能借自重顺利放出，矿体倾角最好应大于 60°~65°。对于中厚矿体，应优先考虑采用其他采矿方法，如下面将要介绍的分段矿房法或分段凿岩阶段矿房法。

2.3.2.3 分段矿房法

这种采矿方法主要用于开采条件适合的倾斜中厚和厚矿体。如图 2-48 所示，它的基本特征是将矿块沿倾斜方向划分为若干分段，分段再划分为矿房和矿柱（顶柱和间柱），并布置分段运输巷，采下的矿石从本分段运输平巷经矿石溜井到阶段运输巷运出。矿房回采时，由矿柱支撑围岩；矿房回采结束后可立即回采本分段矿柱，并同时处理采空区。

分段矿房法矿块结构、主要参数及采准工作见图 2-48（阶段运输、回风平巷和矿石溜井未绘出）。斜坡道在这里相当于煤矿的轨道上山；矿石溜井每 80～100m 布置一个（为 2～3 个矿块服务），与各分段运输平巷以及阶段运输巷相通。

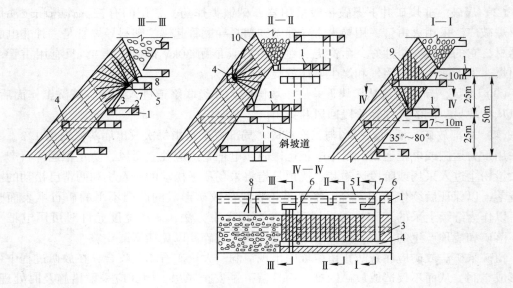

图 2-48　分段采矿法
1—分段运输巷；2—装运横巷；3—堑沟平巷；4—凿岩平巷；5—矿柱回采平巷；6—切割横巷；
7—间柱凿岩硐室；8—斜顶柱凿岩硐室；9—切割天井；10—斜顶柱

　　分段矿房法的切割工作包括开掘堑沟和切割立槽。切割立槽作为起始回采的自由面和爆破的补偿空间，布置在矿房一侧。开掘切割立槽前先要在预定位置处掘进切割横巷 6，连通凿岩平巷 4 与矿柱回采平巷 5，并从堑沟平巷 3 向矿房最高处掘进切割天井 9（图中 I—I 剖面）。在切割横巷 6 中凿岩，以切割天井 9 为自由面，爆破后便形成切割立槽。堑沟的开掘是在堑沟平巷内凿上向扇形炮孔，爆破后便形成堑沟。

　　矿房回采是在凿岩平巷 4 中钻凿深孔（图 2-48 中 II—II 剖面），从位于矿房一侧的切割立槽开始向另一侧回采。采下的矿石落入分段下部的堑沟，用铲运机自装运横巷 2，经分段运输巷 1 到矿石溜井卸矿，在阶段运输平巷装车外运。矿柱回采如图 2-48 中 III—III 和 IV—IV 剖面所示。

　　分段矿房法可多分段同时回采和采用无轨自行设备运搬，矿块生产能力大，效率高。此外，回采工作完全在巷道中进行，比较安全。它的主要缺点是，每个分段都要开掘一系列分段巷道，采准工作量大。分段矿房法是开采矿岩中等稳固以上的倾斜中厚和厚矿体的一种较为有效的采矿方法。

2.3.2.4　阶段矿房法

　　阶段矿房法主要用于开采急斜厚及极厚矿体。按落矿方式不同，阶段矿房法又有多种方案（见表 2-21），其中以垂直深孔落矿阶段矿房法用得较多。垂直深孔落矿阶段矿房法又有分段凿岩和阶段凿岩两种情况，而以前者应用较为广泛。下面主要介绍分段凿岩阶段矿房法，并在简要介绍阶段凿岩阶段矿房法的基础上介绍一种新的采矿方法——VCR 法。

　　分段凿岩阶段矿房法的基本特点是：将阶段沿垂高划分为若干分段，在分段巷道中钻凿垂直（中）深孔，崩落的矿石从矿块底部放出，即分段凿岩，阶段出矿。

A 矿块结构与参数

这种采矿方法的矿块有沿矿体走向和垂直矿体走向两种布置方式。一般情况下，矿体厚度小于15m时沿矿体走向布置，大于15m时垂直走向布置。沿走向布置矿块时的矿块结构如图2-49所示，它的主要参数有阶段高度、矿房长度与宽度、分段高度和矿柱尺寸。

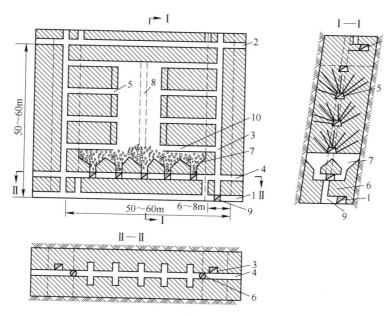

图 2-49 分段凿岩阶段矿房法
1—阶段运输巷；2—阶段回风巷；3—天井；4—电耙巷道；5—分段凿岩巷道；6—矿石溜井；
7—漏斗；8—切割天井；9—联络道；10—拉底巷道

阶段高度取决于围岩允许暴露的面积。由于这种采矿方法的采空区是随回采逐步扩大的，因此可以取较大的阶段高度，一般为50~70m（国外有达120~150m的）。

矿房长度视围岩稳固性和矿石允许暴露的面积确定，一般为40~60m。垂直走向布置矿块时，矿房宽度一般为15~20m。

分段高度是一个重要参数，取决于所采用的凿岩设备，采用中深孔凿岩设备时为8~10m，深孔凿岩设备时为10~15m。加大分段高度，有利于减小矿块采准工作量。

矿柱尺寸：间柱宽度沿走向布置矿块时为8~12m，垂直走向布置时为10~14m；顶柱厚度一般为6~10m，视矿石稳固性而定；电耙出矿的漏斗式底部结构高为7~13m。

B 采准工作

如图2-49所示，采准工作是自阶段运输巷1在矿房两侧的间柱中掘行人通风天井3与阶段回风巷2相通。然后自天井3掘各分段凿岩巷道5、拉底巷道10和电耙巷道4，并沿电耙巷道每隔5~7m向上掘进漏斗颈至拉底水平。此外，还要掘矿石溜井6，在矿房中部自拉底巷道掘切割天井8（用于开掘切割立槽，为切割工作做准备）至矿房顶部。

分段凿岩巷道的布置应使钻孔深度相差不大，以提高凿岩效率。对于急倾斜矿体，分段凿岩巷道应位于矿体厚度中央；对于倾斜矿体，应靠近下盘布置。

C　切割工作

切割工作包括拉底、扩漏和开掘切割立槽。

拉底一般采用浅孔，自拉底巷道向两侧扩帮，直至上、下盘，形成拉底空间。扩漏可以从拉底空间向下，或从漏斗颈向上开掘。由于回采工作面是垂直的，因此拉底和扩漏既可在矿房回采前完成，也可以超前工作面1~2排漏斗进行。实践中多采用后一种方式。

切割立槽是起始回采的自由面和自由空间，其高度与矿房高度一致，长度与矿体厚度相同，宽度一般为2.5~3m。切割立槽可以布置在矿房一侧，也可位于矿房走向中央。后者的优点是，可以在其两侧同时进行回采，有利于提高矿块生产能力，并且必要时还可以加大间柱宽度。此外，两工作面相向爆破，崩落的矿石相互碰撞，能改善爆破效果，降低大块产出率。当矿体厚度变化较大时，切割立槽应位于矿体最厚处。

开掘切割立槽有多种方法，图2-50所示为水平（中）深孔拉槽法。此法是在切割天井中凿水平扇形中深孔或深孔，逐次爆破后便形成切割立槽，槽宽可达5~8m。

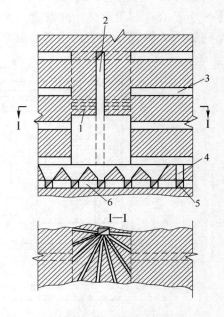

图2-50　水平深孔拉槽法
1—中深孔或深孔；2—切割天井；
3—分段凿岩巷道；4—漏斗颈；
5—斗；6—电耙巷道

D　回采工作

回采工作是在分段凿岩巷道中钻凿上向扇形中深孔（最小抵抗线$W=1.5~1.8m$）或深孔（$W=3m$），爆破后崩落矿石靠自重落到矿房底部，在电耙巷道中将矿石耙入矿石溜井，在阶段运输巷装车外运。

一般各分段同时集中凿岩，全部炮孔打完后，每次爆破3~5排炮孔，采用秒差、微差或导爆管分段爆破。上下分段工作面成直线或呈正台阶（一般上分段工作面超前一排炮孔），显然，后者较为安全。

矿房回采时的通风，主要是凿岩巷道和电耙巷道通风（图2-51）。当切割立槽位于矿房走向中央，回采工作面向矿房两翼推进时，需要在矿房走向中央掘专用回风小井4。

垂直矿体走向布置矿块的分段凿岩阶段矿房法如图2-52所示，其切割立槽位于上盘接触面处，自上盘开始向下盘方向后退回采。

2.3.2.5　阶段凿岩阶段矿房法及VCR法

与分段凿岩阶段矿房法不同，阶段凿岩阶段矿房法不划分分段，而是沿矿房全高凿垂直深孔落矿，从矿块底部出矿，如图2-53所示。

VCR法（Vertical Crater Retreat Method）是20世纪70年代初在阶段矿房法的基础上发展起来的一种新的地下采矿方法——垂直深孔球状药包落矿阶段矿房法。

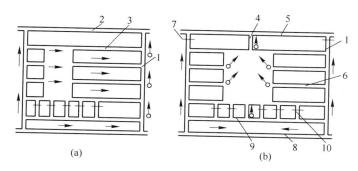

图 2-51 分段凿岩阶段矿房法通风

（a）切割槽在矿房一侧；（b）切割槽在矿房中央；

1—天井；2，5—回风巷道；3—检查巷道；4—回风小井；6—分段凿岩巷道；

7—风门；8—阶段运输 D；9—电耙巷道；10—漏斗颈

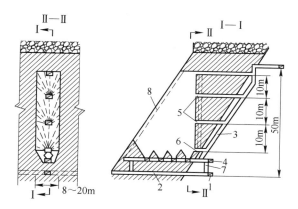

图 2-52 垂直走向布置矿块的分段凿岩阶段矿房法

1—阶段运输巷；2—穿脉运输巷；3—行人通风天井；4—电耙巷道；

5—分段凿岩巷道；6—拉底巷道；7—矿石溜井；8—切割天井

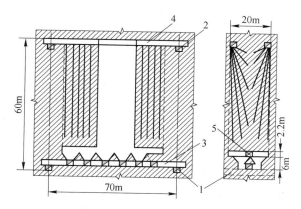

图 2-53 阶段凿岩阶段矿房法

1—穿脉巷道；2—回风巷道；3—电耙巷道；4—凿岩巷道；5—拉底巷道

球状药包是指装药长度与钻孔直径之比小于 6 的药包。如图 2-54 所示，普通药包——柱状药包爆破时，能量绝大部分作用于炮孔径向，只有一小部分作用于药包两端。球状药包爆破时，能量自药包中心向外呈球状均匀放射。与普通药包爆破相比，球状药包爆破的矿（岩）石体积要大得多，且大块产出少。

VCR 法的阶段高度一般为 40~80m，取决于矿岩稳固性和钻孔深度。矿房尺寸，沿走向布置矿块时矿房长一般为 30~40m，垂直走向布置时矿房宽为 8~14m，根据围岩稳固性和矿石允许暴露的面积确定。矿柱尺寸：间柱宽度，沿走向布置时为 8~12m，垂直走向布置时为 8m；顶柱厚度一般为 6~8m；底柱高度与出矿设备类型有关，铲运机出矿时为 6~7.5m。

采准工作如图 2-55 和图 2-56 所示。由于凿岩硐室断面尺寸较大（高度达 4.5m），为保证安全，可采用锚网护顶。切割工作主要是开掘拉底空间，高度一般为 6m。

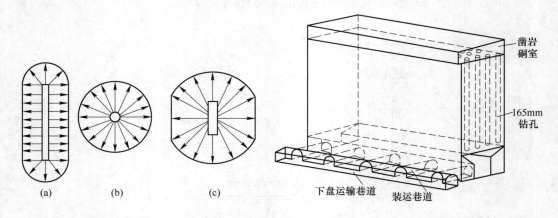

图 2-54　爆破气体做功形式

（a）柱状药包；（b）球状药包；（c）亚球状药包

图 2-55　垂直平行深孔 VCR 法

回采落矿一般采用 ϕ165mm 的大直径深孔，平行深孔的间排距为 3m×3m。钻凿完矿房内的全部炮孔后进行爆破，有单分层爆破（图 2-56）和多分层同次爆破两种方式。前者每分层推进高度约 3~4m，后者一次可崩落 3~5 层。崩落的矿石自矿块底部用铲运机出矿。一般情况下，每爆破一次出矿约 40%，为下一次爆破提供补偿空间，待矿房采完后再大量出矿。

VCR 法是一种高产高效的地下采矿方法。此法自 1973 年在加拿大列瓦克镍铜矿试验成功后，引起了各国采矿界的广泛关注，并迅速在加拿大其他非煤矿山以及美国、澳大利亚、西班牙和瑞典等国推广。我国于 1981~1983 年在凡口铅锌矿试验成功后，已在金川二矿区、金厂峪金矿和狮子山铜矿等推广应用。

阶段矿房法采用深孔或中深孔落矿，矿块生产能力大，效率高，成本低；人员在巷道或硐室中作业，安全性好。VCR 法还具有矿块结构简单、机械化程度高和爆破效果好等优点。主要缺点是矿柱矿量所占的比重大（达 35%~60%），矿柱回采的矿石损失与贫化大。此外，分段凿岩阶段矿房法的采准工作量大；而 VCR 法对凿岩技术要求较高，且要求矿体形状比较规整（否则，矿房回采的矿石损失与贫化大）。

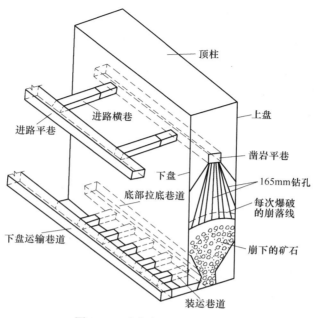

图 2-56　垂直扇形深孔 VCR 法

　　阶段矿房法适用于矿岩稳固的急斜厚和极厚矿体，以及急斜平行极薄矿脉群。采用阶段凿岩阶段矿房法时，要求矿体形状应比较规整。

2.3.3　崩落采矿法

　　崩落采矿法的基本特征是以矿块为单元单步骤回采，在回采过程中强制（或自然）崩落围岩控制地压。非煤矿床的围岩稳固性决定了崩落采矿法通常只能强制崩落围岩充填采空区。与全部垮落采煤法一样，崩落采矿法也会引起覆岩破坏和地表塌陷。因此，使用崩落采矿法的基本条件是覆岩允许破坏和地表允许塌陷。

　　一般而言，崩落采矿法的矿块生产能力大、效率高。但除单层崩落法外，这类采矿方法采下的矿石大部分是从崩落的覆盖废石层下放出的，故矿石损失、贫化大（矿石损失率、贫化率分别比其他采矿方法大 5%～10%）。

2.3.3.1　单层长壁式崩落采矿法

　　单层长壁式崩落法用于开采顶板不稳固的缓斜层状矿体，典型方案如图 2-57 所示。它的基本特征是将阶段划分为矿块，沿阶段倾斜全长布置工作面，沿走向推进，一次采全厚，随工作面推进，有计划地回柱放顶，崩落顶板充填采空区。显然，如果只从采场结构看，单层长壁式崩落法与单一走向长壁全部垮落采煤法很相似。

　　这种采矿方法的矿块走向长度一般为 70～150m，少数达 200～300m，工作面长度一般为 30～60m。采准工作如图 2-57 所示，从阶段运输巷 1 每隔 5～6m 掘进一个矿石溜井 4 通达矿体，并从阶段回风巷 2 每隔一定距离掘进一条安全通道 6 与采场相通。切割工作包括掘进切割上山 3 和切割平巷 5。回采工作从位于矿块一侧的切割上山开始，向矿块另一侧推进，一般采用浅孔落矿，电耙运搬矿石，木支柱或金属支柱或液压自移支架管理顶板。

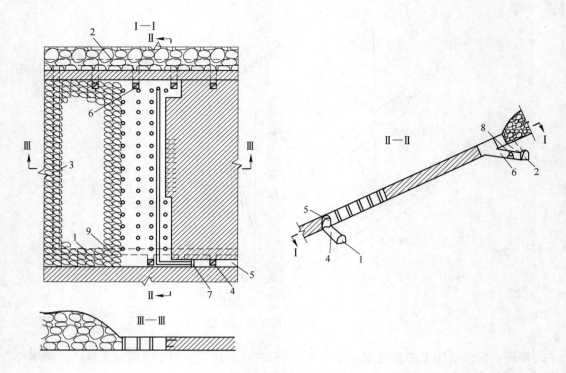

图 2-57　长壁式崩落法

1—阶段运输巷；2—阶段回风巷；3—切割上山；4—矿石溜井；5—切割平巷；
6—安全通道；7—电耙绞车；8—回柱绞车；9—已封闭的矿石溜井

与其他崩落采矿法相比，单层长壁式崩落法的主要优点是矿块结构比较简单，矿石损失与贫化较小，通风条件好，若采用综合机械化采矿，矿块生产能力大，效率高，作业安全；主要缺点是，顶板管理复杂，支护工作劳动强度大，坑木消耗量大。长壁式崩落法适用于直接顶不稳固。倾角小于 30°、厚度小于 3m 的层状矿体。

2.3.3.2　分段崩落法

分段崩落采矿法是在矿块内自上而下逐分段进行回采，随着矿石的放出，采空区随即为崩落的覆盖岩石所充满。分段崩落法按采准布置与回采方式的不同，可分为有底柱分段崩落法和无底柱分段崩落法两种。

A　有底柱分段崩落法

有底柱分段崩落法的基本特征是将矿块沿倾斜方向划分成分段，每个分段下部都设出矿底部结构（有底柱），采下的矿石自崩落废石层下从分段底部结构放出，废石随矿石放出而充填采空区。

垂直深孔落矿的有底柱分段崩落法的典型方案如图 2-58 所示，该图表示的开采状态为上两个分段（按出矿系统）已经采完，正在回采第三分段。它除了具有有底柱分段崩落法的基本特征以外，采用了垂直深孔小补偿空间或向崩落矿岩侧向挤压爆破落矿。

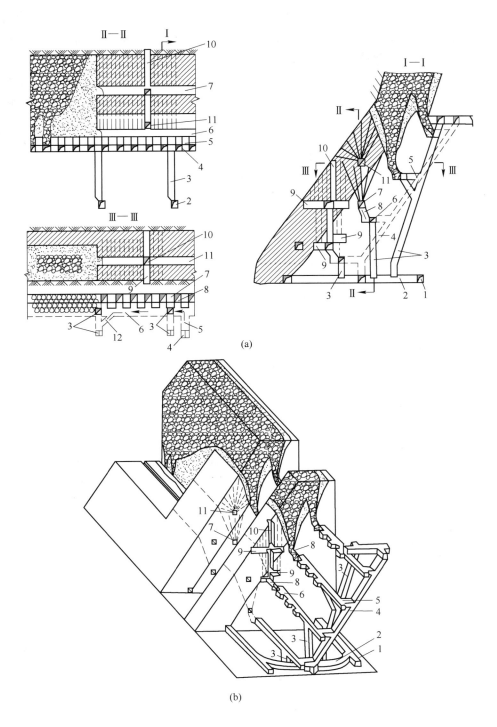

图 2-58　垂直深孔落矿有底柱分段崩落法

（a）三面投影图；（b）立体图

1—阶段沿脉运输巷；2—阶段穿脉运输巷；3—矿石溜井；4—行人通风天井；5—分段联络道；6—电耙道；
7—堑沟巷道；8—斗颈；9—切割横巷；10—切割天井；11—分段凿岩巷道；12—回风联络道

　　垂直深孔落矿没有明显的矿块结构。如图2-58所示，将阶段沿倾斜划分为四个分段，分段下部设堑沟式底部结构出矿，电耙道6经矿石溜井3与环形运输系统相通。回采工作就是在分段凿岩巷道11中钻凿垂直深孔，爆破后在电耙道出矿。

　　阶段高度一般为50~60m。综合考虑采准工作量和矿石损失两方面的因素，分段高度一般为10~25m，分段底柱高一般为6~11m。矿块常以电耙道为单元进行划分，矿块长25~30m，宽10~15m。采准巷道布置特点是下盘脉外采准布置，即出矿、行人、通风和运料等采准工程都布置于下盘脉外。下两个分段采用独立垂直放矿溜井，上两个分段采用倾斜分段凿岩巷道11中钻凿垂直深孔，爆破后在电道出矿。斜分枝放矿溜井。其切割工作是开掘堑沟和切割立槽。开掘堑沟是在堑沟巷道7中钻凿垂直上向扇形中深孔，与回采落矿同次分段爆破而成。图2-58所示的切割立槽的开掘方法为"丁"字形拉槽法，因切割天井和切割横巷呈倒"丁"字形而得名。

　　回采工作主要是落矿和出矿，一般采用中深孔或深孔挤压爆破落矿，电耙出矿。按崩落矿石获得的补偿空间条件。挤压爆破落矿又可分为小补偿空间挤压爆破和向崩落矿岩挤压爆破两种方案。小补偿空间挤压爆破的补偿空间系数一般为15%~20%，崩落矿石所需要的补偿空间由分布在崩落矿段范围内的井巷空间提供；向崩落矿岩挤压爆破，因其凭借爆破产生的冲击力挤压相邻已崩落的松散矿岩而获得补偿空间，故无需开掘专门的补偿空间。

　　有底柱崩落法因矿石从底部结构放出，故又称为底部放矿。底部放矿的矿石损失形式有脊部残留和下盘残留两种，如图2-59所示。一般，脊部残留可以在下分段或下阶段回收一部分甚至大部分。若矿体厚度大、倾角陡，而分段（或阶段）高度小，脊部残留还有多次回收的机会。然而，下盘残留却成为永久损失，故称为下盘损失。因此下盘损失是有底柱崩落法矿石损失的基本形式。仅当矿体下盘倾角大于75°~80°时，无下盘损失。此时，矿石损失主要是脊部残留中没能回收的部分以矿岩混杂层的形式损失于地下。

　　底部放矿矿石贫化的基本形式是废石混入。由于矿岩接触，在放矿过程中产生混杂从而使废石混入到放出矿石中。

　　有底柱分段崩落法的主要优点是：采用中深孔或深孔落矿，矿块生产能力大，效率高；电耙道和凿岩巷道采用贯穿风流通风，通风条件好；具有多种回采方案，比较灵活，适应范围广；垂直深孔落矿方案采用挤压爆破，矿石破碎质量好。主要缺点是：分段设底部结构，矿块结构复杂，准采工作量大，矿石自覆盖废石层下放出。矿石损失与贫化大。通常，有底柱分段崩落法的矿石损失率达15%~20%，矿石贫化率达20%~30%，分别比空场采矿法和充填采矿法大5%~10%。而且，矿体厚度和倾角越小，矿石损失与贫化越大。

　　有底柱分段的崩落法的适用条件是：（1）地表允许塌陷；（2）矿体厚度与倾角：急

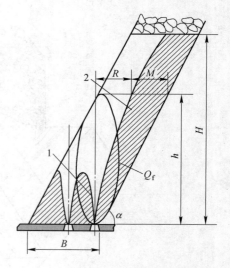

图2-59　垂直深孔落矿有底柱分段崩落法
1—脊部残留；2—下盘残留（损失）；
R—降落漏斗半径；M—下盘残留宽度；
H—阶段采高；h—放矿口高度；
B—阶段矿体宽度；Q_f—矿体放量

斜矿体厚度不小于 5m，倾斜矿体厚度不小于 10m，厚度 20m 以上的矿体倾角不限；（3）矿岩稳固性：矿石及下盘围岩中等稳固以上；（4）矿石价值一般不高；（5）矿石无自燃性、结块性，矿体中不含厚度较大的夹石层。

矿体厚度和倾角主要影响有底柱分段崩落法的矿石损失与贫化指标。矿体厚度大、倾角陡，对减少矿石损失与贫化有利。一般说来，最理想的条件是：矿体倾角大于 75°，厚度大 15~20m。

B 无底柱分段崩落法

该方法的基本特征：将矿块划分为分段，分段不设底部结构（无底柱），凿岩、落矿和出矿等回采工作都在巷道中进行，崩落围岩控制地压。

无底柱分段崩落法是 20 世纪 50 年代始于瑞典基律纳铁矿的一种新的崩落采矿法。随后，很快在加拿大、美国和澳大利亚等国推广应用。我国从 20 世纪 60 年代中期开始使用无底柱分段崩落法，现已广泛用于非煤地下矿山，特别是地下铁矿山。据统计，无底柱分段崩落法在我国地下铁矿山的应用比重达 70% 以上。

无底柱分段崩落法的典型方案如图 2-60 所示，矿块沿矿体走向布置，沿倾斜将其划分为分段，在分段下部布置与矿体走向垂直的回采巷道 8。回采工作就是在回采巷道中钻凿垂直扇形中深孔，落矿后在巷道端部用无轨自行设备出矿。

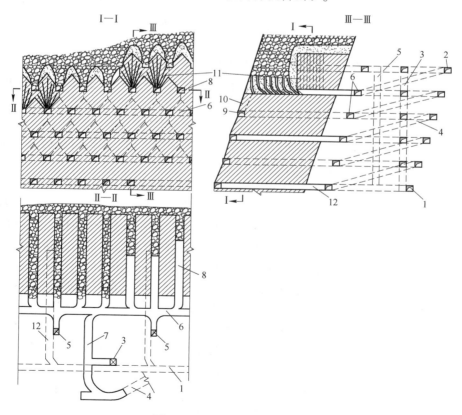

图 2-60 无底柱分段崩落法

1—阶段运输巷；2—阶段回风巷；3—回风天井；4—行人通风斜坡道；5—矿石溜井；6—分段运输巷；7—分段联络道；8—回采巷道；9—切割巷道；10—切割天井；11—炮孔；12—穿脉运输巷

a 矿块结构参数

无底柱分段崩落法阶段高度一般为 50 ~ 70m，分段高度一般为 10 ~ 12m，矿块长度等于矿石溜井的间距，后者与无轨装运设备类型有关。

b 采准工作

采准工作包括掘进阶段穿脉运输巷 12、矿石溜井 5、行人通风斜坡道 4、回风天井 3、分段运输巷 6、分段联络道 7 和回采巷道 8 等。阶段穿脉运输巷每个矿块布置一条，其长度应满足装车的需要和探矿的要求。同煤矿的采区石门装车站一样，在穿脉装车时，矿石溜井两侧均应大于一列车的长度。斜坡道作为各分段之间以及分段与阶段运输巷之间的联络道，用于无轨自行设备运行，运送材料，设备和人员，并兼作进风道。斜坡道形式大多采用折返式，一般布置在矿体下盘围岩中。除斜坡道以外，国内矿山也用设备井作为各分段之间的联络道，但最好采用斜坡道。溜井的布置，一般每个矿块设一个矿石溜井，布置在下盘脉外。当矿体厚度大，受出矿设备运距限制时，溜井也可以布置在矿体中。回风天井每个矿块布置一个，一般应位于矿体下盘脉外。回采巷道的布置方式视矿体厚度而定，一般当矿体厚度小于 15 ~ 20m 时，沿矿体走向布置；当矿体厚度大于 15 ~ 20m 时，垂直矿体走向布置。回采巷道间距对矿石损失贫化、采准工作量和回采巷道自身稳定性均有一定的影响，一般为 8 ~ 10m。回采巷道断面形状以矩形为佳，以有利于在巷道全宽上均匀出矿。上下分段回采巷道应严格交错布置，使回采分间呈菱形，以便将上分段回采巷道间脊部残留的矿石尽量回收。在同一分段内，回采巷道之间应相互平行。

c 切割工作

无底柱分段崩落法在回采前要开掘切割立槽，作为起始回采的自由面和补偿空间。开掘切割立槽广泛采用切割平巷和切割天井联合拉槽法；当矿体边界不规整时，采用切割天井拉槽法。

d 回采工作

各分段自上而下回采，用无轨凿岩台车凿岩，从切割立槽开始向分段运输平巷后退回采，采用中深孔挤压爆破落矿，无轨设备出矿。

无底柱分段崩落法采场为独头巷道，不能形成贯穿风流全压通风，只能采用局部扇风机通风。为了改善无底柱分段崩落法的通风条件，国内提出了"爆堆通风"方案——无底柱分段崩落法的高端壁方案，如图 2-61 所示。新鲜风流从下分段回采巷道到工作面，清洗工作面后，穿过端部的矿岩堆（爆堆）到上分段回采巷道被排出。高端壁方案的通风状况有所改善，但还不能完全满足风速（不低于 0.3m/s）的要求。

根据放矿特点，无底柱分段崩落法放矿又称为端部放矿。端部放矿的矿石损失形式，除脊部残留和下盘残留以外，还有端部残留。如图 2-62 所示，端部残留是回采巷道正面残留的矿石。无底柱分段崩落法采用小步距崩矿，每一个崩矿步距都要放一次矿，每放一次矿在回采巷道端部都要残留一部分矿石。同脊部残留一样，端部残留也有多次回收的机会。因此，下盘残留同样是无底柱分段崩落法矿石损失的基本形式。

废石混入仍然是无底柱分段崩落法矿石贫化的基本形式。但与有底柱分段崩落法不完全相同，无底柱分段崩落法有三个矿岩接触面，矿岩接触面积大，而且采用小步距崩矿，矿石贫化次数多，故矿石贫化大。

无底柱分段崩落法的主要优点是：取消了底部结构，矿块结构大为简化；由于结构简

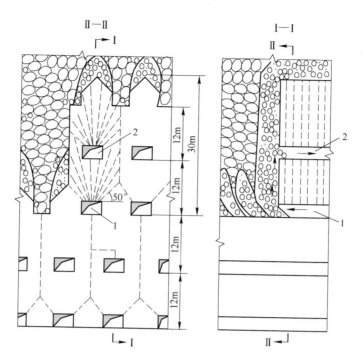

图 2-61 无底柱分段崩落法高端壁方案
1—出矿进风巷道；2—凿岩回风巷道

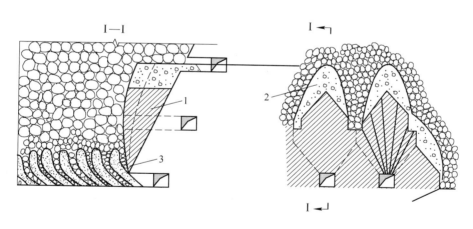

图 2-62 端部放矿的矿石损失形式
1—下盘残留（损失）；2—脊部残留；3—端部残留

化，便于使用高效率的无轨自行设备，机械化程度高；回采巷道掘进、采矿凿岩和出矿等工作可以在同一矿块的不同分段或不同进路同时进行，生产集中，矿块生产能力大，效率高；工人在巷道中完成各项作业，安全性好；在回采巷道中以崩矿步距为单元回采，便于分采、分运和剔除夹石。缺点是：回采工作面为独头巷道，不能形成贯穿风流，通风条件差；在覆盖废石层下放矿，每次放矿都要在损失部分矿石的同时放出部分废石，矿石损失与贫化大。

无底柱分段崩落法的适用条件是：（1）地表允许塌陷；（2）斜厚矿体和缓斜、倾斜极厚矿体；（3）矿石和下盘围岩中等稳固以上；（4）矿石价值不高，围岩含有品位。

2.3.3.3 阶段（自然）崩落法

阶段崩落法的基本特征是不划分分段，而是沿阶段全高落矿，崩落围岩管理地压。按落矿方式不同，将其划分为阶段强制崩落法和阶段自然崩落法。

A 阶段强制崩落法

图 2-63 为水平深孔落矿阶段强制崩落法的典型方案。它的基本特征是：在矿块下部设底部结构和补偿空间，在凿岩硐室中钻凿水平深孔，采用自由空间爆破落矿，采下矿石自覆盖废石层下放出。

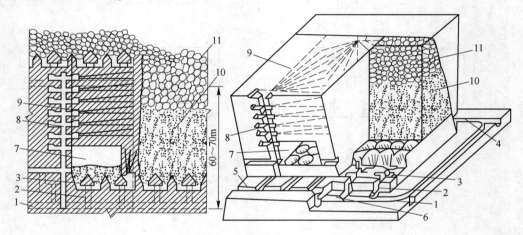

图 2-63　水平深孔落矿阶段强制崩落法

1—阶段运输巷；2—矿石溜井；3—电耙道；4—回风巷道；5—联络道；6—行人通风小井；
7—补偿空间；8—天井与凿岩硐室；9—深孔；10—矿石；11—废石

阶段高度一般为 50~60m，视矿体倾角而定。阶段平面尺寸：当矿体厚度不超过 30m 时，沿走向布置矿块，长为 30~45m，宽为矿体厚度；当矿体厚度大于 30m 时，垂直走向布置矿块，长和宽均为 30~50m。底柱高度一般为 12~14m。

采准工作主要是掘进阶段运输巷 1、行人通风小井 6、矿石溜井 2、天井与凿岩硐室 8、联络道 5、电耙道 3、回风巷道 4 和回风天井等工程。切割工作包括开掘补偿空间和扩漏。补偿空间体积为同时爆破的矿石体积的 20%~30%，用浅孔或深孔开掘。矿石回采用深孔（或中深孔）落矿，电耙出矿。与（有底柱）分段崩落法相比，阶段强制崩落法具有采准工作量小、矿块生产能力大、效率高、成本低等优点，但矿石损失贫化大、大块产出率高，使用条件远不如分段崩落法灵活。

阶段强制崩落法的适用条件：（1）地表允许塌陷；（2）急斜矿体厚度不小于 15~20m，缓倾斜、倾斜矿体厚度应更大；（3）矿石及下盘围岩中等稳固以上；（4）矿石价值不高；（5）矿石无自燃性、氧化性和结块性。

矿体厚度大、倾角陡、形状规整、上盘围岩不稳固和矿石价值不高（或围岩含有品位）是应用阶段强制崩落法的理想条件。

B 阶段自然崩落法

阶段自然崩落法始用于 1895 年美国派瓦里克铁矿，我国从 20 世纪 60 年代初开始进行试验。阶段自然崩落法一般以矿块为单元回采，典型方案如图 2-64 所示。它的基本特征是矿石经大面积拉底后在自重或地压作用下（或开掘少量削弱工程）自然崩落，一般无需用爆破法落矿。

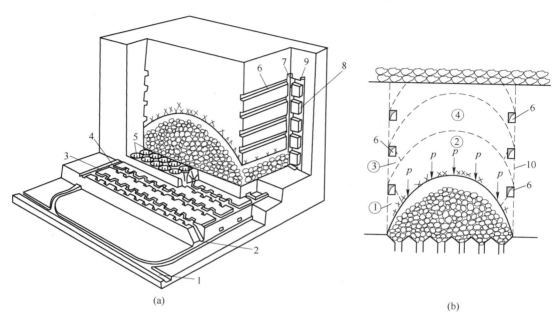

图 2-64 阶段自然崩落法

（a）结构示意图；（b）崩落进程示意图

1—阶段运输巷；2—穿脉运输巷；3—联络道；4—电耙道；5—漏斗；6—削弱巷道；7—边角天井；
8—观察天井；9—观察人道；10—控制崩落边界；①~④—崩落顺序

以矿块为回采单元的阶段自然崩落法，阶段高度一般为 60~80m，矿块平面尺寸应以矿石在大面积拉底后能自然崩落为原则，为 30~40m 至 50~60m 不等，视矿石的裂隙发育程度和地压大小而定。采准（切割）工作如图 2-64 所示。除了掘进矿块底部结构以外，还要在矿块边角处掘进四条边角天井。并每隔 8~10m 掘进一条削弱巷道，再就是掘进观察天井和观察人道。拉底以后，矿石开始自然崩落，回采工作主要是在矿块底部出矿。

毫无疑问，阶段自然崩落法是所有采矿方法中最经济的，如果条件适合，也可以达到较高的生产能力。但阶段自然崩落法对使用条件要求相当严格：矿石不仅要能自然崩落，而且要能崩落成符合放矿要求的块度。同时还必须具备阶段强制崩落法所要求的条件。一般认为，松软破碎矿石和节理裂隙非常发育的中硬矿石具有自然崩落的性质（称为矿石的可崩落性）。阶段自然崩落法除了对使用条件要求极严格外，因需要掘进大量天井、削弱巷道和观察人道。故采准工作量大，初期投资高。

2.3.4 充填采矿法

充填采矿法的基本特征是，一般将矿块划分为矿房和矿柱，两步骤回采，矿房回采过程中，随着矿石的采出，用充填材料逐步充填采空区。充填是这类采矿方法必不可少的工序之一。充填能有效地控制围岩变形、破坏和地表移动，为矿柱回采创造了有利条件。充填采矿法矿石回收率高，贫化率低，但采矿成本高，因此多用于开采稀有、贵重矿石或高品位富矿，以及覆岩或地表不允许崩落的条件。

2.3.4.1　上向（水平）分层充填采矿法

它的基本特征是，将矿块划分为矿房和矿柱两步骤回采，矿房自下而上分层回采，并逐层用充填料充填采空区，以支撑采空区两帮围岩和作为继续向上回采的作业平台。回采矿房时的充填方法主要有水力充填和胶结充填。

A　水力充填方案

a　结构与参数

阶段高度一般为 30~60m。矿体赋存稳定，厚度和倾角变化小，或矿体倾角大时则可采用较大的阶段高度。

矿体厚度不大于 10~15m 时，一般沿走向布置矿块，矿房长度为 30~60m，采用无轨自行设备时，可达 100m 以上。垂直走向布置矿块时，矿房长度一般控制在 50m 以内，宽度为 8~10m。间柱宽度与矿岩稳固性及间柱的回采方法有关，用充填法回采间柱时，宽度为 6~8m，矿岩稳固时取小值。阶段运输巷如果布置在脉内，矿房应留顶底柱，一般顶柱厚 4~5m，底柱高 5m，开采贵重矿石时也可用人工假底代替矿石底柱。

b　采准与切割

如图 2-65 所示，每个矿房至少布置两个矿石溜井、一个顺路行人滤水井和一个充填天井。矿石溜井用混凝土浇灌、混凝土预制件或用其他方法构筑；行人滤水井国内主要采用木垛或用混凝土浇灌；充填天井断面一般为 2.0m×2.4m 的矩形，倾角 80°~90°，内设充填管路和人行梯子等。

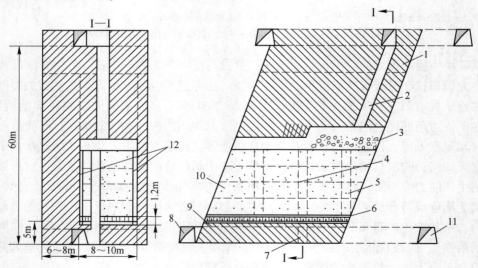

图 2-65　上向水平分层水力充填采矿法

1—顶柱；2—填充天井；3—矿石堆；4—行人滤水井；5—矿石溜井；6—钢筋混凝土底板；
7—行人滤水井通道；8—上盘运输巷；9—穿脉巷道；10—填充体；11—下盘运输巷；12—混凝土隔墙

切割工作是在底柱上部标高掘拉底巷道，并以此巷为自由面扩大到矿房边界形成拉底空间后，再向上挑顶 2.5~3m。将崩下的矿石经矿石溜井放出后，即可浇注钢筋混凝土底板作为充填体的基础，并为顶底柱回采创造有利条件。

  c 回采工作

回采工作主要有落矿、出矿和充填。分层高度一般为 2~3m，用浅孔落矿。当矿石和围岩都很稳固时，分层高度可加大到 4~6m，采用接杆炮孔落矿。崩矿从充填天井开始，整个分层可一次爆破。崩落的矿石用电耙、装运机或铲运机出矿。矿石出完后，清理底板上的粉矿，即可进行充填。充填前必须做好各种准备工作，包括检修充填管路、信号装置和照明设备，移动和起吊采装运设备，加高矿石溜井和行人滤水井，以及构筑矿房与矿柱交界处的混凝土隔墙等，隔墙的构筑方法一般是先用混凝土砖砌筑外层。然后再浇灌 0.5m 厚的混凝土作为内层，其总厚度 0.8m 左右。砌筑隔墙的主要目的是为回采间柱创造良好条件，以保证作业安全和减少矿石损失与贫化。

充填工作以充填天井为中心，由远而近分段进行。充填材料一般用选矿厂的脱泥尾砂或冶炼厂的炉渣，用水力通过阶段上部的回风平巷充填天井送至充填地点。

为防止崩落的粉矿渗入充填体以及为出矿创造良好条件，在每一分层填充体表面铺设 0.15~0.2m 厚的混凝土底板、混凝土底板应加入速凝剂，铺设 1 天后即可在其上凿岩，2~3 天后即可进行落矿和行走自行设备。

目前国外采用充填采矿法的非煤矿山，广泛采用无轨自行设备进行机械化开采。为了通行无轨自行设备，应在矿体下盘开掘斜坡道，通过联络巷通往各分层。

  B 胶结充填方案

水力充填方案回采工艺复杂（要不断地接长各种顺路天井，浇注混凝土隔墙以及铺设混凝土底板等），排出的泥水污染巷道，水沟和水仓的清理工作量大。此外，水力充填的充填体沉缩和压实量大，不能有效地解决岩层移动问题。

为了解决水力充填的上述问题，简化回采工序，国内外矿山推广应用了胶结充填采矿法。图 2-66 表示的是沿矿体走向布置矿块时的胶结充填采矿法方案。其矿块结构、采准、切割及回采工作等都与水力充填方案相似，区别在于行人天井不必考虑滤水问题，与矿石溜井一样，只立模板浇注即可，也不必构筑混凝土隔墙、钢筋混凝土底柱和铺设分层底板，从而使得回采工艺大为简化。

与水力充填相比，胶结充填的成本高。因此，矿房应取较小尺寸，用胶结充填；矿柱取较大尺寸，用水力充填。

  C 评价及适应条件

上向分层充填采矿法除具有充填采矿法的优点外，由于分层水平布置，不仅有利于工人作业和进行选别回采，还有利于采用高效率的无轨自行设备，使凿岩、装药、出矿和充填等实现机械化，从而提高矿块生产能力。但这种方法工艺复杂，特别是水力充填的工序多、劳动强度大、矿块生产能力较小而且成本较高，工人在裸露的顶板下作业不够安全等。

上向水平分层充填采矿法适用于矿石中等稳固以上、矿石价值高或地表需要保护的倾斜和急斜矿体。

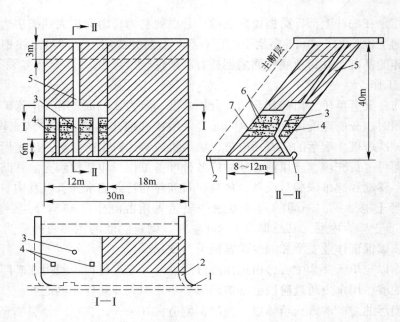

图 2-66　上向水平分层胶结充填采矿法

1—脉外阶段运输巷；2—穿脉运输巷；3—矿石溜井；4—行人天井；5—充填天井；

6—充填料层（灰砂比 1：10）；7—充填料层（灰砂比 1：4）

2.3.4.2　下向分层胶结充填采矿法

下向分层胶结充填采矿法的基本特征是，在阶段中自上而下分层回采并逐层胶结充填，一般采用进路式在上一分层人工假顶的保护下进行回采作业。这种充填采矿法不划分矿房和矿柱，整个矿块一步回采。

为了有利于矿石运搬和充填接顶，回采巷道（进路）倾角应略大于充填料的漫流角，胶结充填时为 4°～10°。回采巷道高度一般为 3～4m，宽 3.5～4m，充填体的强度大时宽度可达 7m 左右。如图 2-67 所示，上、下分层回采巷道应交错布置，以防下部巷道采空后，上部的充填体垮落。分层内各回采巷道应间隔回采，以便充填体充分养护，提高其强度。

回采一般采用轻型凿岩台车浅孔落矿，用电耙或无轨自行设备出矿。清理好采场并在回采巷道两端架设模板后即可开始由远而近进行充填。充填 5～7 天后即可进行相邻回采，巷道的回采。而下分层回采至少应在上分层充填两周后才能进行。

下向分层（胶结）充填采矿法的显著优点是能有效地控制采场围岩，矿石损失与贫化很小，单步骤回采简化了矿块结构；但充填成本高，矿块生产能力小。国内外的实践表明，采用无轨凿岩和装运设备时，这种采矿方法也可以获得较好的技术经济指标。

下向分层（胶结）充填采矿法除了充填采矿法的一般适用条件外，特别适用于矿石不稳固或矿岩均不稳固，矿石价值或品位高的矿床，以及地表对变形移动要求更严的条件。

2.3.4.3　分采充填（削壁充填）采矿法

开采厚度小于 0.3～0.4m 的极薄矿脉时，为使回采作业空间达到允许的最小宽度（一般为 0.8～0.9m），必须采掘部分围岩，将采下的矿石运出后，开掘围岩充填采空区并

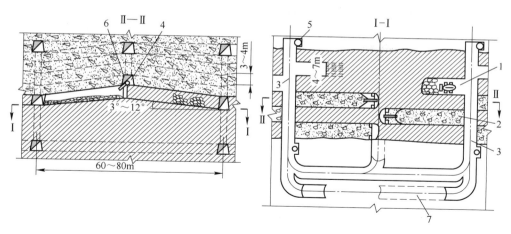

图 2-67 下向分层胶结充填采矿法

1—进行回采的巷道；2—进行充填的巷道；3—分层运输巷道；4—分层充填巷道；

5—矿石溜井；6—充填管路；7—斜坡道

作为继续上采的工作台，这就是分采（削壁）充填采矿法。实质上它属于干式充填，主要用于开采急斜极薄矿体。

图 2-68 所示为开采急斜矿体的分采充填采矿法（多不留间柱），其阶段高度一般为 30～50m，矿块长度从 25～30m 至 50～60m 不等。由于极薄矿脉的开采条件不良，矿体赋存条件复杂，为有利于探矿，多为脉内采准。切割工作比较简单，留底柱时用浅孔掘拉底巷道和开凿漏斗，不留底柱时构筑人工假底。

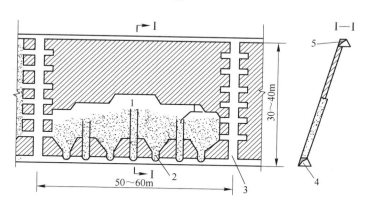

图 2-68 分采充填（削壁充填）采矿法

1—矿石溜井；2—废石溜井；3—行人通风天井；4—阶段运输巷；5—阶段回风巷

矿房内自下而上水平分层回采，分层高度 1.5～2m，工艺过程为落矿、矿石运搬、崩落围岩、充填、铺设垫层和架设顺路溜井（天井）。落矿一般为小直径浅孔，间隔装药松动爆破。崩落的矿石用人工或小型电耙出矿。矿石和围岩的崩落顺序，视二者的崩落难易程度而定，应首先崩落易崩者。围岩的崩落厚度最好是在保留必要的作业空间的条件下刚好充满采空区。围岩崩落后用人工或电耙整平，用以充填采空区。在下次回采作业前，应在采场底板上铺设垫层，以防回采过程中粉矿渗入充填体。垫层为木板、铁皮、废胶带或混凝土，而以铺设 100～150mm 厚的混凝土效果最好。

分采充填采矿法的充填主要靠人工进行，劳动笨重，工作条件差，矿块生产能力小，效率低。它的突出优点是能最大限度地减少废石混入，从而降低矿石贫化，比相同条件下用留矿采矿法混采经济上优越。

分采充填采矿法适用于矿石价值高、矿岩界线明显、易于分离、厚度小于 0.3～0.4m 的矿体。

2.3.5　矿柱回采与采空区处理

2.3.5.1　矿柱回采

两步骤回采的采矿方法有空场采矿法和部分充填采矿法。回采矿房以后，要按正常的开采顺序回采矿柱——顶柱、底柱和间柱。矿柱回采在非煤矿床地下开采中占有相当重要的地位，主要原因是非煤矿产价值一般较高和采矿方法所留矿柱矿量大——缓斜和倾斜矿体占矿块储量的 15%～25%，急斜矿体可高达 40%～60%。矿柱回采不仅对矿产资源的回收有十分重要的意义。而且对非煤矿山企业的技术经济指标也有直接影响。

矿柱回采应遵循以下原则：

（1）统一性原则：矿房回采、矿柱回采与采空区处理方案应在矿块开采设计即采矿方法设计时统一考虑。

（2）正常采序原则：矿柱回采应按照正常的开采顺序。以不破坏正常的生产系统为前提，在矿房回采以后有计划地及时进行。

（3）时间性原则：矿柱回采以后，将进一步引起围岩变形、破坏，直至失稳，从而影响矿井安全与正常生产。因此，矿柱回采与采空区处理应同时进行。

矿柱回采可以用空场法、崩落法或充填法，取决于矿柱的回采条件，包括已采矿房的存在状态、矿岩稳固性、矿体厚度与倾角矿石品位与价值及地表允许塌陷的可能性等。已采矿房的存在状态有敞空和充填两种。敞空状态的矿房是指用空场采矿法采完以后没有进行充填的矿房。充填状态的矿房包括：（1）用充填采矿法回采的矿房；（2）虽用空场采矿法回采，但回采以后又用充填料充填的矿房。与充填采矿法不同，这种充填是在矿房回采后一次完成的，充填不是回采工艺的一道必不可少的工序。因此，为区别起见，称为"嗣后充填"。

A　敞空矿房的矿柱回采

矿房呈敞空状态时，视矿岩稳固性、矿体规模、倾角与厚度以及地表允许塌陷的可能性不同，可以采用空场法或崩落法回采矿柱。

一般情况下，开采矿岩稳固的水平和微斜薄及中厚矿体或者规模不大的倾斜、急斜盲矿体时，若地表允许塌陷，可用空场法回采矿柱，如房柱采矿法的矿柱回采。开采规模较大的倾斜、急斜连续矿体时，若地表允许塌陷，可用崩落法回采矿柱，如留矿采矿法和阶段矿房法的矿柱回采。

B　充填矿房的矿柱回采

充填矿房的矿柱回采，可以用充填法、空场法或崩落法，与充填材料种类、矿柱稳固性、矿体倾角与厚度、矿石价值与品位以及地表是否允许塌陷等因素有关。

胶结充填矿房的间柱回采，视矿岩稳固性、矿体倾角及矿石价值等条件不同，可以采用房柱法、留矿法和阶段矿房法等空场法或上向、下向水平分层等充填法。例如，开采矿岩较稳固的急斜矿体，若矿石价值较高，可用上向水平分层充填法回采间柱；若矿岩稳固，且其他条件也适合时，可用留矿法回采间柱。

松散充填矿房的间柱回采，可以采用充填法或崩落法，根据矿石价值和地表是否允许塌陷确定。例如，地表若允许塌陷，矿石价值又不高，可用崩落法回采间柱；否则，应采用充填法回采间柱。松散充填矿房有两种情况：用干式或水力充填法回采的矿房、用空场采矿法回采并用干式或水砂充填料嗣后一次充填的矿房。

充填矿房的顶底柱回采，可以用充填法、崩落法或空场法，但以充填法用得最多。

2.3.5.2 采空区处理

采用崩落采矿法或充填采矿法的矿山，在回采过程中已崩落围岩或用充填料充填对采空区进行了处理，不存在本节所讨论的采空区处理问题。而空场采矿法靠矿岩自身的稳固性和留矿柱维护采空区只是矿房回采过程中管理地压的临时措施，不是最终的采空区处理方法。因此，空场采矿法矿房回采后形成的采空区，生产过程中必须有计划地进行处理；否则，随着开采的继续，采空范围不断扩大，不仅矿柱变形难以回采，还可能导致产生大规模岩层移动，造成地表突然塌陷，给矿井安全生产和地面环境带来严重后果。因此，采空区处理关系到矿山的安全与正常生产，是采用空场采矿法的非煤矿山生产中的一件大事。

采空区处理方法有崩落围岩、充填和封闭三种，视矿体规模大小、矿石价值与品位高低以及地表是否允许塌陷等因素决定。

A 崩落围岩

该方法是在矿房采完以后，在回采矿柱的同时崩落围岩充填采空区。在围岩不太稳固的情况下，随着矿柱回采，围岩有可能自然崩落充填采空区；围岩稳固时，需强制崩落围岩，一般采用深孔爆破。为此，需要在矿体或围岩中掘进凿岩巷道或凿岩硐室等放顶工程。为了安全起见，崩落围岩的所有工程（包括凿岩）都应在矿房回采时完成。此外，为了释放冲击产生的能量，减轻冲击气浪产生的危害，在崩落围岩之前，应设法使采空区与地表直接连通或通过上部采空区与地表间接相通，形成"天窗"。

崩落围岩处理采空区时地表应允许塌陷，并且矿石价值和品位不高。

B 充填采空区

此处主要是指用废石、碎石或选矿厂脱泥尾砂等干式或水力充填材料一次充填用空场采矿法采毕的矿房，即所谓嗣后充填。当地表保护要求较高时，可在适当部位采用胶结充填。矿房充填与回采工作的关系应协调，保证有合理的充采周期。用充填法处理采空区，主要适用于：（1）开采矿石价值或品位高；（2）地表需要保护（或需要控制岩层移动）；（3）深部开采；（4）已有充填系统、充填设备和充填材料可以利用。

C 封闭采空区

该方式的特点是，用空场采矿法采完矿房后立即将采空区封闭，任其存在或者自然崩落。此法一般只需在通往采空区的巷道中砌筑一定厚度的隔墙，并在可能的情况下将采空区与地表或上部采空区相通，形成天窗。这种方法一般只适用于采空区体积不大的分散、孤立，规模不大的矿体，并且矿石价值与品位不高，地表允许塌陷。

2.4 煤矿综合开采方法

井工煤矿开采是从地面向地下开掘一系列井巷，在地下进行生产，自然条件比较复杂。开采的主要特点是需要进行矿井通风，存在瓦斯、煤尘、顶板、火、水五大灾害。

2.4.1 采煤方法及选择

2.4.1.1 基本概念

（1）采煤工作面：进行采煤作业的场所，称为采煤工作面，也称为回采工作面或采场。实际工作中，采煤工作面、回采工作面与采场是同义语。

（2）煤壁：采掘作业面临的煤层暴露面，称为煤壁。

（3）采煤工序：在采煤工作面，为了开采煤炭所进行的一系列工作，均称为采煤工序，也称为回采工序。把煤从整体煤层中破落下来，称为破煤或落煤；把破落下来的煤炭装入工作面运输工具内，称为装煤；利用运输工具将煤炭运出工作面，称为运煤；为了提供足够的安全工作空间，利用支架支撑工作面顶板，称为顶板支护；煤炭采出后被废弃的空间称为采空区，为减轻矿山压力对工作面支架的作用，保证采煤工作顺利进行，必须处理采空区顶板，这项工序称为采空区处理。在采煤工作面进行的破煤、装煤、运煤、顶板支护和采空区处理等属于主要的采煤工序，简称破、装、运、支、处。其中破、装、运是采煤工作的基本工序，基本工序以外的其他工序称为辅助工序。

（4）采煤工艺：由于煤层的赋存条件和工作面采用的设备不同，在采煤工作面完成各采煤工序的方法及其配合也就不同。采煤工作面各工序所用方法、设备及其在时间、空间上的相互配合，称为采煤工艺，又称回采工艺。

（5）回采巷道布置：回采巷道是形成采煤工作面及为其直接服务的巷道，包括工作面运输巷、工作面回风巷和开切眼。回采巷道在时间上的配合以及在空间上的相互位置关系，称为回采巷道布置。

（6）采煤方法：采煤工艺与回采巷道布置及其在时间、空间上相互配合的总称，称为采煤方法。针对不同的矿山地质条件及开采技术条件，可以采用不同的回采巷道布置方案和不同的采煤工艺，从而形成了多种多样的采煤方法。

2.4.1.2 采煤方法分类

我国使用的采煤方法种类较多，大体上可归纳为壁式采煤法和柱式采煤法两大体系，如图2-69所示。这两种体系的采煤方法在巷道布置、运输方式和采煤工艺上都有很大区别，采煤机械设备也不相同。在世界各国，除美国等国家以柱式采煤法为主外，其他主要产煤国家都以壁式采煤法为主。我国也主要采用长壁式采煤法。

A 壁式体系采煤方法

壁式体系采煤方法又称长壁体系采煤方法，以布置长度较大的采煤工作面为主要标志。该类采煤方法一般具有采煤工作面长度较大，一般为80~250m；采出煤炭顺工作面布置方向运出工作面；在采煤工作面两端至少各布置一条回采巷道，以满足工作面通风和

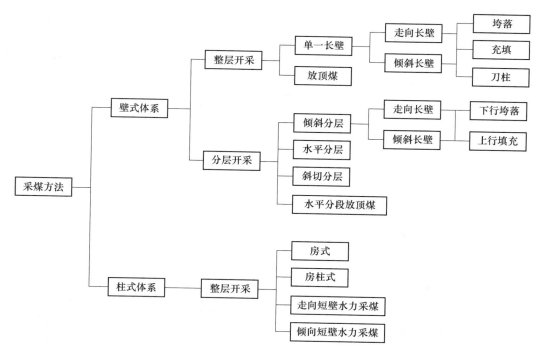

图 2-69　采煤方法分类

煤炭外运的需要等特点。

　　按开采煤层倾角、煤层厚度、采煤工艺、工作面布置及推进方向等，可以将壁式体系采煤方法进一步细分为多种采煤方法。按是否将煤层全厚一次性开采，可以分为整层采煤法和分层采煤法。薄及中厚煤层一般都是按煤层全厚一次性采出，即整层开采。厚煤层既可整层开采，也可分为若干中等厚度（一般为 2~3m）的分层进行开采，即分层开采。

　　a　薄及中厚煤层单一长壁采煤方法

　　单一长壁采煤方法是我国应用最为普遍的一种采煤方法，如图 2-70 所示。所谓"单一"，即表示整层一次性开采。按采煤工作面推进方向的不同，该种采煤法又可以细分为单一走向长壁采煤法、单一倾斜长壁采煤法等。单一走向长壁采煤法是在采（盘）区划分为区段或阶段划分为分段以后，在区段/分段内沿煤层走向布置运输平巷 1、回风平巷 2，沿煤层倾斜方向布置开切眼；在开切眼内形成采煤工作面以后，沿煤层走向推进，如图 2-70（a）所示。单一倾斜长壁采煤法是在带区划分为分带以后，在分带内沿煤层倾斜方向布置运输斜巷 4、回风斜巷 5，沿煤层走向布置开切眼；在开切眼内布置采煤工作面以后，沿煤层倾斜方向推进。采煤工作面向上推进，称为仰斜开采，如图 2-70（b）所示；采煤工作面向下推进，称为俯斜开采，如图 2-70（c）所示。单一走向长壁采煤法在各类倾角的煤层中都有应用，而单一倾斜长壁采煤法主要应用于倾角 12° 以下的煤层。

　　当煤层顶板具有厚层坚硬岩层，采用爆破、注水软化等人工方法难以让采空区顶板垮落时，可以采用煤柱支撑方式处理采空区，称为刀柱式采煤法。如图 2-71 所示，采煤工作面每推进一定距离，间隔留设一定宽度的煤柱（称为刀柱）支撑采空区顶板。

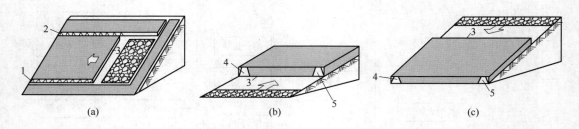

图 2-70　单一长壁采煤法示意图
(a) 走向长壁；(b) 倾斜长壁（仰斜）；(c) 倾斜长壁（俯斜）
1—区段运输平巷；2—区段回风平巷；3—采煤工作面；4，5—分带运输、回风斜巷

b　厚煤层整层开采的采煤方法

厚煤层整层开采的采煤方法包括长壁放顶煤采煤法及大采高一次采全厚采煤法。放顶煤采煤法一般沿煤层底板布置采高 2~3m 的采煤工作面，用常规方法进行采煤；随工作面向前推进，利用矿山压力或辅以松动爆破、注水等方法，使顶部煤炭破碎冒落，利用支架的放煤机构放出上部已经破碎的煤炭，如图 2-72 所示。该种采煤法适合于厚度 5m 以上近水平、缓倾斜煤层。厚煤层大采高一次采全厚采煤法实质上应属于单一长壁采煤法，其工作面布置与图 2-70 类似，但是，由于采高加大，在采煤工艺、支护及装备等方面与薄及中厚煤层单一长壁采煤法有差异。

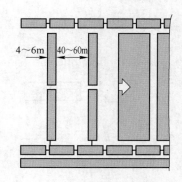

图 2-71　刀柱式采煤示意图

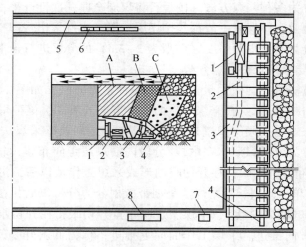

图 2-72　长壁放顶煤采煤法示意图
1—采煤机；2—前刮板输送机；3—液压支架；4—后刮板输送机；5—带式输送机；6—配电设备；7—绞车；8—泵站
A—不充分裂碎煤体；B—较充分裂碎煤体；C—放出（裂碎）煤体

c　厚煤层分层开采的采煤方法

开采厚煤层及特厚煤层时，利用上述的整层采煤法开采技术难度较大时，可以把厚煤

层（特厚煤层）分为若干中等厚度（一般为 2~3m）的分层来开采。根据煤层赋存条件及开采技术的不同，分层采煤法可以分为倾斜分层采煤法、水平分层采煤法和斜切分层采煤法等，如图 2-73 所示。各分层之间的开采顺序，有下行式依次开采和上行式依次开采之分。前者一般用垮落法管理采空区，后者一般用充填法管理采空区。

倾斜分层采煤法是将厚煤层划分成若干个与煤层层面平行的分层，各分层布置采煤工作面沿煤层走向或倾向推进，适合于缓倾斜、倾角不大的倾斜厚煤层，如图 2-73（a）所示；水平分层采煤法是将厚煤层划分成若干个与水平面平行的分层，各分层布置采煤工作面沿煤层走向推进，适合于倾角较大的倾斜、急倾斜厚煤层，如图 2-73（b）所示；斜切分层采煤法是将厚煤层划分成若干个与水平面有一定夹角的分层，各分层布置采煤工作面沿煤层走向推进，适合于倾角较大的倾斜、急倾斜厚煤层，如图 2-73（c）所示。

图 2-73（d）为急倾斜特厚煤层水平分段放顶煤采煤法示意图，类似于水平分层采煤法。在开采厚度 20m 以上的急倾斜煤层时，一般按 10~22m 左右的高度，将煤层划分成若干个与水平面平行的分段，在分段内再按厚煤层放顶煤开采方式，布置采煤工作面，沿煤层走向推进。随着采高加大，分段高度有进一步增大的趋势。增加分段高度，一方面有助于增加工作面的产量，另一方面也增加了顶底板大范围垮落的危险性。因此，应针对急倾斜特厚煤层的赋存条件、开采技术条件和生产管理水平，经过充分论证，合理地确定分段高度。

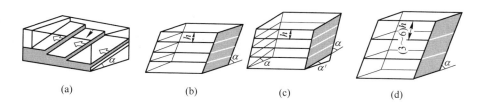

图 2-73　厚煤层分层（段）开采方法示意图
（a）倾斜分层；（b）水平分层；（c）斜切分层；（d）水平分段
α—煤层倾角；α′—分层与水平面的夹角；h—分层高度

B　柱式体系采煤方法

柱式体系采煤方法以布置短工作面采煤为主要标志。该类采煤方法一般具有采煤工作面布置长度较小，推进距离相对较短；采掘合一，掘进过程也是采煤过程；可以采用同一类回采工艺、设备开采煤房和回收煤柱；采出煤炭垂直工作面布置方向，向后运出工作面等特点。

柱式体系采煤方法可以进一步分为房式采煤法和房柱式采煤法。典型柱式体系采煤法的工作面布置如图 2-74 所示，在煤层内开掘一系列宽 5~7m 的煤房，煤房间用联络巷贯通，形成条状或块状煤柱支撑顶板，煤柱宽度由数米至二十多米不等。房式采煤法是只开采煤房，不采煤柱，将其作为永久煤柱支撑顶板；房柱式采煤法是煤房开采结束以后，再按计划尽可能地回收煤柱。采煤可用爆破或连续采煤机及配套设备在一组煤房或煤柱内交替作业，形成多个短工作面成组向前推进。

利用高压水射流作为动力破煤和运输的水力采煤主要有倾斜短壁式和走向短壁式两种

类型，实质上也属于柱式体系采煤方法。过去，采用人工挖煤或爆破落煤的巷柱式、残柱式、高落式等采煤方法也属于柱式体系采煤方法，但目前仅在煤层赋存极不稳定、回收护巷煤柱等特殊条件下有所应用，属于非正规、被淘汰的采煤方法。

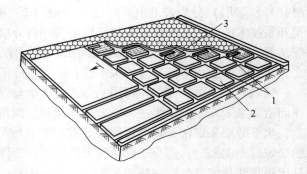

图 2-74　房柱式采煤法示意图
1—煤房；2—煤柱；3—回收煤柱

与柱式体系采煤方法比较，壁式体系采煤方法一般具有以下优点：

（1）由于采煤工作面布置长度较大，采煤连续推进距离长，生产规模大。

（2）巷道布置简单。仅在采煤工作面两端布置可供运输、通风和行人的回采巷道。采准巷道掘进率低。

（3）采准巷道通风系统简单，风流方向转折变化少，巷道交岔点、风桥和风门等通风建（构）筑物少。

（4）对地质条件、煤层赋存条件适应性较强，煤炭采出率高。

但壁式体系采煤方法也存在不足，主要表现在：

（1）采煤工作面的设备投资大，回采工艺比较复杂。在采煤工作面，需要用爆破、滚筒式采煤机或刨煤机等破煤、装煤，利用与煤壁平行铺设的刮板输送机运煤，用支架支护工作面顶板，需要用垮落法、充填法等方法处理采空区。

（2）由于采煤推进距离大，长距离的回采巷道在掘进及生产期间的辅助运输、行人等方面比较困难。

（3）随着采煤工作面推进，采空区顶板暴露面积不断增大，采场矿山压力显现较为强烈，必须不断地支护工作面顶板及处理采空区。

与壁式体系采煤方法相比，柱式体系采煤方法有以下优点：

（1）由于采用相同设备开采煤房和回收煤柱，掘进即是采煤，设备投资少，建设期短，出煤快。

（2）回采工艺比较简单。开采煤房时，采场矿山压力显现不强烈，工作面支护较简单，一般无采空区处理工序，仅在回收煤柱时需要处理采空区。

（3）采掘、运输等设备一般具有自移式胶轮或履带行走装置，运转灵活，移动、搬迁快，适应煤层变化的能力强，容易回采不规则的边角煤。

柱式体系采煤方法的主要缺点有：

（1）由于煤房、煤柱的尺寸较小，数量多，采煤工作面的布置长度和推进长度较小，生产规模较小。

（2）进、回风巷并列布置，通风建（构）筑物多，漏风大，通风条件差，通风管理困难，可能出现多头串联通风。

（3）煤炭采出率低，一般为 50%～60%；回收煤柱时，可提高到 70%～75%。

（4）对于倾角大、厚度大以及顶板稳定性差的煤层或近距离煤层群，该类采煤方法的适应性差。

总体而言，壁式体系采煤方法的巷道较简单，采煤连续性强，单产高，煤炭采出率高，对地质条件适应性强，但采煤工艺和装备比较复杂。这类采煤法被中国、俄罗斯、波兰、德国、法国等国家广泛应用于不同厚度、倾角、顶底板条件的煤层开采。近年来，各种充填工艺用于处理采空区，进一步扩大了其应用范围。

柱式体系采煤方法主要应用于近水平薄及中厚煤层，并要求顶板中等稳定或稳定，煤层瓦斯含量低，开采深度小。由于采用同一类机械设备开采煤房和回收煤柱，采掘合一，采掘过程灵活，该类采煤方法被美国、澳大利亚、加拿大、印度、南非等国家广泛采用。

2.4.2 长臂采煤工艺

2.4.2.1 走向长壁采煤工艺

A 采煤系统

井田划分为阶段后，阶段沿走向再划分为若干个采区。在采区内布置准备巷道和回采巷道，建立完善的出煤、出矸、运料、通风、排水和供电等生产系统，称为采区巷道布置，亦称采煤系统。

我国在开采倾斜薄煤层时，大多采用走向长壁一次采全厚的采煤方法，也称为单一走向长壁采煤法。图 2-75 为单一薄煤层采区巷道布置图。

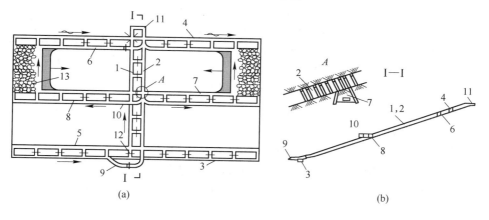

(a)　　　　　　　　　　　　(b)

图 2-75　单一薄煤层采区巷道布置图

(a) 平面图；(b) 剖面图

1—运输上山；2—轨道上山；3—阶段运输大巷；4—阶段回风大巷；5—副巷；6—区段回风平巷；
7—区段运输平巷；8—下区段回风平巷；9—采区下部车场；10—采区中部车场；
11—绞车房；12—采区煤仓；13—采煤工作面；A—轨道上山与区段运输平巷的空间交叉点

从阶段运输大巷 3 开始，在采区中部开掘下部车场 9，由下部车场沿煤层向上开掘运输上山 1 和轨道上山 2，两条上山相距 20m。上山掘到采区上部边界后，掘采区上部车场与阶段回风大巷 4 相通。然后，在第一区段下部开掘中部车场 10，再由上部车场和中部车场同时向采区两翼掘区段回风平巷 6（或阶段回风大巷 4 的副巷 5）、区段运输平巷 7 和下区段回风平巷 8 直到采区边界。最后，留出采区隔离煤柱，掘开切眼。与此同时，开掘各种硐室，安装机电设备，形成完善的生产系统后，即可开始采煤。

B 运煤系统

从工作面采出的煤运到区段运输平巷7，由平巷内的输送机转运到运输上山1，然后通过运输上山1向下运到采区煤仓12，在采区煤仓下面装入矿车，电机车牵引列车沿阶段运输大巷3把煤炭运到井底车场。

a 通风与运料系统

新鲜风流与运煤的方向相反。清洗工作面后的污风，从工作面上出口进入区段回风平巷6，经阶段回风大巷4，到风井排出地面。在有的巷道内需设必要的通风构筑物，如风门、风墙等，以便控制和分配风流。

工作面所用的材料，经轨道上山2提升到区段回风平巷6，送到工作面上端头，运入工作面使用。

b 采区巷道布置的有关问题

走向长壁采煤法的采区布置有双翼采区和单翼采区两类。双翼采区的特点是采区上山（或下山）布置在采区沿走向的中部（图2-75）。单翼采区是将采区上（下）山布置在采区边界的一侧（图2-76）。

区段运输平巷可以是双巷布置，也可以是单巷布置。采用双巷布置时，上区段运输平巷与下区段回风平巷之间留有巷道保护煤柱。采用单巷布置时，可以不留保护煤柱，上区段运输平巷随采随废，然后再贴煤壁沿采空区重新开掘下区段回风平巷，即"沿空掘巷"。

采区各类巷道的保护煤柱尺寸可参照下列数值选取：采区上山间的煤柱不少于20m；区段平巷煤柱8~10m；为了隔离采空区，防止自燃和有害气体的涌出，每个采区边界之间一般留5~10m的隔离煤柱。

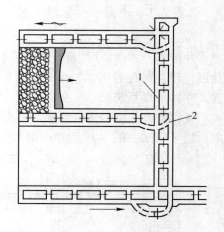

图2-76 单翼采区巷道布置图
1—运输上山；2—轨道上山

上述是在单一煤层中的巷道布置系统。在许多情况下，可以将距离较近的若干煤层联合开采，共同布置一个采区巷道。即利用一组上下山开采两个或更多的近距离煤层，建立一个统一的采煤系统。

C 采煤工艺

我国长壁工作面的采煤工艺主要有3种类型，即爆破采煤工艺（炮采）、普通机械化采煤工艺（普采）和综合机械化采煤工艺（综采）。综采是目前主流的采煤工艺。

a 爆破采煤工艺

（1）爆破落煤。炮采的爆破落煤生产过程是：采煤工人用煤电钻在煤壁上钻出1~3排、深度1.0~1.5m的炮眼（图2-77）。然后向炮眼内安装炸药、雷管和填塞炮泥，爆破工人用专门的起爆器爆破。

一般常用的炮眼布置方式有：单排眼（图2-77（a）），一般适用于薄煤层；双排眼（图2-77（b）），其布置形式有对眼、三花眼和三角眼等，一般适用于采高较小的中厚煤层。煤质中硬时可用对眼，煤质软时可用三花眼，煤层上部煤质软或顶板较破碎时可用三角眼；三排眼（图2-77（c）），也称五花眼，用于煤质坚硬或采高较大的中厚煤层。

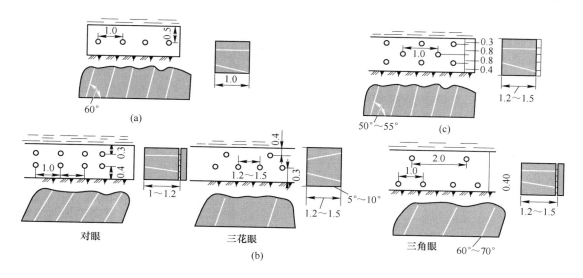

图 2-77 炮眼布置图（单位：m）

(a) 单排眼；(b) 双排眼；(c) 三排眼

（2）装煤。爆破后破碎的煤堆积在煤层底板上，需要用人力装入刮板输送机运出。输送机是由许多节溜槽连接起来的，沿工作面全长铺设，可就近装煤。随着采煤工作面向前推进，输送机也向前移动。

（3）运煤。工作面刮板输送机运煤是炮采工作面实现机械化的唯一工序。输送机移置器多为液压式推移千斤顶，其布置如图 2-78 所示。工作面内每隔 6m 设一台千斤顶。

b 普通机械化采煤工艺

采煤工作面安设有单滚筒或双滚筒截齿采煤机、可弯曲刮板输送机、金属摩擦支柱或单体液压支柱、金属铰接顶梁以及液压千斤顶等设备，其布置如图 2-79 所示。其中回采工艺的落煤、装煤和运煤实现了机械化，而支护和采空区处理需要由人工完成。

采煤机 1 骑在刮板输送机 2 上，以刮板输送机为导轨，在工作面上下移动。采煤机的截割部通过摇臂带动滚筒旋转，煤被螺旋叶片上的截齿破落下来，利用螺旋筒和弧形挡煤板，将煤源源不断地装入刮板输送机内。刮板输送机的刮板链不停地运转，煤被运出工作面。液压千斤顶将输送机向前推移，重新紧靠煤

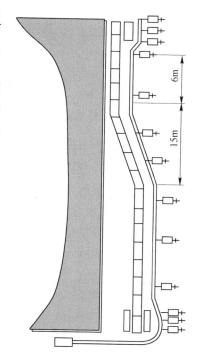

图 2-78 移置输送机示意图

壁。这样就实现了落煤、装煤和运煤以及推移输送机的机械化。

滚筒采煤机的类型较多。但就其工作机构来说，主要有单滚筒采煤机和双滚筒采煤机两种。只有一个割煤滚筒的滚筒采煤机称为单滚筒采煤机，如 DY-150 型、MLD-170 型、

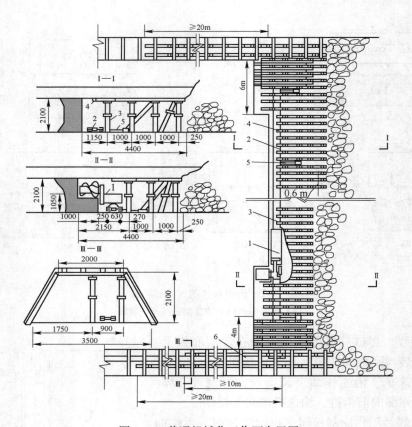

图 2-79　普通机械化工作面布置图

1—采煤机；2—刮板输送机；3—单体液压支柱；4—铰接顶梁；5—推移千斤顶；6—桥式转载机

MZD-150 型等单滚筒采煤机。设有两个割煤滚筒的采煤机称为双滚筒采煤机（图 2-80），两个滚筒分别装在采煤机两端。在采煤过程中，两个滚筒的高度可以随时调整，以适应煤层厚薄和顶底板岩层的起伏变化，因此能够根据煤层厚度一次采出。

　　c　综合机械化采煤工艺

　　综合机械化采煤是指采煤工作面的落煤、装煤、运煤、支护和采空区处理等主要工序全部实现了机械化。综采工作面的主要设备是自移式液压支架、采煤机、可弯曲刮板输送机和端头支护设备。

　　（1）综采工艺过程。综采工作面设备布置如图 2-81 所示。采煤工艺过程为：采煤机骑在输送机上割煤与装煤，然后输送机被自移支架前端的移架千斤顶推向煤壁；移架从工作面一端开始，紧随输送机被推向煤壁，逐节向前移动；移架时支柱卸载，顶梁脱离顶板，移架千斤顶收缩、移架。

　　（2）自移式液压支架。液压支架是综采工作面的主要标志，它由顶梁、底座、推移千斤顶、支柱和控制装置等组成。液压支架按其与围岩的相互作用方式不同可分为支撑式、掩护式和支撑掩护式 3 种基本类型，支撑式（垛式）支架（图 2-82）顶梁较长，支撑力较大，切顶性能较好。适用于顶板坚硬完整，周期压力明显，底板也较硬的薄及中厚煤层。

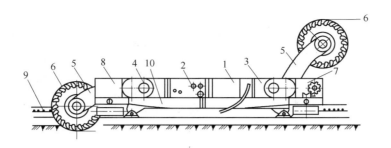

图 2-80 双滚筒采煤机

1—电动机；2—牵引部；3，4—截割部齿轮箱；5—弯摇臂；6—滚筒；7，8—行走部；9—销轨；10—底托架

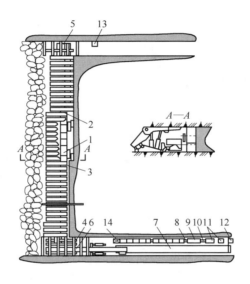

图 2-81 综合机械化工作面布置图

1—采煤机；2—输送机；3—液压支架；4—下端头支架；5—上端头支架；6—转载机；7—胶带输送机；8—配电箱；
9—乳化液泵站；10—设备列车；11—变电站；12—喷雾泵站；13—液压安全绞车；14—集中控制台

掩护式支架的结构特点是支架的顶梁较短，有一个整体的掩护板可将工作空间和采空区完全隔开，适用于中等稳定和易于冒落的顶板。

支撑掩护式支架（图 2-83）以支撑为主，兼有隔离采空区矸石的能力，它的作用介于支撑式和掩护式之间，是今后重点发展的一种架型。

各种类型支架的动作原理基本相同，均用高压乳化液作为动力。支架的操作由操纵阀控制，在邻架间进行操作或分组遥控。综采的主要特点是机械化程度高、安全性好、产量大。但是综采设备昂贵，要求操作与管理水平高、开采条件好。

d 顶板控制

工作面顶板控制包括采煤工作面支护和采空区处理两项内容。

（1）采煤工作面支护。采煤工作面支护的作用是减缓顶板下沉，维护控顶距内顶板的完整，保证工作空间的安全。要完全阻止顶板下沉是不可能的，所以采煤工作面支架除了要有足够的支撑力外，还要有一定的可缩性。炮采与普采工作面的顶板支护主要采用单

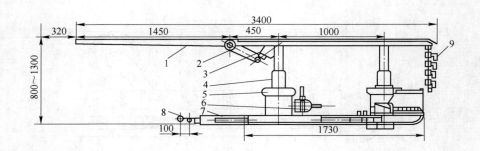

图 2-82　支撑式支架结构图

1—前梁；2—顶梁；3—前梁千斤顶；4—立柱；5—座箱；6—操纵阀；7—推移千斤顶；8—连接头；9—挡矸帘

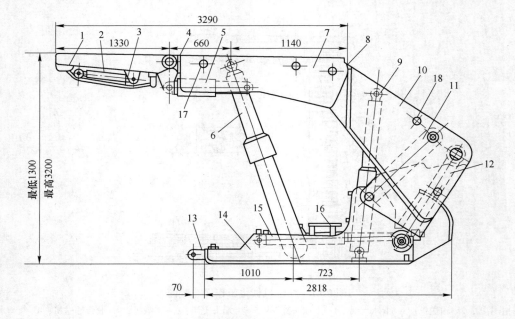

图 2-83　支撑掩护式支架结构图

1—前梁；2—护帮千斤顶；3—护帮板；4—顶梁；5—前梁千斤顶；6—前立柱；7—顶梁侧护板；
8—掩护梁；9—后立柱；10—掩护梁侧护板；11—前连杆；12—后连杆；13—推移机构；
14—底座；15—推移千斤顶；16—脚踏板；17—顶梁侧推千斤顶；18—掩护梁侧推千斤顶

体液压支柱。

液压支柱的结构和升降原理与液压千斤顶相似，国产的有外注式和内注式单体液压支柱系列。图 2-84 是外注式单体液压支柱，它由外部供液泵向支柱内注入高压乳化液，使活柱升起并支撑顶板；当顶板压力超过其额定阻力时，乳化液安全阀开启，泄出少量乳化液，支柱稍微沉缩，压力减小，然后安全阀自动关闭，从而使支柱的工作阻力保持恒定。

支柱的布置方式主要有：

1）带帽点柱。带帽点柱用于直接顶较完整或薄煤层工作面。柱帽用木板或半圆木制成，带帽点柱在工作面的排列方式有矩形排列和三角形排列。

2）棚子。棚子用于直接顶为中等稳定及中等稳定以下的条件，分平行工作面棚子和垂直工作面棚子两种。当煤层倾角较大、顶板裂隙方向与煤壁垂直或近于垂直时，可采用平行工作面棚子（图 2-85（a））；反之，应采用垂直工作面棚子（图 2-85（b））。

3）悬臂式支架。悬臂式支架是液压支柱与金属铰接顶梁配套组成的一种支架方式，分为正悬臂和倒悬臂两种架设方式（图 2-86）。一般情况下，多采用正悬臂齐梁直线柱布置方式。金属铰接顶梁由梁身、耳子、接头、销子及楔子等五部分组成（图 2-87）。顶梁的长度应与工作面每次的割煤深度相适应。

（2）采空区处理。采空区处理的目的是减轻采煤工作面的顶板压力，使顶板压力大部分转移到煤壁和采空区中，保证采煤工作面支护安全。采空区处理方法主要有垮落法、煤柱支撑法、充填法等。

1）垮落法。用垮落法处理采空区的实质是有步骤地使采空区的直接顶冒落下来，并利用垮落的岩石支撑上部未垮落的岩层。有时在顶板垮落前，应沿工作面全长在预定的顶板垮落线位置架设特种支架（如密集支柱），使采空区与回采空间隔开（图 2-88）；然后拆除一定距离的支柱，使悬空的直接顶垮落，这项工作称为放顶。设密集支柱的放顶工作，称为密集放顶。

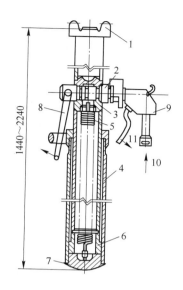

图 2-84　外注式单体液压支柱结构图
1—机盖；2—三用阀；3—活柱体；4—油缸；
5—复位弹簧；6—活塞；7—底座；8—卸载
手把；9—注液枪；10—泵站供液；
11—注液时操纵手把方向

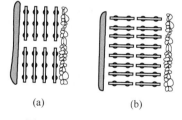

图 2-85　棚子支护方式图
（a）平行工作面棚子；（b）垂直工作面棚子

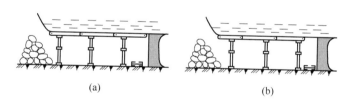

图 2-86　悬臂式支架布置图
（a）正悬臂布置；（b）倒悬臂布置

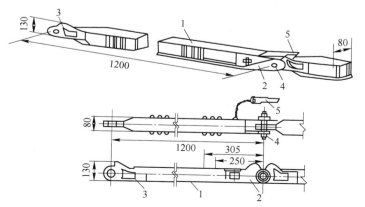

图 2-87　金属铰接顶梁结构图
1—梁身；2—耳子；3—接头；4—销子；5—楔子

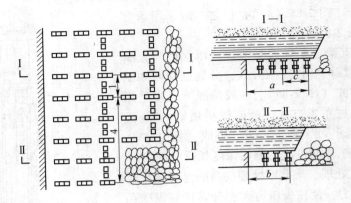

图 2-88　全部垮落法处理采空区图
a—最大控顶距；b—最小控顶距；c—放顶步距

放顶工序是回撤支护的过程。一次放顶距离称放顶步距。放顶步距加上回采工作空间的宽度称为工作面最大控顶距，放顶后工作空间的最小宽度称为最小控顶距。

2）缓慢下沉法。当顶板岩层的韧性比较大、易弯曲而不易破碎，而且煤层又比较薄时，顶板可能在下沉且未发生垮落之前已和底板接触。具有这种特点的采空区处理方法称为缓慢下沉法（图 2-89）。

3）煤柱支撑法。煤柱支撑法（又称刀柱法）适用于极坚硬顶板。这种顶板往往悬露数千平方米而不垮落，一旦大面积垮落将导致严重后果。采用这种方法时，每当工作面推进一定距离后，留下适当宽度的煤柱支撑顶板。然后在煤柱另一侧重开切眼进行采煤工作（图 2-90）。

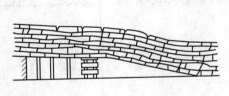

图 2-89　缓慢下沉法图

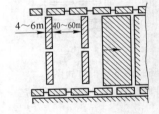

图 2-90　煤柱支撑法图

4）充填法。局部充填法就是砌筑矸石带来支撑采空区的顶板。矸石来源可用挑顶、采空区冒落的岩石或卧底的办法取得（图 2-91），也可以利用煤层中的夹石。这种方法砌矸石带劳动强度大，且煤层愈厚愈困难。因此，只适于用在顶板坚硬且不易垮落的薄煤层中。

全部充填法是从采煤工作面外部运来大量的砂石，把采空区填满，利用充填物支撑顶板。这种方法一般适用于开采特厚煤层，或在建筑物下、铁路下、水体下进行采煤（"三下"采煤）。

2.4.2.2　倾斜长壁采煤工艺
倾斜长壁采煤法与走向长壁采煤法相比，主要是采煤工作面布置及回采方向不同，并

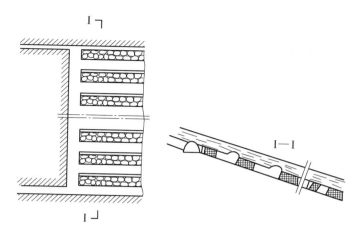

图 2-91 局部充填法图

且取消了采区上、下山巷道。

A 倾斜长壁采煤系统

倾斜长壁采煤法的巷道布置如图 2-92 所示。由阶段运输大巷 4 沿倾向掘进运输斜巷 8 和行人、回风斜巷 10，掘至阶段边界时做开切眼，形成采煤工作面。工作面两端的出口在同一个水平面上。工作面是水平的，回采巷道是沿煤层倾向开掘的倾斜巷道。一般情况下，在运输大巷以上的煤层用俯斜开采，在运输大巷以下的煤层用仰斜开采。

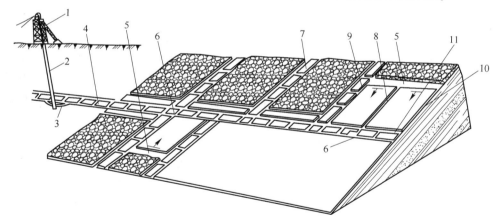

图 2-92 倾斜长壁采煤法立体图

1—主井；2—副井；3—井底车场；4—阶段运输大巷；5—工作面；6—煤仓；7—煤柱；
8—运输斜巷；9—行人、进风斜巷；10—行人、回风斜巷；11—阶段回风大巷

运输系统是把煤由采煤工作面 5 运到运输斜巷 8，然后经煤仓 6、阶段运输大巷 4 到井底车场 3，最后由主井 1 提升至地面。通风系统由地面的新鲜空气到井底车场 3、经阶段运输大巷 4 进风，然后经行人、进风斜巷 9、运输斜巷 8 到采煤工作面 5，最后由行人、回风斜巷 10 到阶段回风大巷 11。

采用单工作面布置时，需要多开掘倾斜巷道，并使用较多的运输设备。如果将两个工

作面并列在一起同时回采，可以共用中间的一条运输巷道，形成对拉工作面（图 2-93）。这种方法生产集中，减少了巷道和运输设备，可以获得较高的经济效益。但两个工作面齐头并进，要求有较高的组织管理水平。

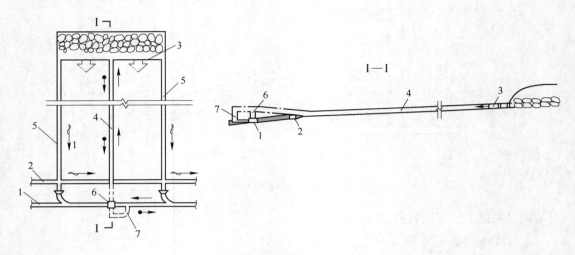

图 2-93　单一倾斜长壁采煤法巷道布置图
1—运输大巷；2—回风大巷；3—采煤工作面；4—分带运输斜巷；
5—分带回风斜巷；6—带区煤仓；7—行人、进风斜巷

B　倾斜长壁采煤法巷道布置特点

根据倾斜长壁采煤法的巷道布置及采煤工艺特点，以及国内外一些矿井实践中获得的技术经济效果，可以看出倾斜长壁采煤法与走向长壁采煤法相比具有以下优点：

（1）巷道布置简单。巷道掘进和维护费用低、投产快。与走向长壁采煤法的巷道布置相比，这种方法减少了一些准备巷道，相应地可以缩短矿井建设周期。同时，还减少了巷道维护工程量和维护费用。当井底车场和少量的大巷工程完毕后，就可以很快地准备出采煤工作面并投入生产。

（2）生产系统简单。倾斜长壁采煤法工作面采出的煤经分带运输斜巷直达运输大巷，运输环节少，系统简单。由于倾斜长壁工作面的回采巷道既可以沿煤层掘进，又可以保持固定方向，故可使采煤工作面长度保持等长，从而减少了因工作面长度变化给生产带来的不利影响。矿井通风风流方向转折变化少，同时使巷道交叉点和风桥等通风构筑物也相应减少。

（3）对某些地质条件的适应性较强。当煤层的地质构造，如倾斜和斜交断层比较发育时，布置倾斜长壁工作面可减少断层对开采的影响，可保护工作面的有效推进长度。当煤层顶板淋水较大或采空区采用注浆防火时，仰斜开采有利于疏干工作面，创造良好的工作环境。当瓦斯涌出量较大时，俯斜开采有利于减少工作面瓦斯含量。

倾斜长壁采煤法存在的主要问题是要求煤层倾角小。长距离的倾斜巷道，使掘进及辅助运输、行人比较困难。大巷装车点较多，特别是当工作面单产低，回采工作面个数较多时，这一问题更加突出。

2.4.3 采煤工作面的主要技术参数

2.4.3.1 采煤工作面长度

合理的工作面长度是实现安全高效采煤的重要条件。在一定范围加长工作面长度，有利于提高产量、效率和效益，并能降低巷道掘进率、相对减少工作面搬家次数和回采巷道间的煤柱损失。但是，工作面长度亦受设备、煤层地质条件和瓦斯涌出量等因素约束；同时工作面长度增大，生产技术管理的难度也增大。因此，采煤工作面超过一定长度范围，其单产、效率和安全生产条件等都会下降或变化。

A　影响工作面长度的因素

（1）地质因素：煤层地质条件是影响工作面长度的重要因素。为了减少工作面开采困难，采区、盘区或带区内划分工作面时，对于已知的落差大于采高的断层、较大的褶曲、陷落柱、煤层厚度和倾角急剧变化带、火成岩侵入区，一般以这些地质条件作为工作面上下或左右边界。

小的地质构造往往在开掘回采巷道或在工作面开采时才会知道，它们常使割煤、运煤和支护产生困难。工作面越长，遇小构造的可能性越多，因此在地质构造复杂区域开采，工作面设计长度不宜太长。

炮采或普采工作面支护操作的难度随采高加大而增加；薄煤层工作面运料、行人、操作均很困难；煤层倾角较大时煤岩滚动造成的不安全因素增多，行人亦困难；顶板过于破碎或过于坚硬，均会使顶板管理趋于复杂。上述这些条件下工作面设计长度均不宜太长。

瓦斯涌出量亦会限制工作面长度。在低瓦斯矿井，工作面长度不受通风能力限制。在高瓦斯矿井，工作面的通风能力则是限制工作面长度的重要因素。工作面的实际风速应小于工作面允许的最大风速，工作面需要的风量应按产量进行配置。风流通过的最小断面由最小控顶距和采高决定，按通风能力允许的工作面长度 L 如式（2-45）计算：

$$L = \frac{60vMSC_f}{q_bBPN} \qquad (2\text{-}45)$$

式中　v——工作面允许的最大风速，取值 4m/s；

　　　M——采高，m；

　　　S——工作面最小控顶距，m；

　　　C_f——风流收缩系数，一般取 0.9～0.95；

　　　q_b——昼夜产煤 1t 所需风量，m^3/min；

　　　B——炮采工作面落煤一次的进度或普采和综采工作面的截深，m；

　　　P——煤层产出率，即单位面积的出煤量，$P = M\rho C$，t/m^2；

　　　ρ——煤的体积质量，t/m^3；

　　　C——工作面采出率；

　　　N——炮采工作面的昼夜落煤次数或普采和综采工作面的昼夜割煤刀数。

（2）阶段斜长：井田划分阶段后，阶段斜长即已确定。走向长壁工作面在阶段内的数目和长度受阶段斜长限制，其数目只能是整数，倾斜长壁工作面长度可以不受阶段斜长限制。

（3）工作面效率：工作面一部分生产人员的工种与工作面长度没有明显关系，如采煤机司机、刮板输送机司机、泵站司机等；采煤机进刀的时间和进刀的长度是一定的，也与工作面长度无关。

加大工作面长度可以减少与工作面长度无关工种人员所占的比例、提高工作面效率，相对减少每班的进刀次数和进刀占用时间、增加纯割煤时间，有利于增加工作面的产量和效率。

（4）安全：我国开采的多数煤层特别是厚煤层，均有自然发火倾向，加快工作面推进速度，保证工作面有足够的月推进度，是防止采空区自然发火的有效措施。另外，长壁工作面矿山压力显现随工作面推进速度加快而趋于缓和。显然，工作面推进速度必然会随工作面长度加大而降低，从防止采空区自然发火和减缓工作面矿压显现方面考虑，工作面长度加大到一定范围后不宜再加长。

B　长壁工作面长度

工作面长度、特别是综采工作面长度的确定原则是：平均日产量最高，吨煤费用较低，有合理的推进速度，刮板输送机的铺设长度能满足要求，避免较大的地质构造影响。

根据技术分析和目前我国煤矿实践经验，在不受地质构造影响的条件下，缓（倾）斜厚及中厚煤层综采工作面长度不应小于 200m，薄煤层综采工作面长度不应小于 100m；普采工作面长度在中厚煤层中不应小于 160m；炮采工作面长度可取值 80~120m。随工作面装备水平和管理水平的提高，国内外长壁工作面长度有逐渐加大趋势。

2.4.3.2　采煤工作面连续推进长度

采煤工作面推进长度受地质构造限制更大。不受地质条件限制时工作面合理的推进长度应从两方面考虑：工作面主要装备在不大修前提下保证正常生产所能承受的过煤能力；与工作面连续推进长度相匹配的准备方式、回采巷道掘进通风能力、运输巷中的运煤方式、工作面供电方式等。

综采工作面的主要装备一般一年大修一次，近水平及缓（倾）斜煤层，不受断层等构造限制时，工作面的连续推进长度不宜少于一年的推进长度。

综采工作面合理的推进长度应以综采设备大修周期为基础，国产装备一般一个工作面的回采煤量控制在 60 万~125 万吨，大功率综采设备控制在 600 万吨以上，采完这些煤量后装备升井大修，从而减少井下更换设备大件对生产的影响。工作面连续推进长度过小，工作面搬家频繁，设备能力特别是大功率综采设备的能力难以充分发挥，影响工作面经济效益。

2.4.3.3　采煤机的截深

滚筒采煤机的截深有 0.5m、0.6m、0.8m、1.0m 和 1.2m 几种，常用的有 0.6m、0.8m 和 1.0m。

采煤机截深应根据工作面围岩条件、采高、支架形式、采煤机和输送机的能力等因素合理确定。

普采工作面应考虑截深与顶梁长度和支柱排距相配合。在顶板完整、采高不大的工作面，可用较大的截深（0.8m 或 1.0m），顶梁长度和支柱排距应等于截深。顶板破碎、采高较大的工作面，可用 0.5~0.6m 的截深，这时梁长为截深的两倍，视顶板条件可采用错梁或齐梁支护方式。

选择截深还应考虑煤层的硬度、节理、夹矸情况以及支承压力压酥煤体的宽度。支承压力削弱煤体强度的范围是有限的，因此截深过大可使采煤机功率急剧增加，并使装煤效果降低。

截深的选择有两种做法：一种做法是加大截深至 0.8~1.0m，个别甚至加大至 1.2m。在顶板条件比较好、采高小、地质构造简单、煤质松软的工作面，加大截深是提高工作面单产的一种途径。特别是在受地质条件限制、工作面长度较短的情况下，为了充分发挥机组的效能可适当加大截深。在煤层厚度较大但使用单滚筒采煤机、采用顶底刀截割方式时，把缩小滚筒直径和加大截深配合起来亦能收到满意效果。加大截深的优越性，在于增加每刀进度和产量，在不降低采煤机实际牵引速度情况下能缩短采煤机日运行时间，从而相应地减少辅助工作量。但截深过大会降低装煤效果、不利于控顶，且在煤硬时增加采煤机负荷，进刀较困难，同时也会增加一次进刀的缺口工作量。另一种做法是减小截深。在顶板不稳定情况下，采用缩小截深、加大滚筒直径、实行浅截快跑作业，能充分利用矿压破煤，也是提高工作面单产的有效措施。

2.4.3.4 机采工作面的开机率

采煤机开机率，是指采煤机运转时间占每日 24h 或采煤班作业时间的百分比。采煤机开机率综合反映工作面地质条件、工作面装备的可靠性、管理水平、矿井各生产系统的可靠性。

机采工作面的日开机率 K_r 如式（2-46）表示：

$$K_r = \frac{t_1 + t_2 + t_3}{T_r \times 60} \times 100\% \tag{2-46}$$

式中　t_1——采煤机纯割煤时间，min；

　　　t_2——采煤机跑空刀时间，min；

　　　t_3——采煤机进刀时间，min；

　　　T_r——每天工作时间，24h。

机采工作面采煤班开机率 K_b 如式（2-47）表示：

$$K_b = \frac{t_1 + t_2 + t_3}{T_b \times 60} \times 100\% \tag{2-47}$$

式中　T_b——采煤班工作时数，h。

2010 年前后我国安全高效矿井采煤班开机率多在 70% 以上，有的可达 92.6%。提高采煤机开机率有以下两种途径：（1）从工作面内部考虑，提高工作面装备的可靠性，能力、容量、速度等技术参数要有足够的富余系数；提高工作面的检修速度和质量；减少路途时间损失，缩短交接班时间，增加采煤机作业时间；缩短工作面端头作业时间；合理安排工种、工序，加强班组协作。（2）从工作面外部考虑，提高采区、盘区或带区及全矿生产系统的可靠性，降低运输、通风、供电、排水、提升等生产系统的故障率；同时提高人员的素质和技术水平。

2.4.3.5 采煤工作面的生产能力

采煤工作面的生产能力，是指采煤工作面单位时间内生产煤炭的能力，时间单位可用日、月或年。

A　炮采工作面的生产能力

炮采工作面日生产能力 Q_r 如式（2-48）表示：

$$Q_r = NLMB\rho C \tag{2-48}$$

式中　N——昼夜落煤次数，次；

　　　L——工作面长度，m；

　　　M——采高，m；

　　　B——落煤一次的进度，m；

　　　ρ——煤的体积质量，t/m^3；

　　　C——工作面采出率，%。

B　机采工作面的生产能力

单滚筒采煤机双向割煤，双滚筒采煤机单向割煤，往返一次割一刀煤的时间 T_c 如式（2-49）表示：

$$T_c = (L - l)\left(\frac{1}{v_c} + \frac{1}{v_k}\right) + t_3 \tag{2-49}$$

采煤机双向割煤，往返一次割两刀，割一刀煤的时间 T_c 如式（2-50）表示：

$$T_c = (L - l)\frac{1}{v_c} + t_3 \tag{2-50}$$

式中　L——工作面长度，m；

　　　l——工作面斜切进刀段长度，m；

　　　v_c——采煤机割煤时的牵引速度，m/min；

　　　v_k——双滚筒采煤机空牵引、清理浮煤或单滚筒采煤机返回割煤时的牵引速度，m/min；

　　　t_3——采煤机进刀时间，min。

机采工作面采煤班割煤刀数 N_b 如式（2-51）表示：

$$N_b = \frac{T_b \times 60 - t_j}{T_c} \times K_1 \tag{2-51}$$

机采工作面昼夜割煤刀数 N_r 如式（2-52）表示：

$$N_r = \frac{24 \times 60 - t_z - n \times t_j}{T_c} \times K_1 \tag{2-52}$$

式中　t_j——交接班时间，min；

　　　t_z——日准备时间，min；

　　　n——日采煤班数；

　　　K_1——采煤班割煤时间利用率，%。

则机采工作面日生产能力 Q_r 如式（2-53）表示：

$$Q_r = N_r LMB\rho C \tag{2-53}$$

式中　L——工作面长度，m；

　　　M——采高，m；

B——普采和综采工作面截深，m；

ρ——煤的体积质量，t/m³；

C——工作面采出率，%。

2.4.3.6 采煤工作面的采出率

工作面落煤损失，主要包括：未采出的工作面顶板方向的煤皮，遗留在底板上的浮煤，炮采工作面崩向采空区的煤和运输过程中泼撒的煤，放顶煤工作面端头和开切眼处未放落的顶煤，终采线处顶煤或底煤损失，以及采放的工艺损失。

工作面采出率计算如式（2-54）表示：

$$工作面采出率 = \frac{工作面实际采出煤量}{工作面实际储量} \times 100\% \tag{2-54}$$

《煤炭工业矿井设计规范》对工作面采出率的规定如下：厚煤层不低于93%，中厚煤层不低于95%，薄煤层不低于97%。

2.4.4 综采工作面主要设备配套

综采工作面的采煤机、刮板输送机和自移式液压支架在几何尺寸、生产能力和服务时间方面应合理配套，液压支架的架型、支护强度应与顶底板条件和采高相适应。这些是实现工作面安全高效采煤的前提。

2.4.4.1 综采设备的几何尺寸配套

主要装备要在工作面狭小的空间内正常运转，应做到互不影响，互为依存。

A 采煤机的最大采高和卧底量要求

采煤机的纵向几何尺寸如图2-94所示，采用不同高度的底托架，采煤机有不同的机面高度，以适应不同的采高范围。

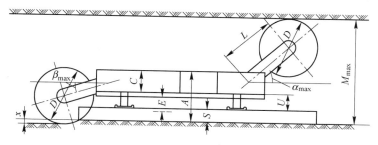

图2-94 采煤机纵向几何尺寸

α_{max}—摇臂向上的最大摆角；L—摇臂长度；D—滚筒直径；A—机面高度（$A = S+U+C$）；S—刮板输送机机槽高度；U—底托架高度；C—机体厚度；E—过煤高度；β_{max}—摇臂向下的最大摆角

采煤机的最大采高M_{max}如式（2-55）计算：

$$M_{max} = A - \frac{C}{2} + L\sin\alpha_{max} + \frac{D}{2} \tag{2-55}$$

在工作面出现底鼓、浮煤垫起输送机或底板起伏不平时，采煤机应能割至底板，采煤机的卧底量χ如式（2-56）进行计算。式中，χ应为负值，一般不少于150~300mm，这表示采煤机卧底下切的能力。

$$\chi = A - \frac{C}{2} - L\sin\beta_{max} - \frac{D}{2} \tag{2-56}$$

为保证采煤机正常运行，所选采煤机的采高应有较大的可调范围，最小采高一般为 0.9~0.95 倍煤层最小厚度，最大采高一般为 1.1~1.2 倍煤层最大厚度。

B   采高或煤厚对液压支架支撑高度的要求

液压支架应适应煤层厚度变化和顶板下沉，需在最大采高或煤厚时支得起并有一定富余，在最小采高或煤厚时能卸得掉。液压支架的最大和最小支撑高度如式（2-57）进行计算：

$$\left.\begin{array}{l} H_{max} = M_{max} - S_1 + h \\ H_{min} = M_{min} - S_2 - a \end{array}\right\} \tag{2-57}$$

式中 H_{max}，H_{min}——支架的最大和最小支撑高度，m；

      M_{max}，M_{min}——最大采高或煤厚、最小采高或煤厚，m；

      S_1，S_2——液压支架在前、后柱处的顶板下沉量，m；

      h——支架支撑高度富裕系数，一般取 200mm；

      a——支架卸载高度，一般取 50mm。

如式（2-58）所示，液压支架的最小支撑高度应大于采煤机机身高度，以保证采煤机在支架掩护下安全运行：

$$H_{min} > A \tag{2-58}$$

液压支架的最小支撑高度 H_{min} 应大于采煤机的滚筒直径，滚筒直径即采煤机最小采高 M_{min}，液压支架的最小支撑高度与滚筒直径的关系如式（2-59）所示：

$$H_{min} > M_{min} = D \tag{2-59}$$

如图 2-95 所示，在空间高度上液压支架的支撑高度 H 如式（2-60）表示：

$$H = A + t + J \tag{2-60}$$

式中 t——支架顶梁厚度，mm；

    A——采煤机机身高度、输送机高度和采煤机底托架高度之和（$A = C + S + U$），但底托架高度应保证过煤高度 $E > 250 \sim 300$mm；

    J——采煤机机身上方的空间高度，按便于司机操作及留有顶板下沉量确定，最小值应为 90~250mm。

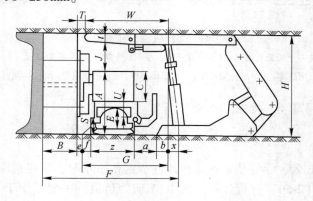

图 2-95   综采设备横向几何尺寸的配套尺寸

C 综采设备横向几何尺寸的配套要求

考虑安全因素，支架前柱到煤壁的无立柱空间宽度 F 应越小越好，其尺寸组成如式（2-61）所示：

$$F = B + e + G + x \qquad (2-61)$$

式中　B——截深，即采煤机滚筒宽度，mm；

　　　e——煤壁与铲煤板之间的距离，为防止采煤机在输送机弯曲段运行时滚筒切割铲煤板，$e = 100 \sim 200\text{mm}$；

　　　x——立柱斜置产生的水平投影距离，mm；

　　　G——输送机宽度，$G = f + z + a + b$，mm；

　　　f——铲煤板宽度，一般为 $150 \sim 240\text{mm}$；

　　　z——输送机中部槽宽度，mm；

　　　a——电缆槽和导向槽的宽度，通常为 360mm；

　　　b——前柱与电缆槽之间的距离，为避免输送机倾斜时挤坏电缆，应大于 $200 \sim 400\text{mm}$；作为行人安全间隙，应大于 600mm。

由于底板截割不平输送机会产生偏斜，为了避免采煤机滚筒截割到顶梁，支架梁端与煤壁应留有无支护间隙 T，此间隙为 $200 \sim 400\text{mm}$。煤层薄时取小值，煤层厚时取大值。从前柱到梁端的长度如式（2-62）所示：

$$W = F - B - T - \chi \qquad (2-62)$$

采煤机的截深应与液压支架的移架步距相等，以便及时保持最小控顶距下的端面距在 $250 \sim 400\text{mm}$ 之间，以减少或消除架前机道上方的局部冒顶。

液压支架的架宽应与输送机的中部溜槽长度相等，以使每节溜槽都有一个推移千斤顶与支架底座相连，从而完成推移输送机和拉架工序。架宽一般为 1.5m，少数轻型支架的架宽为 1.25m，有的重型支架架宽为 1.75m、2.05m、2.4m。

2.4.4.2 液压支架的合理选择

液压支架的架型应当适合顶板条件，一般采用采高倍数（n）法确定液压支架的支护强度。《煤矿支护手册》认为：中等稳定以下顶板 n 值取 $6 \sim 8$；周期来压明显、顶板稳定条件下 n 值取 $9 \sim 11$；来压极强烈的坚硬顶板取值 $n \geqslant 11$。液压支架工作阻力与支护强度间的关系如式（2-63）所示：

$$q = \frac{P\eta}{(s + L)B} \times 10^{-3} \qquad (2-63)$$

式中　P——支架立柱总工作阻力，kN；

　　　s——梁端距，m；

　　　L——顶梁长，m；

　　　B——支架中心距，m；

　　　η——支撑效率。对于不同架型的支架 η 可取以下值：支撑式支架 $\eta = 1$；支撑掩护式支架 $\eta = 0.7 \sim 1$；支顶式掩护支架 $\eta = 0.6 \sim 0.95$；支掩式掩护支架 $\eta = 0.5 \sim 0.75$。

《综采技术手册》根据顶板类别建议：近水平、缓（倾）斜煤层条件下架型和支护强度的关系如表 2-22 所示。

表 2-22　顶板类别与架型、支护强度的关系

基本顶级别		I			II			III			IV
直接顶级别		1	2	3	1	2	3	1	2	3	4	4
架型		Y	Y	Z	Y	Y 或 ZY	Z	ZY	ZY	Z 或 ZY	Z 或 ZY	Z（$M \leqslant 2.5$m） ZY（$M > 2.5$m）
支护 强度 /MPa	$M=1$m		0.294			1.3×0.294			1.6×0.294			>2×0.294
	$M=2$m		0.343（0.245）			1.3×0.343（0.245）			1.6×0.343			>2×0.343
	$M=3$m		0.441（0.343）			1.3×0.441（0.343）			1.6×0.441			>2×0.441
	$M=4$m		0.540（0.441）			1.3×0.540（0.441）			1.6×0.540			>2×0.540

注：Y—掩护式；Z—支撑式；ZY—支撑掩护式；M—采高，m；括号内数据系指掩护支架顶梁上的支护强度；IV级顶板应结合预裂和软化顶板的措施处理采空区。

选择液压支架时，还应考虑以下的条件和原则：

（1）当煤层厚度大于 1.5m、顶板有侧向推力或水平推力时，应选抗扭能力强的支架，一般不宜选用支撑式支架。

（2）当煤层厚度为 2.5~2.8m 以上时，需要选择有护帮装置的掩护式或支撑掩护式支架。煤层厚度变化大时，应选择调高范围较大的掩护式双伸缩立柱的支架。

（3）应使支架对底板的比压不超过底板容许的抗压强度。在底板较软条件下应选用有抬底装置的支架。

（4）煤层倾角在 15°~25°时，排头支架应设防倒防滑装置，煤层倾角大于 25°时，工作面中部支架还需要设底调千斤顶。

（5）对于瓦斯涌出量大的工作面，应优先选用通风断面大的支架。

2.4.4.3　综采面设备的生产能力配套

工作面所需设备的生产能力配套，应当考虑同类设备的实际生产能力、所选设备能够实现的生产能力和发展计划需要的生产能力。工作面所需生产能力以小时生产能力为基础。

工作面所需小时生产能力如式（2-64）所示：

$$Q_x = \frac{Q_r \times K_j}{K_s(24 \times 60 - t_z)/60} \tag{2-64}$$

式中　Q_x——工作面所需小时生产能力，t/h；

　　　Q_r——工作面所需日生产能力，t/d；

　　　K_j——生产不均衡系数，取 1.1~1.25；

　　　K_s——时间利用系数，取 0.6~0.8；

　　　t_z——日准备时间，min/d。

采煤机的落煤能力是工作面生产能力的基础，其选型的主要依据是采高、倾角、煤层截割的难易程度和地质构造发育程度，主要确定的参数是采高、滚筒直径、截深、牵引速度和电机功率。

采煤机的牵引速度多在 3.0~6.0m/min 范围内。采煤机可实现的小时生产能力如式（2-65）所示：

$$Q_s = 60v_cMB\rho \tag{2-65}$$

式中　Q_s——采煤机可实现的小时生产能力，t/h；

v_c——采煤机割煤时平均牵引速度，m/min；

M——平均采高，m；

B——截深，m；

ρ——煤的体积质量，t/m³。

这就要求 $Q_s > Q_x$。

液压支架的移架速度应与采煤机的牵引速度相匹配。为了保证工作面采煤机连续割煤，移架速度应不小于采煤机连续割煤的最大牵引速度。

工作面刮板输送机、平巷中的转载机、破碎机和可伸缩胶带输送机等设备的能力均应大于采煤机的生产能力，且要考虑生产不均衡系数，由工作面向外逐渐加大，通常按富余 20%~30%考虑。

2.4.4.4　综采设备的服务时间配套

采煤机、液压支架和刮板输送机服务时间的配套，是指"三机"大修周期应相互接近，否则要在工作面生产过程中交替更换设备或进行大修，或部分设备"带病"运转，这将对正在生产的工作面造成影响，也会对设备造成损坏。

一般情况下，对液压支架通常以使用时间衡量，对采煤机常用连续割煤工作面推进的长度或采煤量衡量，而对刮板输送机则常用过煤量衡量。目前，由于没有一个统一的标准来衡量不同设备的大修周期，也就无法对设备提出服务时间配套要求。为此，需要有一个简化的标准，一般要求装备每产煤 100 万吨以上大修一次。

目前，我国液压支架在工作面运行 1~2 年后（设备较新时一般为 2 年）即上井大修，相应的采煤机、刮板输送机亦可同时大修。

随着大功率、高强度综采设备的出现，安全高效综采工作面单产比目前普通综采平均高出 3~4 倍以上，则各设备的服务时间配套也必须同步相适应。

2.4.4.5　综采面的其他设备配套

在煤层较厚、较硬、煤的块度过大时，工作面或转载机上应设置破碎装置。设备配套还应考虑端头支护、转载机、带式输送机、喷雾泵、乳化液泵等的选择，同时还应考虑工作面与平巷的连接方式、巷道断面及布置、通风要求及移动变电站容量等问题。

2.4.4.6　智能化综采工作面要求

综采工作面智能化开采是指在不需要人工直接干预的情况下，通过对开采环境的智能感知、装备的智能调控、采煤作业的自主巡航，由综采装备独立完成的采煤作业过程。

利用网络技术、自动化控制技术、通信技术、计算机技术、视频技术，通过监测一体化软件平台，智能化综采工作面实现了采煤作业的自动化和远程遥控。

智能化综采技术的内涵是：装备具有智能化的自主作业能力；能实时获取和更新采煤工艺数据，包括地质条件、煤岩变化、设备方位、开采工序等；能根据开采条件变化自动调控作业过程。

以采煤机记忆截割、液压支架自动跟机及可视化远程监控为基础，以生产系统智能化控制软件为核心，实现地面或巷道综合监控中心对综采设备的智能监测与集中控制，以保证工作面割煤、推移输送机、移架、运煤、除尘等工序智能化运行。作业人员只需在监控中心，通过显示器观察工作面设备的运行情况，通过语音通信进行调度、联络、调控，通过操作台远程操控工作面的相关设备，实现在监控中心对所有的综采设备进行远程控制。

智能化综采工作面对装备的要求是：

（1）采煤机应具备运行工况及位姿参数监测、机载无线遥控、滚筒切割路径记忆、远程控制和故障诊断功能，应能向第三方提供控制接口。

（2）液压支架应配备电液控制系统，能跟随采煤机位置自动完成伸收护帮、移架、推移输送机、喷雾除尘等各种动作，具备远程控制功能，宜与乳化液供液系统协同控制。

（3）刮板输送机应具有软启动控制、运行状态监测、机尾链条张紧、故障诊断、与工作面控制系统的通信和自动控制功能，亦具有煤流负荷检测及其协同控制功能。

（4）采煤机、液压支架、刮板输送机等装备实现协同控制和流程启停。

（5）工作面所有装备实现集中、就地和远程控制。

思考练习题

2-1　立井井筒断面应考虑的因素有哪些，立井井筒断面确定大致步骤？

2-2　斜井的辅助设施有哪些，其断面布置的原则包括哪些？

2-3　什么是矿床开拓，主要开拓巷道和辅助开拓巷道有什么区别？

2-4　开拓方法如何分类，具体包括哪些开拓方法？

2-5　采矿方法有哪些，选择采矿方法时应考虑哪些因素？

2-6　简要介绍薄及中厚煤层单一长壁采煤方法。

2-7　与柱式体系采煤方法比较，壁式体系采煤方法有什么优点？

2-8　介绍综合机械化采煤工艺。

2-9　采煤工作面的主要技术参数包含哪些？

2-10　选择液压支架的条件和原则是什么？

3 露天开采

露天开采是从地表直接采出有用矿物的矿床开采方法，是一种历史悠久的古老采矿方法。由于受到矿床赋存条件和当时生产力的限制，在 20 世纪以前，露天开采在采矿业中的比重一直都比较小。随着 20 世纪机械制造业的飞速发展，一系列高效的采掘和运输设备不断问世，使露天开采矿山的技术面貌发生了根本性变化；同时，为解决矿物原料供需间的矛盾，不得不要求大量开采低品位矿石，露天开采无论从技术上还是经济上都最适合负此重任。因此，露天开采获得了空前迅速的发展。据统计，目前世界上每年从地壳上采出的矿石超过百亿吨，露天开采量占 70% 以上。除瑞典、法国和日本等少数国家以地下开采为主外，大部分国家的采矿业均是露天开采所占的比重大。

3.1 露天开采的基本概念

3.1.1 开采方法

露天开采方法有机械开采和水力开采两种。

水力开采是用水枪放出高速高压的水流冲采矿石，并利用水力冲运矿石。此法多用于开采松软的砂矿床，如图 3-1 所示。

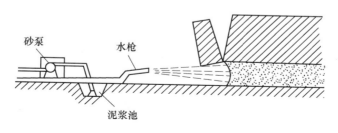

砂泵　　水枪

泥浆池

图 3-1　水力开采示意图

机械开采是利用如穿孔机械、电铲、电机车、汽车等机械采运设备进行露天开采的方法，适用于金属矿床和冶金辅助原料、建筑材料、煤矿化工原料等硬度都比较大的矿床。采用上述设备进行露天开采的生产工艺是不连续半连续的，但适用范围广，目前我国露天开采主要采用该方法。图 3-2 是露天矿场全貌。

矿体在自然界中赋存的条件多种多样，有的矿体地处高山，形成山坡形态，有的矿体延续到地表深处，形成深凹形态。露天开采境界封闭圈以上的称作山坡露天矿，封闭圈以下的称作深凹露天矿，如图 3-3 所示。

金属矿床大多处在高山地形，因此金属露天矿多以山坡露天或山坡转深凹的形态存在。

而煤炭通常埋藏在平地或缓坡之下，因此露天煤矿多以深凹形态存在。

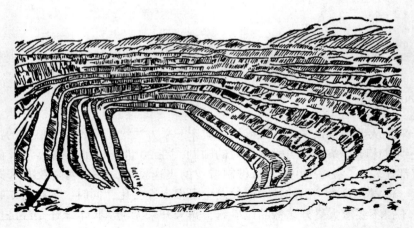

图 3-2　露天矿场全貌

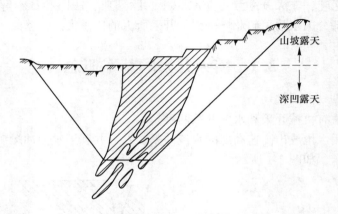

图 3-3　露天开采的两种形态示意图

　　矿体几乎都是覆盖在岩石或表土之下，开展露天开采作业时，首先需要将这些岩石或表土剥开。露天开采与地下开采在工艺上有相似之处，而在工程发展上却截然不同，相比较下露天开采的特点如下：

　　露天开采受开采空间限制小，大型机械设备的使用能大幅提高开采强度和矿石产量；劳动生产率高，一般为地下开采的 2~10 倍；开采成本低，一般比地下开采低 2~3 倍，有利于开采低品位矿石；露天开采矿石的损失率为 3%~5%，贫化率为 5%~10%，能充分利用地下资源，相比地下开采指标好；露天开采高温、易燃、多水的矿体，相较地下开采具有更大的适应性和灵活性；露天开采用于每一吨矿石年生产能力的基建投资一般较地下开采要低；基础建设时间短，投资回报快；露天开采的劳动条件相对要好，工作安全性比较高。

　　露天开采的缺点是受气候条件影响较大，严寒、酷热、暴雨、大雪、暴风、大雾等天气条件会对露天开采工作带来不利影响；由于大型设备的使用，有时需要进行大量的基建剥离，因此基建投资总额一般较大；占用的土地面积较大；只能用于开采覆盖岩层较浅的近地表矿体。

综合来看，只要条件允许的情况下，应该优先采用露天开采。国内外发展露天开采的趋势明显，我国露天开采量占总开采量的比例见表3-1。

表 3-1　我国目前露天开采量占比

矿石种类	露天开采量占总开采量的比例/%
铁矿石	55
有色金属	50
煤炭	18
建筑材料	100
冶金辅助原料	90.5

3.1.2　露天矿场的组成

露天开采通常是把矿场划分成一定厚度的水平分层逐层自上而下进行开采，各分层保持一定的超前关系，在开采过程中露天矿场形成阶梯状，每一个阶梯就是一个台阶或者称作一个阶段。台阶是露天矿场的基本构成要素，是用独立的采掘与运输设备开采的矿岩分层。台阶组成要素如图3-4所示。

台阶的上部平盘和下部平盘是相对的，一个台阶的上部平盘同时又是其上一台阶的下部平盘。台阶的命名，通常是以开采该台阶的下部平盘（即装运设备站立水平）的标高来表示，因此常把台阶称为某水平，如图3-5所示。开采时，将工作台阶划分成若干个条带逐条顺序开采，每一条带称为采掘带。

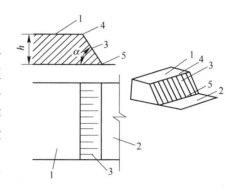

图 3-4　台阶组成要素
1—台阶上部平盘；2—台阶下部平盘；3—台阶坡面；4—台阶坡顶线；5—台阶坡底线
α—台阶坡面角；h—台阶高度

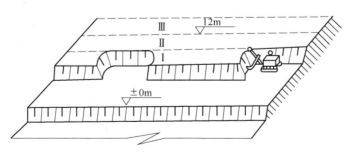

图 3-5　台阶命名与采掘带示意图

露天矿场是由边帮和底组成的。由结束开采工作的台阶平台、坡面和出入沟底组成的露天矿场的四周表面，称为露天矿场的非工作帮或最终边帮（如图3-6中的 AC、BF）。位于矿体下盘一侧的边帮称为底帮，位于矿体上盘一侧的边帮称为顶帮，位于矿体走向两端的边帮称为端帮。

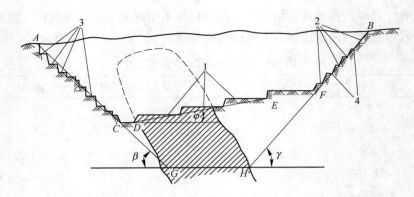

图 3-6　露天矿场的构成要素

1—工作平盘；2—安全平台；3—运输平台；4—清扫平台

正在进行开采和将要进行开采的台阶组成的边帮，称为露天矿场的工作帮（如图 3-6 中 DF）。工作帮的位置是不固定的，它随开采工作的进行而不断改变。

通过非工作帮最上一个台阶的坡顶线和最下一个台阶的坡底线所作的假想斜面，称为露天矿场的非工作帮坡面或最终帮坡面（如图 3-6 中的 AG、BH）。该帮坡面是代表露天矿场边坡的最终位置。最终帮坡面与水平的夹角，称为最终帮坡角或最终边坡角（如图 3-6 中的 β、γ）。

通过工作帮最上一个台阶坡底线和最下一台阶坡底线所作的假想斜面，称为工作帮坡面（如图 3-6 中的 DE）。工作帮坡面与水平的夹角称为工作帮坡角（如图 3-6 中的 φ）。工作帮的水平部分称为工作平盘（见图 3-6），即工作台阶构成要素中的上部平盘和下部平盘，它是用以安置设备进行穿爆、采装和运输工作的场地。

最终帮坡面与地表交线，为露天矿场的上部最终境界线（如图 3-6 中的 A、B）。最终帮坡面与露天矿场底平面的交线，为露天矿场的下部最终境界线（如图 3-6 中的 G、H）。上部最终境界线所在水平与下部最终境界线所在水平的垂直距离，为露天矿场的最终深度。

非工作帮上的平台，按其用途可分为安全平台、运输平台和清扫平台。

安全平台是用作缓冲和阻截滑落的岩石的，同时还可用作减缓最终帮坡角，以保证最终边帮的稳定性和下部水平的工作安全。它设在露天矿场的四周边帮上。安全平台宽度一般约为台阶高度的 1/3。

运输平台是作为工作台阶与出入沟之间的运输联系的通路。它设在与出入沟同侧的非工作帮和端帮上，其宽度依所采用的运输方式和线路数目来决定。

清扫平台是用于阻截滑落的岩石并用清扫设备进行清理。它又起安全平台的作用。每隔 2~3 个台阶在四周的边帮上设一清扫平台，其宽度依所用的清扫设备而定。

3.1.3　露天开采工序

露天开采一般需要经过下列几个步骤：地面准备、矿床疏干和防排水、矿山基建工作、剥离和采矿、地表的恢复利用等。

地面准备工作，是指排除开采范围内和建立地面设施地点的各种障碍物，如砍伐树木、河流改道，疏干湖泊、迁移房屋和道路等。

在开采地下水很大的矿床时，为保证露天矿正常生产，必须预先排出一定开采范围内的地下水，即进行疏干工作，并采取截流的办法隔绝地表水的流入。矿床的疏干排水这项工作需要在露天矿整个开采时期进行。

矿山基建工作是露天矿投产前为保证生产所必需的工程，包括掘进出入沟和开段沟、基建剥离、铺设运输线路、建设排土场及修建工业厂房和水电设施等。其中的出入沟，是建立地表与工作水之间，以及各工作水平之间的倾斜运输通路；开段沟是在每个水平为开辟开采工作线而掘进的水平沟道。

剥离工作是为了揭露矿体而进行采掘围岩和表土的工作；采矿工作是指随着岩石的剥离进行矿石的回采工作。

地表的恢复利用，就是把露天开采所占用的土地，在生产结束时或生产期间，有计划的复土造田或土地他用。

掘沟、剥离和采矿是露天矿生产过程中的三个重要矿山工程。它们的生产工艺过程基本上是相同的，对于金属矿床露天开采而言，一般都包括穿孔爆破、采装和运输工作，此外还有堆置岩石的排土工作。

对一个工作水平来说，掘沟（出入沟和开段沟）、剥岩和采矿工作是顺序进行的，图3-7是先掘进倾斜的出入沟ABCD，然后掘进水平的开段沟CDEF，接着在开段沟的一侧进行剥岩或采矿的扩帮工作。对多工作水平，即多台阶同时进行开采，上述各项工作则是同时进行，并保持一定的超前关系（图3-8）。"采剥并举、剥离先行"是采矿与剥岩之间的关系，也是露天矿生产的主要规律之一，违背这一方针矿山生产将不能持续进行。

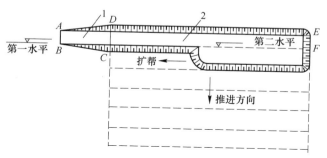

图3-7 单工作水平矿山工程施工程序
1—出入沟；2—开段沟

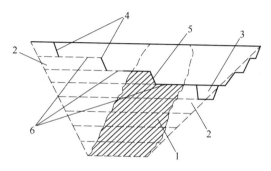

图3-8 多水平掘沟、剥岩和采矿的关系
1—矿体；2—围岩；3—掘沟；4—剥岩；5—采矿；6—工作平盘

3.1.4　剥采比

在露天开采中，为了采出矿石往往需要剥离大量的岩石。而采出单位数量的矿石所需要剥离的岩石量，称为剥采比或剥离系数。常用的剥采比有体积剥采比和重量剥采比两种。

剥采比的大小，标志着露天开采的经济效果，剥采比越大，矿石成本越高，反之矿石成本越低。在设计和生产中常用的剥采比可用图 3-9 表示。

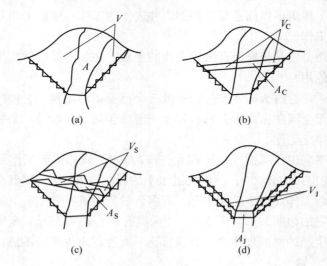

图 3-9　各种剥采比示意图

（a）平均剥采比；（b）分层剥采比；（c）生产剥采比；（d）境界剥采比

（1）平均剥采比 $\overline{n}$ 为平均露天开采境界内的全部岩石量与矿石量之比。

$$\overline{n} = \frac{V}{A} \tag{3-1}$$

式中　V——露天开采境界内的全部岩石量，m^3；
　　　A——露天开采境内的全部矿石量，m^3。

（2）分层剥采比 n_C 为一个开采分层内的剥岩量与矿石量之比。

$$n_C = \frac{V_C}{A_C} \tag{3-2}$$

式中　V_C——分层岩石量，m^3；
　　　A_C——分层矿石量，m^3。

（3）生产剥采比 n_S 为某一生产时间内剥岩量与采矿量之比。

$$n_S = \frac{V_S}{A_S} \tag{3-3}$$

式中　V_S——某一生产时期的剥岩量，m^3；
　　　A_S——同一生产时期的采矿量，m^3。

（4）境界剥采比 n_J 表示将露天开采深度由某一水平延深至另一水平时，增加的岩石量与矿石量之比。

$$n_{J} = \frac{V_{J}}{A_{J}} \tag{3-4}$$

式中　　V_{J}——境界延深时增加的岩石量，m^3；

　　　　A_{J}——境界延深时增加的矿石量，m^3。

3.1.5 露天开采境界的确定

露天开采境界是露天开采终了时的空间范围。露天开采境界的确定决定着露天矿的工业储量、生产能力和开采年限，影响着矿床开拓方法的选择以及出入沟、地、建筑物与构筑物、选矿厂和运输干线的布置，还直接影响着整个矿床的经济效益。

露天开采境界的圈定取决于露天开采的最终深度、底平面和帮坡角这三个要素，确定露天矿境界就是要合理地确定上述三个要素。

在露天矿境界设计中，常用境界剥采比 n_{J} 不大于经济合理剥采比 n_{e} 的原则，确定露天开采最终深度，即

$$n_{J} \leqslant n_{e} \tag{3-5}$$

所谓经济合理剥采比 n_{e}，就是按该剥采比开采的矿石成本 C_{L} 不大于地下开采的矿石成本 C_{W}，即

$$C_{L} \leqslant C_{W} \tag{3-6}$$

露天开采的矿石成本是由采出单位矿石的费用和单位矿石上的平均剥岩费用所组成。

$$C_{L} = a + nb \tag{3-7}$$

式中　　a——采出单位矿石所需的费用，元/m^3；

　　　　b——剥掉单位岩石所需的费用，元/m^3；

　　　　n——剥采比，m^3/m^3。

将式（3-7）代入式（3-6）整理得

$$n \leqslant \frac{C_{W} - a}{b} \tag{3-8}$$

因此，经济合理剥采比的最大值即

$$n_{emax} = \frac{C_{W} - a}{b} \tag{3-9}$$

由式（3-5）可知，境界剥采比满足式（3-10）。表 3-2 为经济合理剥采比的参考数值。

$$n_{J} \leqslant \frac{C_{W} - a}{b} \tag{3-10}$$

表 3-2　经济合理剥采比的参考值

矿床类别	经济合理剥采比		
	大型矿山	中型矿山	小型矿山
铁矿、镁矿、菱镁矿、铜矿、铅矿、锌矿等	≤8~10	≤6~8	≤5~6
铝土矿、黏土矿	13~16		

　　确定露天开采境界需要在矿床地质剖面图（横剖面图与纵剖面图）和平面图上进行。其主要步骤如下：

　　第一步，确定各地质剖面图上的露天开采深度。

　　此项工作要遵循境界剥采比等于或小于经济合理剥采比（式（3-10））的原则，根据矿岩性质和工程水文地质条件，初步选择边坡角 δ、β 的数值（图 3-10），然后在各横剖面图上分别确定开采深度。

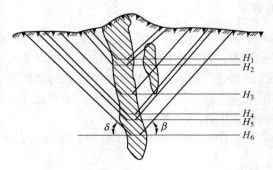

图 3-10　确定各开采深度方案的横剖面图

　　根据选定的开采深度方案，计算不同深度的境界剥采比 n_J，当 $n_J = n_e$ 时，相应的深度即为该断面的开采深度。

　　第二步，在地质纵断面图上确定露天矿底部标高。

　　在各个地质横断面图上初步确定露天开采深度后，将各断面不同的深度投影到地质纵断面图上，连接有关各点，可得出露天矿底部纵断面上的理论深度。由于各横断面矿体厚度变化和地形不相同，所得深度也不一样。由图 3-11 可见，该理论深度是一条不规则的折线。

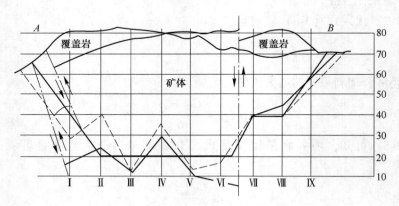

图 3-11　确定地质纵断面图上露天采矿场底平面的标高

　　为了便于开采及布置运输线路，露天采矿场的底部应调整为同一标高，按照各断面少采的矿岩量与多采的矿岩量基本平衡的原则进行调整。只有在矿体埋藏深度沿走向变化比较大，而且长度允许时，其底平面才设计成阶梯形。

　　第三步，确定露天矿底平面周界。

　　露天矿底平面最小宽度应根据采掘运输设备正常工作所要求的宽度及保证深部开采时的安全来决定。

　　从矿山采剥工程要求，露天矿底平面最小宽度，相当于开段沟的宽度，它与掘沟方法及设备类型规格有关，见表3-3。按工作安全条件，矿底的宽度一般不小于 20~30m。

表 3-3　掘沟方法及设备类型规格与最小底宽关系

运输方式	装载设备	运输设备	最小底宽/m
铁路运输	人工或 1m³ 以下挖掘机	窄轨（轨距 600mm）	10
	1m³ 挖掘机	窄轨（轨距 762mm、900mm）	10
	4m³ 挖掘机	准轨（轨距 1435mm）	16
汽车运输	1m³ 挖掘机	7t 以下汽车	16
	4m³ 挖掘机	7t 以上汽车	20

　　露天矿底平面标高及端部位置确定后，以地质纵断面图上已调整的露天矿底部标高为准，在各地质横断面图上绘出露天矿的开采境界，将各横剖面图上露天矿底平面的两端的边界投影到地质平面图上，如图 3-12 所示，得出 1，1′，2，2′，…等点，把标高相同的各点连接起来，即可得出底平面的理论周界。

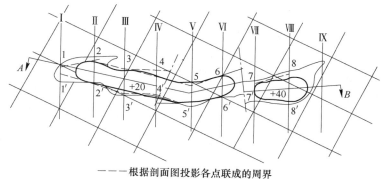

——— 根据剖面图投影各点联成的周界
～～～ 圈定完毕的底平面周界

图 3-12　确定露天矿采矿场底平面周界
Ⅰ~Ⅸ—剖面线

　　为了便于采掘运输，露天采矿场底平面应尽可能保持平直。因此，对弯曲处应按运输条件的要求进行修正，使之保持一定的曲率半径。经过修正后的露天采矿场底平面周界在图中以粗线表示，如图 3-12 所示。

　　第四步，确定露天矿的边坡和边坡角。

　　露天矿边坡的稳定性是保证露天矿生产正常进行的必要条件。正确选择露天采矿场的边坡角，是保证边坡稳定的首要措施。而边坡的稳定性，又受岩石物理力学性质、地质构造、水文地质条件及其开采技术条件的影响，同时最终边坡角的大小对露天开采境界影响很大，因此，在技术条件及稳定安全条件允许情况下，应取最大的最终边坡角，其目的是减少剥离工程量。

　　露天矿边帮由台阶的坡面及平台组成，非工作帮上的平台有运输平台（水平的及倾斜的）、安全平台和清扫平台，如图 3-13 所示。

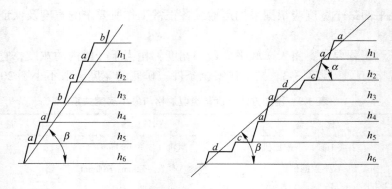

图 3-13　非工作帮示意图

a—安全平台；*b*—清扫平台；*c*, *d*—运输平台

　　为保护露天矿最终边坡角稳定性及安全生产最终边坡上设置安全平台和清扫平台，安全平台宽度不应小于台阶高度的 1/20~1/10，但考虑到边帮长期存在的过程中，岩石由于风化及爆破引起的裂缝而碎落，因而其宽度为 2~4m。为保证用机械清除安全平台上积存的岩块，一般每隔 2~3 个台阶设一个清扫平台，其宽度决定于清扫时用的装载及运输设备，一般不大于 6m。倾斜运输平台的数目，决定于开拓方法、运输线路坡度及露天矿场范围。

　　第五步，绘制露天矿场开采终了平面图。

　　将上述绘有露天矿场底部平面图（绘在透明纸上），覆在地形地质图上，从底部开采境界按照边坡组成要素的尺寸，由里向外绘出各个台阶的坡面和平台，如图 3-14 所示。露天矿场深部各台阶坡面在平面图上都是闭合的，而处在地表以上的各台阶则不能闭合。因此。在绘制地表以上各台阶的坡面时，应特别注意使其末端与相同标高的地形等高线连接。

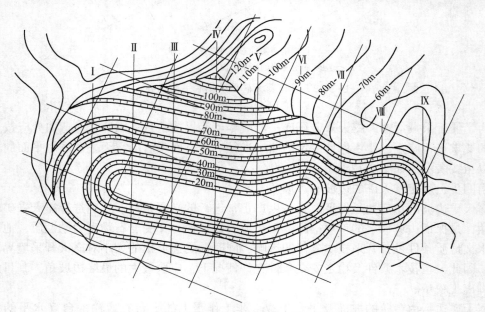

图 3-14　初步圈定完毕的露天采矿场开采最终平面图

初步完成露天采矿场开采终了平面图后，在该平面图上布置开拓运输线路。最后按开拓运输线路要求，修改原定的露天开采境界，修改后的境界为露天开采的最终境界。

3.2　露天矿床开拓

露天采掘工作是在若干个具有一定高度的台阶上进行的，所采出的矿石和岩石，需要转运到地表受矿点和排土场，而生产设备、工具、材料又需要从工业场地转运到采矿场各工作地点。同时，随着采掘工作的进行，还必须不断向下延深开辟新的工作水平。露天矿床开拓就是按照一定的方式和程序建立地面与采矿场各生产水平之间的运输通路（即出入沟或井巷），以保证露天矿场正常生产的运输联系，并借助这些通道，及时准备出新的生产水平。露天开拓选择的开拓方法合理与否，直接影响到矿山的基建投资、建设时间、生产成本和生产的均衡性。因此，研究合理的开拓方法，对于建设矿山和持续地发展生产具有重要的意义。

露天矿开拓是通过掘进一系列开拓坑道、露天堑沟和地下井巷来实现的，而掘进的开拓坑道又必须与矿山采用的运输方式相适应。露天矿床开拓与运输方式和矿山工程的发展有着密切联系，而运输方式又与矿床埋藏的地质地形条件、露天开采境界、生产规模、受矿点和排土场位置等因素有关。所以，露天矿床开拓问题的研究，实质上就是研究整个矿床开发的程序，综合解决露天矿场的主要参数、工作线推进方式、矿山工程延深方向、采剥的合理顺序和新水平准备，以建立合理开发矿床的运输系统。

一般地，按照所采用的运输方式的不同可以把露天矿开拓方法分为：铁路运输开拓、公路运输开拓、斜坡卷扬开拓和平硐溜井开拓。

3.2.1　铁路运输开拓

铁路运输开拓干线的坡度比较缓（一般不超过35‰），由上一水平到下一水平的干线比较长，而金属矿床的走向长度一般又不很大，所以在实际中多采用折返干线开拓（又称"之"字形干线开拓），如图3-15所示。其特点是列车在干线运行时，需要经折返站改变运行方向。干线布置方式有固定干线和移动干线两种。

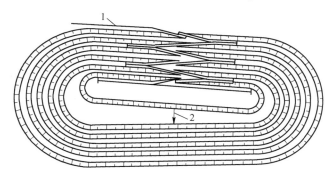

图3-15　凹陷露天矿固定折返干线开拓

1—铁路；2—推进方向

3.2.1.1　固定折返干线开拓

固定折返干线可以布置在露天开采境界之内，也可以布置在开采境界之外。

凹陷露天矿的固定折返干线一般都布置在开采境界以内的最终边帮上（图3-15）。该干线在生产过程中除向深部不断延深外不作任何移动。干线的布置可以在顶帮，也可以在底帮，其主要取决于矿床的地质地形条件，并兼顾矿石的损失贫化、露天采矿场的基本建设期限以及地面卸矿点和排土场的位置等。一般情况下，干线布置在顶帮，工作线由上盘向下盘推进，使矿岩接触带爆破时，矿岩混杂量较少，从而减少矿石的损失与贫化；当矿体倾角较小时，干线可布置在底帮，工作线由下盘向上盘推进，进而缩短早期的剥离量，缩短基本建设期限。

对于山坡露天矿而言，固定折返干线的布置取决于矿场处的地形。当采矿场附近有较长的单侧山坡时，固定折返干线应布置在采矿场境界以外的端部（图3-16）；当露天矿地形为孤立的山峰，且折返干线布置在露天开采境界以内时，若开采方向由上盘向下盘推进，则干线一般布置在下盘山坡上，反之则布置在上盘山坡上；当露天采矿场位于丘陵地带，矿体走向与山脊平行时，采用下盘固定折返干线开拓，工作线由上盘向下盘推进（图3-17）。

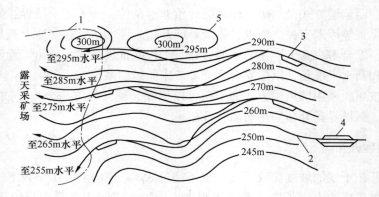

图3-16　山坡露天矿端部固定折返干线开拓
1—开采境界；2—铁路；3—折返站；4—矿山站；5—地形等高线

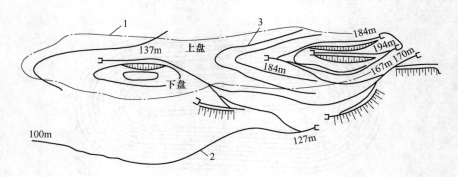

图3-17　山坡露天矿下盘固定折返干线开拓
1—开采境界；2—铁路；3—地形等高线

　　山坡露天矿固定折返干线开拓与凹陷露天矿固定折返干线开拓的区别，在于前者的干线是一次形成直到最高开采水平，而后者的干线是在生产中逐渐向下延深发展而成的。

　　固定折返干线开拓的工程发展顺序如图 3-18 所示。从上一水平向下一水平掘进出入沟，接着在该水平掘进开段沟，然后扩帮使其达到一定宽度，为新水平掘沟创造条件，也就是说，新水平的沟顶至扩帮台阶坡底线的距离不小于最小工作平盘宽度。

　　固定折返干线所在的边帮在掘沟结束后就形成了，暴露的时间比较长，容易削弱边帮的稳定性。基建剥岩量较大，使建设期限加长。采剥工作线是单侧推进，从而使矿山生产能力和开采强度受到一定限制。但它的管理工作和生产工艺都比较简单。

　　固定折返干线一般多设在底帮上，这样可使基建剥岩量相应减少，采装工作线能较快地接近矿体。然而当受地形条件限制不宜设在底帮或为了减少开采中矿石的贫化、损失，则可将干线设在顶帮上。

3.2.1.2　移动干线开拓

　　移动干线是设在工作帮上，并在开采过程中不断改变位置，当它移动到开采境界的最终边帮时，就成为固定干线。其工程发展顺序如图 3-19 所示。移动干线布置在矿体与上盘或下盘围岩接触处，从开段沟向两侧推进，直到两侧扩帮台阶的坡底线至新水平沟顶的距离均不小于最小工作平盘宽度，这时便开始新水平的掘沟工作。

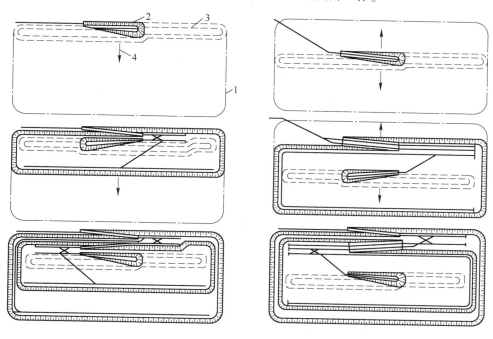

图 3-18　固定折返干线开拓的工程发展顺序　　　图 3-19　移动干线开拓工程发展顺序

1—开采境界；2—出入沟；3—开段沟；4—推进方向

　　由于移动干线在工作帮上通过，就把开采台阶切割成上、下两个三角台阶（图3-20）。移动干线开拓和生产工艺特点主要体现在三角台阶的开采部位上。

　　开采三角台阶部位时，使穿孔、采装效率降低。与固定折返干线开拓相比，移动折返干线开拓增加了三角台阶区段的干线、装车线等移设工作量。

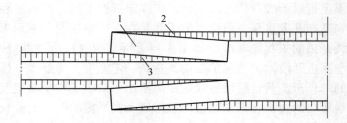

图 3-20　三角台阶
1—移动沟；2—上三角台阶；3—下三角台阶

但是，移动干线开拓时，基建剥岩量小，基建投资少，能很快地建立起采矿工作线；它有两个工作帮，可同时向两侧推进，开采强度较大；对于开采境界尚未最后确定的露天矿，采用移动干线开拓有一定的适应性。

从新水平准备来说，用固定干线开拓时，线路要从非工作帮绕到工作帮，这就要求采矿场底宽不小于 2 倍最小曲线半径的宽度。而金属露天矿采矿场一般较窄，特别是开采到深部时，底宽有时不能保证 2 倍最小曲线半径的宽度，这时可采用移动干线开拓，而上部仍用固定干线开拓。

采用折返干线开拓时，因列车需要在折返站停车换向，运输效率低。所以，在采矿场长度允许的条件下，应尽可能地减少折返次数。

3.2.2　公路运输开拓

公路运输开拓是现代露天矿应用最广的一种开拓方式。汽车作为公路运输开拓的主要运输设备，其干线的布置方式可分为回返干线开拓和螺旋干线开拓。

3.2.2.1　回返干线开拓

回返干线布置类似于折返干线，区别在于回返干线由一个水平至另一个水平需经过具有一定曲线半径的回返平台，以改变其运输设备的行车方向，而不需要停车换向（图3-21）。标准轨铁路运输所要求的曲线半径不小于 100~120m，没有条件采用回返干线开拓；而汽车运输的曲线半径仅为 15~20m，因此在实际中汽车运输中多用这种开拓方法。

3.2.2.2　螺旋干线开拓

为了克服汽车因回返减速而影响运输效率，可采用螺旋干线开拓。这种开拓方式适用于矿体成块状，露天采矿场的长和宽相差不大的情况。在凹陷露天矿采用螺旋干线开拓时，沟道沿采矿场四周的边帮盘旋设置，汽车在干线上直进运行（图3-22）。螺旋干线开拓的工程发展顺序如图 3-23 所示。在开拓

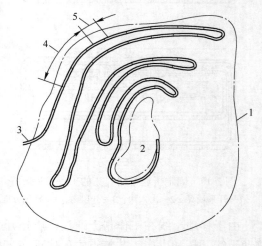

图 3-21　凹陷露天矿回返干线开拓
1—上部开采境界；2—底平面；3—公路；
4—倾斜干线；5—连接平台

每一个新水平时，开段沟的方向要与螺旋干线延伸方向一致，掘完开段沟后所形成的工作线以出入沟末端为固定点呈扇形方式推进。每个开采水平都是如此进行。在螺旋干线开拓工作线的全长上，其推进速度是不相等的，工作线长度和推进方向也经常发生变化，因此给生产管理工作带来许多困难。

用螺旋干线开拓时，由于上、下水平之间相互影响较大，使同时开采的台阶数减少，新水平的准备时间较长，因而矿山生产能力较低。干线布置在采矿场四周的边帮上，而不是在一侧的边帮上，使露天矿的剥岩量增加。所以，这种开拓方法在实际中单独使用的不多，有时与其他开拓方法配合使用。

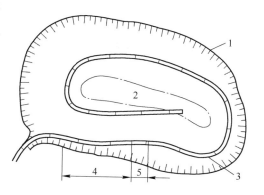

图 3-22 凹陷露天矿螺旋干线开拓
1—上部开采境界；2—底平面；3—公路；
4—倾斜干线；5—连接平台

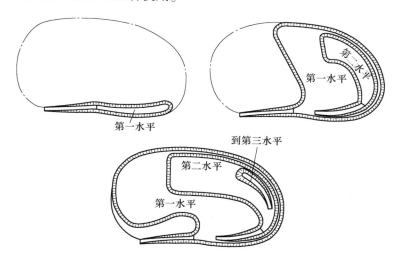

图 3-23 螺旋干线开拓工程发展顺序

3.2.3 斜坡卷扬开拓

当深凹露天矿和高山露天矿采用铁路运输和公路运输时，线路的展线很长，不但增大了运距，设备效率降低，而且增加了掘沟工程量和露天矿边坡的补充扩帮量，从而影响了矿山基建和生产的经济效益。此时，采用斜坡卷扬或胶带运输开拓是一种有效的手段。

斜坡卷扬常用的运输设备是串车和箕斗。

3.2.3.1 斜坡箕斗卷扬开拓

斜坡箕斗卷扬是露天矿运输系统中的一个环节，需要其他运输设备给予配合。

在凹陷露天矿的采矿场，箕斗道是设在开采境界内的非工作帮或端帮处（图 3-24），并与边帮直交，箕斗道的倾角要根据采矿场的边坡角确定。箕斗道穿过非工作帮或端帮上

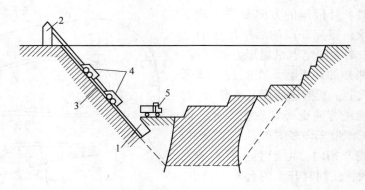

图 3-24　凹陷露天矿箕斗卷扬开拓
1—下部转载站；2—上部转载站；3—提升机道；4—箕斗；5—汽车

的所有台阶，从而切断了各台阶的水平联系，为此需设跨线栈桥，转载工作就在该栈桥上进行。在采矿场内汽车或窄轨机车将矿石（或岩石）运至转载栈桥翻卸，经转载漏斗或矿仓装入箕斗，重载箕斗提升到地面卸入地面矿仓，然后再转运至卸载地点。

在山坡露天矿的采矿场，箕斗道一般设在露天开采境界以外，重载下放。

箕斗卷扬开拓沿非工作帮提升的距离短，生产能力大，基建投资少，运输经营费低。但这种方法一般需要两次转载，运输工作复杂，采矿场内的转载设备随着开采深度下降而移设、延深时，露天矿生产将受到一定的影响。

这种开拓方法在各种生产规模的露天矿都可应用，特别是进入深部开采（开采深度超过 100m）的露天矿，单一的铁路运输或公路运输的运距很大，运输效率下降，这时斜坡箕斗卷扬就更显出它的优越性。目前，所用的箕斗载重量为 10~50t。

3.2.3.2　斜坡串车卷扬开拓

斜坡串车卷扬用在坡度小于 25°的沟道内提升（或下放）矿岩，若坡度过陡，串车在运行过程中矿岩容易撒落。卷扬机道的位置，在深凹露天矿可布置在采矿场最终边帮的任意一帮上，视露天矿场外部运输条件和工作线推进方向而定（图 3-25）。

由于沟道坡度较小，所以沟道常与边坡呈斜交布置（图 3-25）。串车沟道与各台阶之间用甩车道联系。在采场内用机车将重载列车运至甩车道，然后由斜坡卷扬运出。

斜坡串车卷扬开拓主要是用于窄轨运输的中、小型露天矿。所用的设备简单、轻便（矿车容积在 4m 以下），投资少、建设快。用这种开拓方法，矿岩年采掘总量可达 200 万吨左右。

对于地形坡度较缓、高差不大的山坡露天矿，还可以采用重力卷扬的开拓方案。重力卷扬是一种不需要动力的运输方式，采用双绳运输，用重车下放带动空车提升。

3.2.4　平硐溜井开拓

平硐溜井开拓是用溜井和平硐建立采矿场与地面间的运输通路（图 3-26）。专门用于开采山坡露天矿。它与斜坡卷扬开拓一样，不能独立完成矿石的运输任务，需与其他运输方式配合应用。在采矿场一般采用汽车或铁路运输。

溜井主要是用来溜放矿石的，而岩石则直接运至排土场排弃，只有不能直接运往排土场时，才用溜井溜放岩石。矿石从溜井下部的放矿口装入矿车，然后用机车牵引运出平硐至卸矿点。

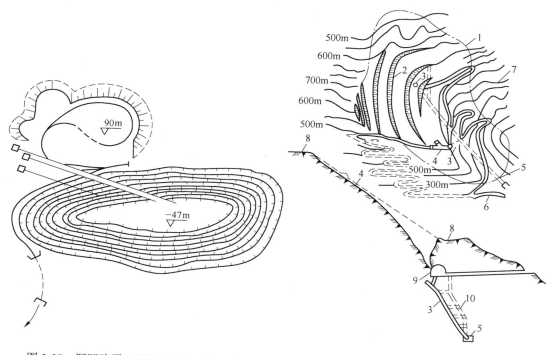

图 3-25 深凹陷露天矿斜坡串车开拓示意图

图 3-26 平硐溜井开拓

1—开采境界；2—工作台阶；3—溜井；4—明溜槽；
5—平硐；6—公路；7—地形等高线；8—卸矿平台；
9—碎矿机硐室；10—检查天井

溜井承担着受矿和放矿任务，它是运输系统中的关键环节。合理地确定溜井位置和结构要素，对保证矿山正常生产具有重要意义。

设置溜井的地段应保证：岩石稳固，没有断层穿过，地下水不大。如果不完全具备这些条件，而溜井仍要设在该地段时，则需对溜井采取加固和防水措施。此外，采场到溜井的运输距离要短，溜井和平硐的掘进工程量要少。

采矿场使用汽车运输时，一般是设置集中放矿溜井，溜井可以布置在采矿场内，也可以布置在采矿场外，为了缩短运输距离，溜井多布置在采矿场内。采用集中放矿溜井时，井巷工程量少，便于集中管理。

在采矿场采用铁路运输时，溜井一般是布置在采矿场以外的端部，并采用分散放矿溜井布置，每个溜井所负担放矿的台阶数为 2~3 个，如图 3-27 所示。当采矿场内设置溜井时，应在垂直或近于垂直矿体走向方向上每隔一定距离布置 1~2 个溜井，其间距应保证每个开采水平都有溜井可以放矿，一般不应大于最小平盘宽度。

采用分散放矿溜井的布置，特别是在采矿场内布置溜井时，运输距离短，各开采水平有独立的放矿系统互不影响。但是，分散放矿溜井开拓的井巷工程量太大。随着开采水平的下降，在采矿场内的放矿溜井需要降段，而降段工作比较复杂，对生产也有影响。所

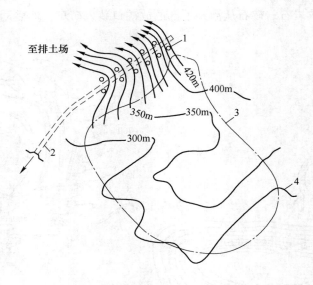

图 3-27　采矿场外部分散放矿溜井开拓
1—溜井；2—平硐；3—开采境界；4—地形等高线

以，分散放矿溜井开拓方案主要是用于地形高差不大，采用小型设备的中小型山坡露天矿。

溜井的结构要素包括溜井的深度、断面形状和尺寸、溜井的倾角。

单段溜井的深度一般不超过 150m（图 3-28（a））。当所需溜井超过这个深度，可采用分段溜井开拓。这样可以减轻矿石对溜井下部井壁的磨损，减轻下落矿石冲击溜井内贮存的矿石而引起的粉矿淤积堵塞，以及考虑到溜井的施工条件，图 3-28（b）为阶梯式分段溜井开拓示意图。

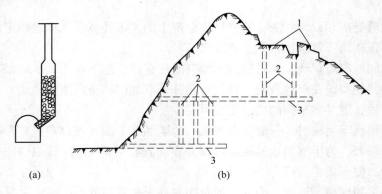

(a)　　　　　　　　　(b)

图 3-28　溜井形式
（a）单段溜井；（b）分段溜井
1—工作台阶；2—溜井；3—平硐

为了充分利用有利的地形坡度并减少溜井掘进工程量，常在上部采用明溜槽与溜井相接，见图 3-26。

为提高井壁的稳固性，当溜井断面较大时，多开凿成圆形；而倾斜溜井则可采用矩形断面。为了防止大块矿石堵塞，溜井直径或矩形溜井的短边应不小于允许最大块度的 5 倍。为了减轻溜井的磨损，应尽可能采用垂直溜井，因为在倾斜溜井中，矿石对溜井底板的冲击磨损比较严重。采用倾斜溜井时，倾角一般为 $60° \sim 70°$。

　　露天矿生产的实践证明，对于地形复杂、高差较大，矿体在地面标高以上的露天矿与其他开拓方法比较，采用平硐溜井开拓是非常优越的。主要表现在：第一，可以利用地形高差自重放矿，运输费用低；第二，缩短了运输距离，减少了运输设备；第三，可以用轻型设备开采生产规模较大的矿山。

　　平溜井开拓的主要问题是溜井有时发生跑溜子和堵塞现象，井壁容易磨损。为了保证溜井正常生产，要加强防排水措施，以免溜井内含水多引起跑溜子事故；防止把不合格大块翻入溜井内而发生堵塞现象，最好在溜井口设置格筛；对溜井要注意维修加固和清理粉矿淤积。

　　露天矿床开拓的形式多种多样。有些露天矿床则采用上述两种以上的方法联合开拓。例如，为了保证露天矿生产能力，开采深度大于 100m 的深凹露天矿，采用铁路—公路联合运输开拓，可以充分发挥铁路运输成本低和公路运输灵活性大的优越性。图 3-29 是铁路—汽车联合运输开拓方案，上部是铁路运输开拓，下部是汽车运输开拓，在它们之间设有转载站，以建立汽车与铁路车辆之间的转运联系。有些山坡露天矿也常用联合运输开拓。

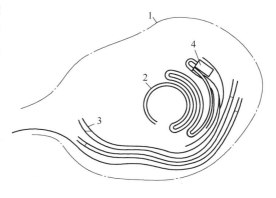

图 3-29　铁路—汽车联合运输
1—上部开采境界；2—公路；
3—铁路；4—转载台

　　露天矿床开拓对矿山建设和生产具有重大影响。在基本建设中，它决定着基建工程量、基建投资和基建时间。投产以后，又直接影响着矿山生产能力和生产成本。

　　在矿床的具体地质地形条件下，可能采用的有几种开拓方案，这时就要从其中选出最优的方案作为该矿床的开拓方法。选择开拓方案时，应考虑到以下主要原则：

　　（1）矿山建设速度应能满足国家要求，保证投产快、达到设计产量快；

　　（2）生产工艺简单，技术先进，可以因地制宜地选择设备；

　　（3）工程量少，施工方便；

　　（4）不占或少占耕地，并有利于改地造田；

　　（5）基建投资少；

　　（6）生产经营费低。

3.3　露天开采生产工艺

　　露天矿山的生产工艺是完成露天矿山工程的重要手段，包括掘沟、剥岩、采矿三项工程，这三项工程的生产工艺过程基本相同，一般包括穿孔爆破、采装、运输和排土四个环节。上述工艺之间是密切配合的，任何一个生产工艺跟不上，都会影响其他工艺的正常进行，从而不能保证露天矿生产任务的完成。因此，应使各工艺的生产设备合理配套，加强组织管理工作，提高设备的完好率、开动率和设备的生产效率，才能更好地完成和超额完成生产任务。

3.3.1 穿孔作业与设备

利用穿孔设备按一定的技术要求钻进爆破孔的工作，称为穿孔工作。当矿岩硬度较大时，不能使用挖掘机直接采掘，开采时必须先对坚硬的岩石实施爆破。矿岩爆破的前期工作就是使用穿孔设备在整体矿岩上钻凿炮孔，以便在爆破孔内装入炸药进行爆破。为使工作面经常备有供采装所需的足够的爆破矿岩量（一般备有 5~7 天以上的采装矿岩量），必须保证穿孔工作正常进行，提高穿孔效率，加强设备的维护保养，定期检修，在允许的情况下采用效率高的穿孔设备。

露天矿生产中常用的穿孔设备主要有潜孔钻机、牙轮钻机和钢绳冲击式钻机。在小型露天矿还用手持式凿岩机和凿岩台车。其中，钢绳冲击式钻机是 20 世纪 50 年代常用的穿孔设备，现在已经逐步淘汰，仅在极少数软岩中使用。牙轮钻机多用在大型露天矿，钻孔直径在 150~500mm；中小型露天矿山多使用潜孔钻机和轻型牙轮钻机，钻孔直径大多在 200mm 以下，最大钻孔直径能达到 300mm。

3.3.1.1 潜孔钻机

潜孔钻机是一种回转冲击式钻机，它通过冲击器冲击钻头并作用于孔底和钻头在回转时对孔底的剪切作用而使岩石破碎。这种钻机既可以钻垂直孔，又能钻倾斜孔。

目前在生产中使用的潜孔钻机主要有：KQ 系列、SWD 系列、CS 系列、ROC 系列等。图 3-30 为 ROC L8 型履带式潜孔钻机。表 3-4 为部分钻机的技术性能。

图 3-30 ROC L8 型履带式潜孔钻机

表 3-4 部分潜孔钻机技术性能表

项　目	KQ-100	KQ-150	SWDA-200	ROC L8
钻孔直径/mm	80, 100	150	165~255	110~165
钻孔深度/m	18	17.5	30	54
钻孔角度/(°)	0~90	60, 75, 90	60~90	—
回转扭矩/N·m^{-1}	500~750	2400, 2316, 2060	4000	3250, 4250, 6200
钻具转速/rad·min^{-1}	30~50	24.9, 33.2, 49.8	10~40	20~80
推进轴压/kN	4.1~19	0~1.2	2~60	40
一次推进行程/m	3~6	9	10.5	8.1
提升力/kN	9.8	25	100	—
提升速度/m·min^{-1}	15~20	16	20	—
使用风压/MPa	0.49~0.69	0.5~0.7	1.05~1.4	2.5
爬坡能力/(°)	20	14	25	20
除尘方式	干式，湿式	干式，湿式	干式	—

　　潜孔钻机是由工作机构（冲击器、钻头）、回转推进机构、行走机构、除尘装置等部分组成。钻孔时，风动冲击器冲击钻头的同时，借助于外部回转推进机构带动钻头回转和给进。钻孔的同时用压气将孔底岩屑排除，经钻机上的除尘装置进行捕尘。

　　潜孔钻机的钻头是钻机的主要部件，按其结构分为凿刃形钻头和柱齿形钻头两类，如图 3-31 所示。

(a)　　　　　　　　　　　　　　(b)

图 3-31　钻头外形

　　凿刃形钻头的凿刃（图 3-31（a）），在凿岩中极易磨损并由于钻头直径变小而产生卡钻事故。但它的优点是能多次修磨，有效的利用硬质合金，故在小型矿山可采用。柱齿形钻头如图 3-31（b）所示，没有凿刃形钻头的缺点。

　　潜孔钻机的作业特点是连续钻进（指在一根钻杆长度）、穿孔效率高，在相同的穿孔条件下，比冲击式穿孔机高 2~3 倍。潜孔钻机可以打斜孔，有利于改善爆破质量，操作方便。所以，潜孔钻机在我国得到广泛应用。

3.3.1.2 牙轮钻机

牙轮钻机是一种回转式钻机，推压提升机构向钻头施加很大的轴压力，使钻头上的轮齿压入岩石中，在钻具回转扭矩及牙轮滚动作用下，使齿轮切削岩石而破碎。牙轮钻机广泛应用在我国露天矿生产中，牙轮钻机的技术性能如表 3-5 所示，牙轮钻机及三轮合金柱钻头分别如图 3-32 和图 3-33 所示。

表 3-5　部分国产牙轮钻机技术性能

项　　目	KY-150	KY-200	KY-310
钻孔直径/mm	150~170	150~200	250~310
钻孔深度/m	21	17	17.5
钻孔方向/(°)	90	70~90	90
轴压力/kN	137	160	490
钻具推进速度/m·min^{-1}	0~2.5	0~3/10	0.1~3
回转速度/r·min^{-1}	0~115	0~120	0~100
回转扭矩/kN·m	4770	3870	7840
钻具提升速度/m·min^{-1}	0~18.63	0~20	20
行走速度/km·h^{-1}	0~1.3	1	0.72
爬坡能力/%	14	12	12
钻机重量/t	40	39	114，120

图 3-32　牙轮钻机外貌图

图 3-33 三轮合金柱钻头

牙轮钻机的主要工作机构有：回转机构、加压提升机构、压气排渣系统、除尘装置、钻具、行走机构等。

KY-310 型牙轮钻机回转推压机构的工作原理如图 3-34 所示。钻进时，使回转电动机转动经减速器带动钻具（钻杆和钻头）旋转。同时开动推压电动机，减速后带动主动链轮经从动链轮使 A 型架链轮回转，再经链条传动使大链轮回转，大链轮与齿轮固定在一根轴上，齿轮与齿条啮合，这时回转机构和钻具沿齿条向下移动，进行穿孔工作。提升钻具时，开动提升电动机，这时齿轮带动回转机构和钻具沿齿条迅速上升。

牙轮钻机是在较大的轴压力下使钻头通过碾压、冲击、切削等方式对岩石连续钻进，穿孔效率高，在相同的穿孔条件下，其效率比冲击式凿岩设备高 3~4 倍，比潜孔钻机高 1 倍左右。

为使牙轮钻机适应我国露天矿迅速发展的需要，首先要继续提高钻头的使用寿命。影响钻头使用寿命主要是牙轮内的轴承容易损坏和轮背的磨损；增大回转主轴的输出扭矩，以适应卸钻头和处理卡钻的要求；加大轴压力，提高穿孔速度；采用风水混合湿式除尘。此外，也必须加强生产组织工作和设备的维护保养。

3.3.2 爆破作业

穿孔工作完成之后就是爆破作业，爆破效果的好坏，对采装工作影响很大。对爆破工作的要求是：爆破后的爆堆要集中，矿岩块度要与采装设备的工作规格相适应，保证工作平盘平整，不留根底或根底较少，也即要求在节约穿爆器材和穿爆费用的条件下，爆破后的矿岩质量有利于提高采装设备的效率。

露天矿使用的爆破方法有深孔爆破、硐室爆破（又称大爆破）和炮眼爆破。

3.3.2.1 深孔爆破

深孔爆破是大中型露天矿的主要爆破方法，部分小型露天矿也使用这种方法。钻孔布置有垂直孔和倾斜孔两种（图 3-35），可采用单排孔爆破，也可以用多排孔爆破。

爆破参数如图 3-35 所示。包括孔径 d、底盘抵抗线 W_d、孔距 a、排距 b、超钻深度 h_c、堵塞长度 L_t 以及单位炸药消耗量 q。

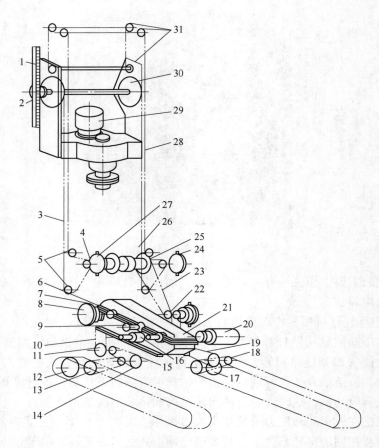

图 3-34　KY-310 型牙轮钻机回转推压机构的工作原理示意图

1—齿条；2—齿轮；3，10，17，19，23—链条；

4~6，11，13~15，18，22，25，30，31—链轮；7—行走制动器；

8—气胎离合器；9—牙嵌离合器；12—履带驱动轮；

16—电磁滑差调速电机；20—提升和行走电机；21—主减速器；24—主制动器；

26—主离合器；27—辅助卷扬及其制动器；28—回转减速器；29—回转电机

孔径 d 应根据台阶高度、矿（岩）石的坚固性和钻机类型来选择。一般为 80 ~ 300mm，以 150~250mm 较多。

底盘抵抗线 W_d 是由钻孔中心到台阶坡底线的水平距离。采用垂直深孔时，底盘抵抗线大，爆破时底部的岩体阻力比较大，残留的根底较多，并且后冲力大，增加了台阶的龟裂程度。采用倾斜孔时，底盘抵抗线较小，爆破时底部的岩石阻力小，残留的根底少，爆破时可以节省炸药，改善矿岩块度，而且后冲力也小，使台阶的龟裂现象减少。

W_d 值主要决定于药包直径 D 和岩石的物理力学性质，在岩石的物理力学性质中，对 W_d 值影响最大的是岩石的容重 γ。据此推算出：

$$W_d = 53K_T D \sqrt{\frac{\Delta}{\gamma}} \qquad (3-11)$$

式中　　K_T ——考虑岩石裂隙的系数，$K_T = 1.0~1.23$；

D——孔径，m；

Δ——装药密度，t/m³；

γ——岩石容重，t/m³。

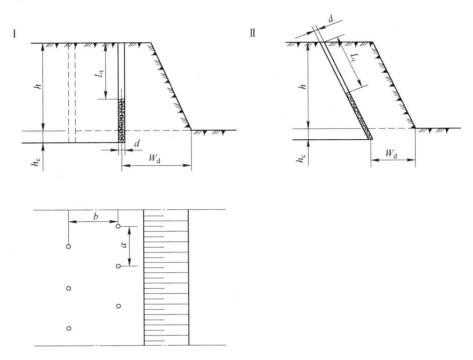

图 3-35　钻孔布置及爆破参数

Ⅰ—垂直孔；Ⅱ—倾斜孔

微差爆破时，用式（3-11）计算 W_d 的值；齐发爆破时，也可选用式（3-11），但系数 53 需改为 50。

孔距 a 是排内钻孔中心线间的距离，一般为 4~7m，可按下式计算

$$a = mW_d \tag{3-12}$$

式中　m——钻孔的间距系数（或称为钻孔邻近系数），$m = 0.7 \sim 1.3$。

排距 b 是多排孔爆破时钻孔排间的距离，其值为：

$$b = a\sin 60° \approx 0.866a \tag{3-13}$$

底盘抵抗线、孔距和排距随矿岩性质、孔径和炸药性能的不同而改变。对于容易破碎的矿岩，或者对较大的孔径，或者采用威力大的炸药时，这三个参数应大些，反之应小些。

钻孔超深 h_c 是钻孔超出台阶高度的那一段深度。其作用是使装药中心降低，来克服底盘岩体的阻力，减少根底。超深值可用下式计算：

$$h_c = (0.15 \sim 0.35)W_d \tag{3-14}$$

对于容易爆破的矿岩，超钻深度可小些，反之则大些。填塞长度 L_t 是钻孔内充填填塞物的长度。填塞物的作用是为了充分利用爆炸能，使矿岩得到良好的破碎。填塞长度

L_t 可按下式确定

$$L_t \geqslant 0.75W_d \tag{3-15}$$

单位炸药消耗量 q 对爆破效果和爆破成本影响很大。该值一般是根据类似矿山的实际数据选取，并在生产中结合本矿的矿岩性质的变化加以调整。

每个钻孔的装药量 Q 可用体积公式计算：

$$Q = qhaW_d \tag{3-16}$$

在穿孔工作可能的情况下，应采用多排孔微差爆破。它的优点是：

（1）爆破时，在相邻钻孔的爆破波相互挤压作用下，使矿岩破碎均匀，产生的根底和大块少，大块率一般为 0.7%～3%，爆堆比较集中，从而有利于提高采装效率。

（2）由于爆破能量可以充分利用和在爆破时产生瞬间自由面，则孔距和排距可相应加大，使每米孔的爆破量增加。

（3）次爆破重大，使设备避炮、拆铺轨等次数减少，提高了采装设备的利用率。

多排孔微差爆破的起爆顺序有许多方式，图 3-36 是其中的几种起爆顺序。

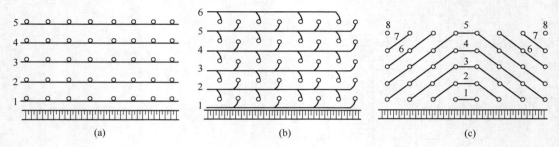

图 3-36　微差爆破起爆顺序
（a）平行顺次起爆；（b）波浪式起爆；（c）梯形起爆

平行顺次起爆，联线简单，但爆破后爆堆宽度较大；波浪式起爆，可使每米孔爆破量相应增加，但爆堆宽度也比较大；梯形起爆，爆堆比较集中，有利于提高采装效率。

3.3.2.2　硐室爆破

硐室爆破又叫大爆破，是把大量的炸药装入已挖好的药室内进行爆破。大爆破分为松动爆破、加强松动爆破（即减弱抛掷爆破）和抛掷爆破。进行大爆破，首先要掘进导硐，然后开凿药室。导硐有平硐式和小井式两种（图 3-37）。其断面尺寸平硐式导硐（1.2～1.5）m×（1.5～1.8）m，小井式导硐为 1.0m×（1.0～1.2）m。因高度较大时，掘进小断面的竖井比较困难，平硐式导硐适合于药室中心距上部地表高度超过 10～15m 的地形。

大爆破的基本参数是最小抵抗线 W 和药室间距 a，以及单位炸药消耗量。

最小抵抗线 W 应与药室中心至地表的垂直高度 h 保持如下关系：

$$\frac{W}{h} = 0.6 \sim 0.9$$

即

$$W = (0.6 \sim 0.9)h \tag{3-17}$$

当岩石容易破碎时，W 值取大些，反之取小些。

药室间距 a，采用松动爆破时

$$a = m\overline{W} \tag{3-18}$$

式中 m——药室间距系数（$m = 0.8 \sim 1.2$）；

$\overline{W}$——相邻两药室最小抵抗线的平均值。

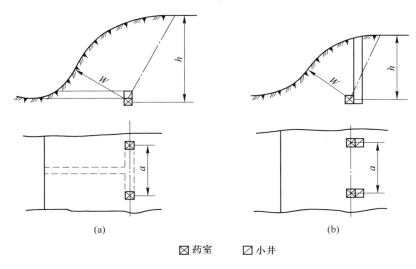

图 3-37 硐室布置
（a）平硐式；（b）小井式

松动爆破时，每个药室的装药量 Q 可用下式计算：

$$Q = K'W^3 \tag{3-19}$$

式中 K'——松动爆破的单位炸药消耗量；

W——最小抵抗线，m。

大爆破在露天矿应用较广，特别是在矿山基建时期，对各种复杂的地形都可使用，还可以用于掘沟工程，当工作台阶穿孔设备不足时，用大爆破作为辅助爆破方法。其所以广泛应用，就是因为这种爆破方法施工条件简单，建设速度快，基建投资少。如某矿大爆破的岩石量为 30×10^4 m，其投资比用深孔爆破节约 20% 左右，建设工期缩短近一年的时间，并达到了预期的爆破效果。大爆破的主要问题是因导硐断面小，掘进工作和装药、填塞工作的劳动条件比较差；爆破的块度不均匀，大块率高，使采装效率降低。因此在正常生产的条件下，深孔爆破在露天开采中比硐室大爆破使用得更广泛。

3.3.3 采装作业与设备

采装工作就是用装载机械将矿岩装入运输容器或由挖掘机直接卸至一定地点的工作。生产中常用的采装设备主要有单斗挖掘机、轮斗式挖掘机、拉铲、前端式装载机等。

3.3.3.1 单斗挖掘机作业

A 挖掘机工作参数

挖掘机的采装效率与其工作参数、工作面参数、操作技术水平、穿爆效果以及向工作面供车情况有直接关系。挖掘机工作参数如图 3-38 所示。

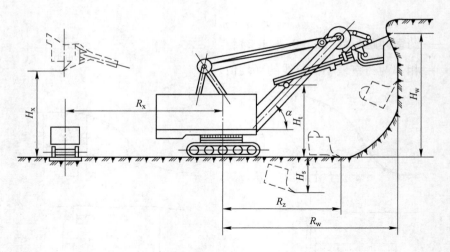

图 3-38　挖掘机工作参数

挖掘半径 R_w：挖掘时由挖掘机回转中心至铲斗齿尖的水平距离，最大挖掘半径是铲杆最大水平伸出时的挖掘半径；

挖掘半径 R_z：铲斗平放在站立水平面的挖掘半径；

挖掘高度 H_w：挖掘时铲斗齿尖距站立水平的垂直距离；最大挖掘高度是铲杆最大伸出并提到最高位置时的垂直距离；

卸载半径 R_x：卸载时由挖掘机回转中心至铲斗中心的水平距离。最大卸载半径就是铲杆最大水平伸出时的卸载半径；

卸载高度 H_x：铲斗斗门打开后，斗门的下缘距站立水平的垂直距离，最大卸载高度就是铲杆最大伸出并提到最高位置时的垂直距离；

下挖深度 H_s：铲斗下挖时，由站立水平至铲斗牙尖的垂直距离；

推压高度 H_t：表示推压轴离地高度。

目前露天矿使用的单斗挖掘机斗容越来越大，表 3-6 为部分机械式挖掘机的主要技术性能。

表 3-6　挖掘机的主要技术性能

项　目	WK-4	WK-8	WK-20	WK-35	WK-55	WK-75
铲斗容积/m³	4.6	8	20	35	55	75
动臂长度/m	10.5	13	15.5	17.68	20.177	21.5
铲杆长度/m	7.29	7.75	9.16	10.36	10.410	11.236
最大挖掘半径/m	14.4	17.75	21.2	24	23.85	26.36
最大挖掘高度/m	10.1	13.98	14.4	16.2	18.10	19.20
最大卸载半径/m	12.65	15	18.7	20.9	20.40	—
最大卸载高度/m	6.3	8.86	9.1	9.4	10.06	10.65
站立水平挖掘半径/m	9.26	—	—	15.8	16.90	—
机体尾部回转半径/m	5.3	7.0	7.95	9.95	—	11.159

续表 3-6

项 目	WK-4	WK-8	WK-20	WK-35	WK-55	WK-75
动 力	电力	电力	电力	电力	电力	电力
工作重量/t	190	310	731	1020~1035	1480	1988
最大爬坡能力/(°)	12	12	13	12	15	13

挖掘机的选择主要根据矿山规模、矿床的埋藏条件和可能采用的运输设备而定。目前全球能自主研制 $55m^3$ 以上巨型挖掘机的企业，只有太原重工、美国 P&H 公司和比塞洛斯等三家。2005 年底，太原重工 WK-20 型 $20m^3$ 电铲成功问世。2008 年，WK-55 型矿用电铲用于山西平朔露天煤矿表层剥离作业。2012 年，世界上首台规格最大、技术性能最先进、生产能力最高的 WK-75 型矿用电铲，在山西太重集团公司正式下线。

B 采掘要素

为了保证挖掘机的工作安全、提高采掘工作效率，需要合理地确定工作面高度（台阶高度）、采掘带宽度，采区长度和工作平盘宽度。

a 工作面高度

工作面（台阶）高度的大小受各方面的因素所限制，如矿岩性质及埋藏条件、采用的穿爆方法、挖掘机工作规格、准备新水平的时间以及运输条件等。在这些因素中起主导作用的是挖掘机工作规格。挖掘机是直接在台阶下挖掘矿岩，台阶高度既要保证工作安全，又要能提高挖掘机工作效率。

按工作安全要求，挖掘机用于不需预先破碎的松软矿岩时（图 3-39），台阶高度 h 一般不应大于挖掘机的最大挖掘高度 H_{max}，即

$$h \leqslant H_{max} \qquad (3-20)$$

挖掘坚硬矿岩的爆堆时，台阶高度 h 应能使爆破后的爆堆高度 H_b 不大于挖掘机的最大挖掘高度 H_{max}，即

$$H_b \leqslant H_{max} \qquad (3-21)$$

若爆破的块度不大，又不需要分别采装时，则台阶高度可按爆破后的爆堆高度的

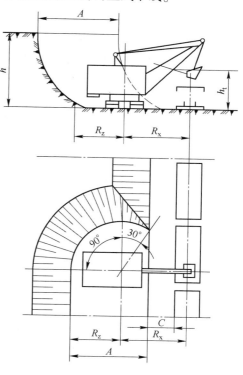

图 3-39 松软矿岩的采装工作面

h—台阶高；A—采掘带宽度；
C—爆堆坡底线至运输设备边缘的距离

1.2~1.3 倍要求确定。但台阶高度不得大于最大挖掘高度的 1.5 倍。

按满斗程度要求，松软矿岩的台阶高度或坚硬岩石的爆堆高度不应低于挖掘机推压轴 h_t 的 2/3。即

$$h（或 H_b）\geqslant \frac{2}{3}h_t \qquad (3-22)$$

尽管挖掘机工作规格对台阶高度起主导作用，但在一定条件下，其他影响因素也可能

成为起决定作用的因素。例如,在露天采矿场底部长度短的情况下采用铁路运输时,由于机车的爬坡能力差,要求线路坡度小,坡道比较长,为使列车能从一个水平运行到另一水平,则台阶高度应取小一点,以减少坡道长度。表3-7是与挖掘机规格相适应的台阶高度。

表 3-7   挖掘机规格对应的台阶高度

铲斗容积/m³	台阶高度/m
4~8	10~12
10~20	12~15
>20~35	15~18
>35	20

b 采掘带宽度

采掘带就是把台阶划分成若干个具有一定宽度的条带进行采掘。采掘不需要预先破碎的松软矿岩时,为了提高挖掘机的工作效率,采掘带宽度 A 应保持使挖掘机向里侧回转角度不大于90°,向外侧回转角度不大于30°。其变化范围为

$$A = (1 \sim 1.5)R_z \tag{3-23}$$

式中 R_z——挖掘机站立水平的挖掘半径,m。

采掘带过宽,将有部分土岩不能挖入铲斗内,使清理工作面的辅助作业时间增加。采掘带过窄,挖掘机移动和线路移设频繁,从而影响挖掘机的采掘效率,增加设备磨损。

当采掘爆堆时,根据一次的爆破量和挖掘机的采掘宽度可分为"一爆一采""一爆两采"和"一爆多采"(即大爆区多次采掘)。

"一爆一采"是挖掘机一次采完爆堆的全部宽度。这种采掘方式,一次爆破量少,爆破次数增加,因而挖掘机避炮次数多,采掘工作时间减少,所以在生产中使用不多。

"一爆两采"是在爆堆宽度上分两次采,见图3-40。第一次采掘宽度是

$$A_1 = f(R_z + R_{xmax}) - c - 0.5b \tag{3-24}$$

式中 A_1——第一次采掘带宽度,m;

      b——运输设备宽度,m;

   R_{xmax}——挖掘机最大卸载半径,m;

      c——爆堆坡底线至运输设备边缘的距离,一般为1~1.5m;

      f——挖掘机工作规格利用系数, $f \leqslant 0.9$。

第二次的采掘宽度是

$$A_2 = B - A_1 \tag{3-25}$$

式中 A_2——第二次采掘带宽度,m;

      B——爆堆宽度,m。

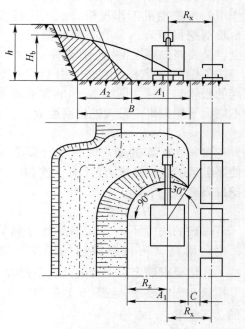

图 3-40   坚硬矿岩的采装工作面(一爆两采)
A_1—第一次采掘带宽度;A_2—第二次采掘带
宽度;B—爆堆宽度;H_b—爆堆高度

第一次采掘带宽度和第二采掘带宽度都不应大于挖掘机工作规格可能的采掘宽度。所以，在进行穿孔爆破时，要合理的确定爆破参数，使爆破的爆堆有利于提高挖掘机工作效率。

"一爆多采"是在大爆区多排孔微差爆破的情况下应用，一次爆破量很大，在爆堆宽度上分成若干采掘带依次进行采掘；爆破次数少，使挖掘机的工作时间增加，提高了采掘效率，因而在生产中得到广泛应用；这种采掘方式可以使挖掘机得到充分利用，但穿孔工作必须跟上，以保证有相应的爆破矿岩量。

c 采区长度

采区长度（又称为挖掘机工作线长度）就是把工作台阶划归一台挖掘机采掘的那部分长度。

当工作台阶较短时，则台阶长度就是采区长度。若工作台阶较长，可划分成几个采区同时工作，如图 3-41 所示，每个采区都配有穿孔、采装和运输设备。采区长度的大小应能保证穿孔、采装和运输各项工作协同配合。

若采用铁路运输时，采区长度一般不应小于列车长度的 2~3 倍，以适应运输调车的需要。若

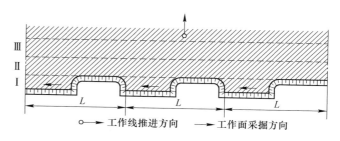

图 3-41 采区示意图
L—采区长度；Ⅰ~Ⅲ—采掘带

工作水平上为尽头式运输时，则一个水平上同时工作的挖掘机数不得超过两台，环形运输时，同时工作的挖掘机数不超过 3 台。汽车运输时，采区长度可大大缩短，同一水平上工作挖掘机数可为 2~4 台。

d 工作平盘宽度

所确定的工作平盘宽度，应能保证上下台阶各采区之间正常进行生产。

工作平盘的最小宽度 B_{min}，应保证平盘上设置采掘、运输及动力管线等设备所必须的空间位置。图 3-42 为铁路运输的最小工作平盘宽度。

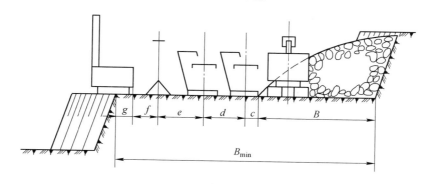

图 3-42 最小工作平盘宽度

$$B_{min} = B + c + d + e + f + g \tag{3-26}$$

式中　　B——爆堆宽度；

　　　　d——线路间距；

　　　　e——外侧线路中心至动力电杆间距；

　　　　f——动力电杆至台阶稳定边界线间距；

　　　　g——安全宽度。

采用汽车运输时，确定最小工作平盘宽度，还要考虑调车方法，以保证汽车在工作平盘上调车和运行的安全。根据实际经验，最小工作平盘宽度约为台阶高度的 3~4 倍。

为了保证矿山持续正常生产，除应保证最小工作平盘宽度外，还应有足够的回采矿量。因此，采矿工作平盘宽度应为最小工作平盘宽度与回采矿量所占有的宽度之和。回采矿量根据规定一般不少于六个月的矿山正常产量。对于剥离台阶，考虑到各台阶工作线推进的不均匀性，也应在平盘宽度上留有余地。

C　挖掘机生产能力

挖掘机生产能力是指在某一计算单位时间内，从工作面装入运输容器中的矿岩实体立方米数。

挖掘机的班生产能力 Q_{bs} 为

$$Q_{bs} = \frac{3600T\eta EK_m}{tK_z} \tag{3-27}$$

式中　　T——班工作时间，h；

　　　　η——班工作时间利用系数；

　　　　E——铲斗容积，m^3；

　　　K_m——满斗系数；

　　　　t——工作循环时间，s；

　　　K_z——矿岩在铲斗中的松胀系数，中硬及中硬以下矿岩 $K_z = 1.3 \sim 1.5$，坚硬矿岩 $K_z = 1.5 \sim 1.7$。

由上式可知，当铲斗容积一定时，针对某种矿岩，挖掘机生产能力主要受班工作时间利用系数 η、满斗系数 K_m 和工作循环时间 t 等因素的影响。

为保证挖掘机稳产高产，应从挖掘机采装工艺本身加以分析，明确采装与穿爆、运输等工艺环节之间的联系，找出提高挖掘机生产能力的措施。

（1）缩短挖掘机工作循环时间，提高满斗程度，减少非作业时间。满斗系数 K_m 是铲斗挖入松散矿岩的体积与铲斗容积之比，其大小主要取决于矿岩的物理机械性质、爆破效果、工作面高度以及司机的操作技术水平。因此，要合理地确定工作面参数，改善爆破质量。在不需预先破碎的松软矿岩和中硬以下矿岩的爆堆中铲挖时，满斗系数为 0.8~1.0，在坚硬矿岩的爆堆中铲挖时，满斗系数为 0.6~0.9。

挖掘机工作循环时间 t 是从铲斗挖掘矿岩到卸载再返回工作面准备下一次挖掘所需要的时间。它是由挖掘、重斗转向卸载点、卸载以及空斗转回到工作面这四个工序组成。工作循环时间的长短主要取决于各操作工序的速度、爆破效果和车辆停放的位置。减少每一操作工序时间，特别是减少回转时间，才能使工作循环时间缩短。为此，可采取下列技术组织措施不断提高挖掘机司机的操作技术水平，使每个操作工序迅速、准确；空车停放的位置要合适，特别是采用汽车运输时，应力求缩小挖掘机的回转角度；改善爆破质量，破碎后的矿岩块度要适宜，以便减小铲斗的铲取阻力；利用车辆入换时间进行工作面准备，如松动捣置矿岩，挑出大块等。

表 3-8 是某露天矿 WK-4 型电铲的工作循环时间。

表 3-8 WK-4 型电铲的工作循环时间

矿岩性质	回转角度/(°)	工作循环时间/s				
		挖掘	转向卸载	卸载	转回工作面	合计
$f=12\sim20$	180	8.50	11.25	5.76	10.00	35.51
	90	7.25	7.23	3.03	7.45	24.96
$f=6\sim12$	180	5.80	10.40	4.00	10.80	31.00
	90	5.80	5.40	4.00	7.60	22.80

班工作时间利用系数 η 是指挖掘机的纯工作时间占班工作时间的比例。它取决于向工作面供车情况、运输方式和与运输无关的其他因素（如交接班、避炮、设备故障、停电等）。就挖掘机工作本身来说，影响其工作时间利用系数的主要原因是挖掘机移动和排除故障所造成。因此，当台阶高度确定后，应合理地确定采掘带宽度和采掘顺序，以减少和消除设备故障的发生。

（2）改善爆破质量，保证采装所需的爆破量。爆破质量的好坏，对挖掘机生产能力影响很大。对爆破质量的要求是，爆破后爆堆的形状和尺寸有利于挖掘机安全高效率作业。为提高穿爆质量，提高挖掘机的工作时间利用系数，在可能的情况下，采用高效率钻机；有条件的矿山，特别是大型露天矿，应推广使用多排孔微差爆破。采用多排孔微差爆破，不仅大大减少了爆破次数，而且可改善爆破质量，使大块率、根底以及后冲明显减少，同时为采装工作提供了足够的爆破贮量。

为使穿爆和采装的生产能力相适应，需合理地确定钻铲比 N_z。

$$N_z \geqslant \frac{Q_{bs}}{L_z P} \tag{3-28}$$

式中　L_z——钻机班生产能力，m/(台·班)；

　　　P——每米炮孔的爆破矿岩量，m^3/m。

所需钻机如非整数，可与邻近采区串通使用，但力求减少调动频繁。

（3）及时向工作面供应空车。挖掘机采装时，需向一定的运输设备或向其他空间卸载。不同的运输方式，挖掘机的工作时间利用系数也有差异。采用铁路运输时，挖掘机的工作时间利用系数仅为 0.35~0.55；采用汽车运输时，车辆入换时间短，供应空车比较及时，所以挖掘机的工作时间利用系数比铁路运输要高，一般为 0.6~0.8。

3.3.3.2 轮斗挖掘机作业

轮斗挖掘机主要用来挖掘松软物料或爆破效果良好的中硬物料。其利用安装在斗轮上的铲斗直接切割物料，并通过设备本身的带式输送机及卸载机构，将切割下来的物料转载到工作面运输设备，直接排入矿岩排卸场，是一种连续挖掘作业的挖掘设备，如图 3-43 所示。

由于其轮斗线切割力最大不超过 2.5kN/cm，一般不适用于挖掘块度较大的均质物料、爆破效果不好的中硬物料，如石英砂岩等含研磨性矿物较多的物料、块度较大而致密的夹

图 3-43　轮斗式挖掘机

层以及含有大量会堵塞铲斗、斗轮臂架、带式输送机和转载机的物料，也不宜用于气温常年在-35℃以下的地区等。

A　切割方式

斗轮切割方式有水平切片方式和垂直切片方式，如图 3-44 所示。

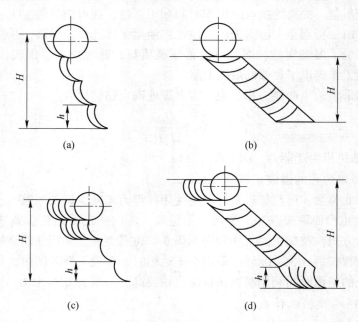

图 3-44　斗轮切割方式示意图
（a）垂直切片；（b）水平切片；（c）多列垂直切片；（d）混合切片
h—分层高度（切片高度）；H—台阶高度

垂直切片是一种常用切割方式。适于松软物料或选采工作面，可用于端工作面、半端工作面、侧工作面。采用垂直切片时，工作面自上而下分为若干分层，轮斗挖掘机先位于离工作面最近的位置挖掘最上分层，最上分层切割数个规定切片后再挖掘第二个分层，第二分层挖掘完后，再依次挖掘下一分层。所有分层挖掘完后，轮斗挖掘机向前移动一个距离，开始新的挖掘作业。垂直切片在铲斗初始切入处最薄，随着铲斗的向上切割，在斗轮轴同一水平上达到最大值。

水平切片适用于台阶端面较陡的较坚硬物料，并有利于薄层挖掘。水平切片时，首先将斗轮放置于台阶顶面并开始切割物料。在每一个切片切割终了时，下放斗轮臂开始第二个切片的挖掘作业。斗轮臂自上而下调幅时，轮斗挖掘机在工作面不动，此时形成的台阶端面角较陡，且为弧形。水平切片的最大切割深度相当于垂直切片时的最大分层高度，每一切割分层的初始高度相当于垂直切片时的最大切片厚度。

在实际工作中，往往采用多列垂直切片，或根据工作面的物料性质及具体地质条件采用混合切片。采用混合切片时，台阶上、下部用垂直切片切割一个分层，中间部分用水平切片，这样可克服水平切片台阶高度小的缺点，同时，不产生三角体。

B 切片形状及切片要素

轮斗挖掘机作业过程中形成的垂直切片、水平切片的形状及切片要素如图3-45所示。

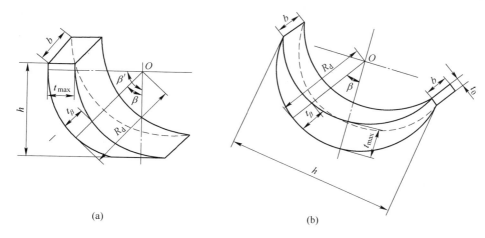

(a)　　　　　　　　　　　　(b)

图 3-45 切片形状及切片要素示意图

（a）垂直切片；（b）水平切片

垂直切片和水平切片的主要参数：斗轮半径 R_d、切片高度 h、切片宽度 b、斗轮回转角 β、相对于轮斗回转角 β 的切片厚度 t_β、最大切片厚度 t_{max}、斗轮最大回转角 β'、初始切入工作面的切片厚度 t_0。

C 工作面布置及参数计算

轮斗挖掘机作业时，工作面布置形式有侧工作面、端工作面和半端工作面。侧工作面主要用于沿轨道行走的轮斗挖掘机，或轮斗挖掘机与运输排土桥配合作业。

a 侧工作面

由于轮斗挖掘机利用轨道行走时，轨道需铺设在工作面侧面，故采用侧工作面。

作业程序：轮斗挖掘机在某一工作面位置自上而下挖掘每一分层的物料，而不须在垂直工作线方向作短距离移动，仅须在调幅时调整斗轮臂长即可。轮斗挖掘机在某一位置挖掘某一分层时，斗轮臂以垂直于走行中心线作左右回摆。挖掘长度 L 为：

$$L = 2R_{sw}\sin\varphi \tag{3-29}$$

$$R_{sw} = L_{BD}\cos\gamma + a + \frac{D}{2} \tag{3-30}$$

式中　R_{sw}——上挖时挖掘半径，m；

　　　φ——左右摆角，一般在 $25°\sim30°$；

　　　L_{BD}——轮斗挖掘机臂长，m；

　　　γ——上挖时轮斗臂上倾角，(°)；

　　　a——斗轮臂与机体铰接处距轮斗挖掘机回转中心的距离，m；

　　　D——轮斗直径，m。

　　某一位置所有分层都挖掘完后，轮斗挖掘机沿走行方向向前走行 L 距离，开始新的挖掘。

　　b　端工作面

　　端工作面是广泛应用的作业方式，既可上挖，亦可下挖，轮斗挖掘机端工作面作业如图 3-46 所示。端工作面参数主要包括台阶高度与采掘带宽度。

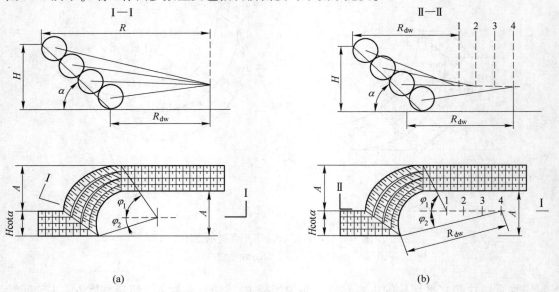

图 3-46　轮斗挖掘机端工作面示意图

(a) 斗轮臂可伸缩；(b) 斗轮臂不能伸缩

φ_1—最上分层内侧臂架回转角；φ_2—最下分层外侧臂架回转角；

R_{dw}—臂架在最下分层回转半径；R—臂架在最上分层回转半径；

1~4—轮斗挖掘机自上而下挖掘各分层时其中心位置

（1）台阶高度。

垂直切片时：

$$H_{max} = L_{BD}\sin\gamma + c + h - \frac{D}{2} \tag{3-31}$$

水平切片时：

$$H_{max} = L_{DB}\sin\gamma + c - \frac{D}{2} \qquad (3\text{-}32)$$

式中　L_{DB}——斗臂长度，m；

　　　　D——斗轮直径，m；

　　　　h——分层高度（切片高度），m；

　　　　c——斗轮臂与机体铰接处的高度，m；

　　　　γ——上挖时斗轮臂上倾角，(°)。

（2）采掘带宽度。

斗轮臂可伸缩时：

$$A_{max} = R_{sw}(\sin\varphi_1 + \sin\varphi_2) - H(\cot\alpha + \cot\alpha_k \cdot \sin\varphi_2) \qquad (3\text{-}33)$$

斗轮臂不可伸缩时：

$$A_{max} = R_{sw}\sin\varphi_1 + R_{xw}\sin\varphi_2 - H\cot\alpha \qquad (3\text{-}34)$$

式中　R_{sw}——上挖时挖掘半径，m；

　　　　R_{xw}——下挖时挖掘半径，m；

　　　　φ_1——挖最上层时，斗轮臂向台阶内侧的回摆角，(°)；

　　　　φ_2——挖最下层时，斗轮臂向台阶外侧的回摆角，(°)；

　　　　α——台阶坡面角，(°)；

　　　　α_k——工作面端面角，(°)。

　c　半端工作面

半端工作面作业方式主要用于开采多层薄煤层时的采掘作业。

（1）台阶高度。

垂直切片时：

$$H_{max} = L_{DB}\sin\gamma + c + h - \frac{D}{2} \qquad (3\text{-}35)$$

水平切片时：

$$H_{max} = L_{DB}\sin\gamma + c - \frac{D}{2} \qquad (3\text{-}36)$$

式中　L_{DB}——斗臂长度，m；

　　　　D——斗轮直径，m；

　　　　h——分层高度（切片高度），m；

　　　　c——斗轮臂与机体铰接处的高度，m；

　　　　γ——上挖时斗轮臂上倾角，(°)。

（2）采掘宽度。

$$A_{max} = R_{sw}\sin\varphi_1 - H\cot\alpha - G \qquad (3\text{-}37)$$

式中　G——轮斗挖掘机走行中心线距坡底线安全距离，m；

　　　　R_{sw}——上挖时挖掘半径，m；

　　　　α——台阶坡面角，(°)。

　D　组合台阶

用轮斗挖掘机开采时，可用组合台阶，即几个相邻的台阶划归为一组，由一台轮斗挖掘机进行自上而下顺序开采的作业方式。轮斗挖掘机组合台阶最大组合高度时的布置方式如图 3-47 所示。

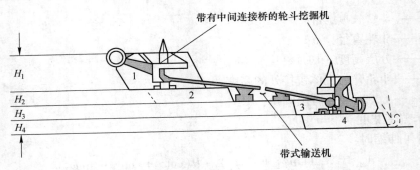

图 3-47　轮斗挖掘机组合台阶最大组合高度时布置方式示意图
1—分台阶 1；2—分台阶 2；3—分台阶 3；4—分台阶 4

组合台阶的最大高度 H_z 由 4 个分台阶组成，可按下式计算：

$$H_z = H_1 + H_2 + H_3 + H_4 \tag{3-38}$$

式中　H_1——第一个上挖台阶高度，$H_1 = H_{sw}$，m；

H_2——转载机站立水平允许低于轮斗挖掘机站立水平的高度（对于悬臂转载机则为最大的向下的转载高度），m；

H_3——转载机站立水平允许高于轮斗挖掘机站立水平的高度（对于悬臂转载机则为最大的向上的转载高度），m；

H_4——下挖台阶高度，$H_4 = H_{xw}$，m。

斗轮臂可伸缩时，采掘带宽度计算见式（3-33）。斗轮臂不可伸缩时，采掘带宽度计算见式（3-34）。

采用组合台阶优势主要表现在：充分发挥轮斗线性参数；充分发挥轮斗可上、下挖掘作业，可向上、下转载的特性；加大工作帮坡角；减少工作面输送带条数；工作系统的作业效率高。

E　生产能力计算

轮斗挖掘机的年实际能力以小时实际能力和年实际工作小时数为基础。

a　小时实际能力

（1）小时理论能力（松方能力）。

$$Q_t = 60EN_s$$

或

$$Q_t = 60 \times 0.8 t_{max} h V_0 \tag{3-39}$$

式中　E——铲斗容积，m^3；

N_s——每分钟卸载斗数；

V_0——斗轮臂回摆速度，m/min；

h——切片高度，m；

t_{max}——最大切片厚度，m。

（2）小时技术能力（实方能力）。

$$Q_j = Q_1 \frac{k_m}{k_s} \tag{3-40}$$

式中　Q_j——小时技术能力，m^3/h；

　　　Q_1——小时理论能力，m^3/h；

　　　k_m——满斗率；

　　　k_s——松散系数，一般 $h_s = 1.1 \sim 1.4$，煤 $k_s = 1.6 \sim 1.8$。

（3）小时实际能力。

$$Q_s = Q_j k_T \tag{3-41}$$

式中　k_T——工作面时间利用率，带式输送机运输时 $k_T = 0.8 \sim 0.83$。

$$k_T = \frac{T_w}{T_w + T_B} \tag{3-42}$$

式中　T_w——轮斗挖掘机挖掘时间；

　　　T_B——单位时间内调幅、移动时间（不挖掘时间）。

　b　年实际能力

$$Q_{SN} = Q_S N_S T_S \tag{3-43}$$

式中　N_S——年实际工作天数，d；

　　　T_S——每天实际工作小时数，h。

3.3.3.3 拉铲作业

拉铲铲斗挖掘物料时，主要靠铲斗的自重下落力和牵引钢绳的拉力。因此，拉铲主要用来挖掘松散的或固结不致密的松软土岩、砂子及有用矿物，或是爆破质量较好、块度均匀的中硬矿岩。因为拉铲机械尺寸较大、下挖深度较大和生产能力大，要求的工作空间较大，有利于下挖作业。但是，因拉铲挖掘力小，不适用于较硬矿岩或爆破质量差的矿岩。

　A　拉铲工作参数

拉铲工作参数如图 3-48 所示。

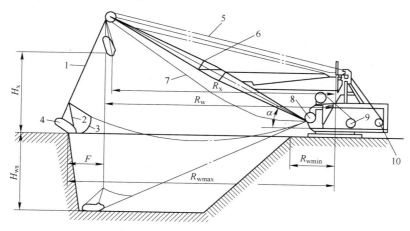

图 3-48　拉铲工作参数示意图

1—提斗链；2—卸斗钢绳；3—牵引链；4—铲斗；5—提升钢绳；6—悬臂；7—牵引钢绳；
8—导轮；9—牵引滚筒；10—提升滚筒；F—铲斗外抛距离；α—悬臂倾角

挖掘半径 R_w：拉铲回转中心至铲斗斗齿齿缘间的水平距离。

最大挖掘半径 R_{wmax}：铲斗外抛后，所能挖掘的最大半径。

站立水平最小挖掘半径 R_{wmin}：拉铲回转中心至工作面坡顶线的最小水平距离。

卸载半径 R_x：拉铲回转中心至卸载铲斗中心的水平距离。

卸载高度 H_x：卸载时铲斗齿缘至拉铲站立水平的垂直距离。

挖掘深度 H_{ws}：下挖时铲斗齿缘至拉铲站立水平的垂直距离。

B 拉铲作业工作面参数

拉铲的基本作业方式分为下挖作业和上挖作业。

a 拉铲下挖作业

拉铲站在台阶顶盘上，铲斗由下而上挖掘站立水平以下的物料，如图 3-49 所示。

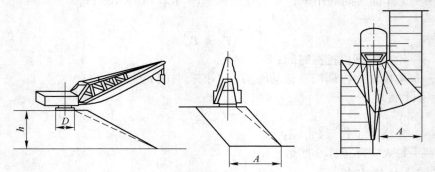

图 3-49 拉铲下挖作业示意图

D—拉铲走行部位宽度；h—台阶高度；A—采掘带宽度

计算拉铲实体采宽方法有经验公式法（A_s）、运输设备占用宽度法（A_r）、拉铲最大采宽法以及拉铲最小采宽法（A）等。

（1）经验公式法。

$$A_s = (0.4 \sim 0.7) R_x \tag{3-44}$$

式中 A_s——拉铲采宽，m；

R_x——拉铲最大卸载半径，m。

（2）运输设备占用宽度法。

汽车在工作面调车方式有回转式与折返式两种，如图 3-50 所示。

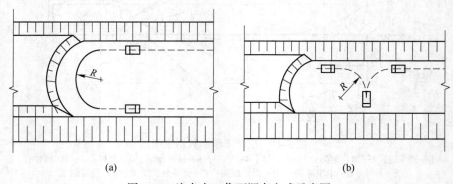

(a) (b)

图 3-50 汽车在工作面调车方式示意图

（a）回转式调车；（b）折返式调车

汽车在采煤台阶采用回转式调车：

$$A_r = 2C + 2R_a + K_a \qquad (3\text{-}45)$$

汽车在采煤台阶采用折返式调车：

$$A_r = 2C + R_a + 0.5K_a + 0.5L \qquad (3\text{-}46)$$

式中　C——采煤台阶坡底线或内排土场坡底线距道路边缘的安全距离，取 $C = 2.0\text{m}$；

　　　K_a——汽车车体宽度，m；

　　　L——汽车车体长度，m；

　　　R_a——汽车调车半径，m。

（3）最大（最小）挖掘半径计算采宽法。

$$A = R_w(\sin\sigma_1 + \sin\sigma_2) \qquad (3\text{-}47)$$

且

$$R_w\sin\sigma_1 \geqslant \frac{1}{2}D + H(\cot\gamma - \cot\alpha)$$

式中　σ_1——悬臂中心线相对拉铲中心线向采区一侧回转角度，$\sigma_1 = 30° \sim 45°$；

　　　σ_2——悬臂中心线相对拉铲中心线向台阶内侧的回转角度，$\sigma_2 \leqslant 30° \sim 35°$；

　　　R_w——拉铲挖掘半径，m；

　　　D——拉铲行走部位宽度，m；

　　　H——台阶高度，m；

　　　γ——台阶坡面自稳角，(°)；

　　　α——台阶稳定坡面角，(°)。

b　拉铲上挖作业

拉铲站在台阶底盘上，铲斗由上而下挖掘站立水平以上的物料，如图 3-51 所示。倒堆时，为了防止矿岩滑落，工作面坡角一般小于 25°。

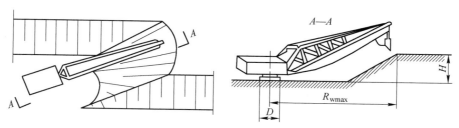

图 3-51　拉铲上挖作业时的工作面形状

R_{wmax}—最大挖掘半径；D—拉铲行走部位宽度；H—台阶高度

（1）采掘带宽度。

$$A = R_w(\sin\sigma_1 + \sin\sigma_2) \qquad (3\text{-}48)$$

且

$$R_w\sin\sigma_1 \geqslant \frac{1}{2}D + H(\cot\gamma - \cot\alpha)$$

式中　σ_1——悬臂中心线相对拉铲中心线向采区一侧回转角度，$\sigma_1 = 30° \sim 45°$；

　　　σ_2——悬臂中心线相对拉铲中心线向台阶内侧的回转角度，$\sigma_2 \leqslant 30° \sim 35°$；

　　　R_w——拉铲挖掘半径，m；

　　　D——拉铲行走部位宽度，m；

H——台阶高度，m;

γ——台阶坡面自稳角，(°);

α——台阶稳定坡面角，(°)。

（2）台阶高度。

$$H \leq (0.5 \sim 0.7) H_x \qquad (3\text{-}49)$$

式中 H——台阶高度，m;

$\quad\ H_x$——拉铲卸载高度，m。

c 上挖与下挖联合作业

拉铲上挖与下挖联合作业时，如图 3-52
所示。拉铲布置在中间平台上，交替地进行上
挖和下挖作业，可以有效地利用大型拉铲的线
性参数，加大总的采掘高度。

（1）采掘带宽度。

$$A_s = A_x = R_w(\sin\sigma_1 + \sin\sigma_2) \quad (3\text{-}50)$$

且 $R_w\sin\sigma_1 \geq \dfrac{1}{2}D + H(\cot\gamma - \cot\alpha)$

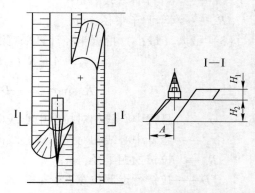

图 3-52 拉铲上挖与下挖联合作业示意图
A—采掘带宽度;H_1—上分台阶高度;
H_2—下分台阶高度

式中 σ_1——悬臂中心线相对拉铲中心线向
采区一侧回转角度，$\sigma_1 = 30° \sim$
$45°$;

$\quad\ \sigma_2$——悬臂中心线相对拉铲中心线向台阶内侧的回转角度，$\sigma_2 \leq 30° \sim 35°$;

$\quad\ R_w$——拉铲挖掘半径，m;

$\quad\ D$——拉铲行走部位宽度，m;

$\quad\ H$——台阶高度，m;

$\quad\ \gamma$——台阶坡面自稳角，(°);

$\quad\ \alpha$——台阶稳定坡面角，(°)。

（2）台阶高度。

$$H = H_1 + H_2 = H_{ws} + (0.5 \sim 0.7)H_x \qquad (3\text{-}51)$$

式中 H——台阶高度，m;

$\quad\ H_1$——上分台阶高度，m;

$\quad\ H_2$——下分台阶高度，m;

$\quad\ H_{ws}$——挖掘深度，m。

C 拉铲生产能力

与单斗挖掘机相同，年生产能力为

$$Q_{wn} = E \frac{K_m}{L_s} n T_N \eta_T \qquad (3\text{-}52)$$

式中 n——每小时挖掘循环数;

$\quad\ T_N$——年计划作业小时数，h;

$\quad\ \eta_T$——时间利用系数。

挖掘循环过程包括铲斗满斗提升、回转、卸载以及卸载后反转铲斗并把它对准工作面下挖位置。

3.3.3.4　前端装载机作业

前端装载机简称前装机，又称铲车，是一种由柴油发动机（或柴油发动机—电动轮）驱动，采用液压操作，具备采装、短距离运输、排弃和其他辅助作业能力的多功能装运设备。前装机采装物料后做短距离移运，可以向汽车装车，向铁道上的自翻车装车，配合溜井、转载平台及破碎机等装车，作业灵活方便。除向运输容器装载外，还可以进行自铲自运、牵引货载以及清理工作面等作业。

前装机的行走部分有轮胎式和履带式两种，以前者使用为最多。斗容 $3.8 \sim 4.6 \mathrm{m}^3$ 的轮胎式前装机在一定的条件下可代替斗容为 $1.9 \sim 4.2 \mathrm{m}^3$ 的单斗挖掘机，成为露天矿主要采装设备之一。

轮胎式前装机的机身结构有两种基本型式，即铰接式和整体式。前者装载机的前轮和工作机构能折转一定角度，转弯半径比整体式小，行驶较灵活。图 3-53 为铰接式前装机外形图。

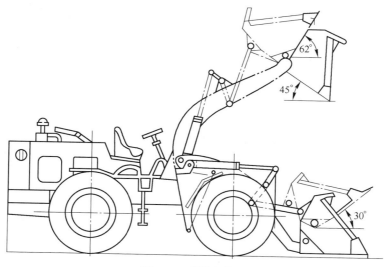

图 3-53　前装机简图

轮胎式前装机的操作工艺为：铲臂下放，使铲斗处于水平位置，在装载机插入力的推动下插入矿（岩）堆。铲斗向上提起一定角度，铲取矿（岩）石后，铲臂连同铲斗举起一定高度。前装机驶向卸载地点。铲斗向下翻转一定角度卸载。前装机返回装载地点，并将铲斗下放至初始位置，然后重复同样操作工艺。

轮胎式前装机在露天矿可以用于以下几种情况：中小型露天矿用前装机作为主要采装设备直接向自卸汽车、铁路车辆等进行装载；当运距不大时，作为主要采装运输设备取代挖掘机和自卸汽车，将矿石直接运往溜井、铁路车辆的转载平台及排土场等；在大型露天矿用作辅助设备，如清理台阶、建筑道路，平整排土场等；代替挖掘机和自卸汽车掘进露天堑沟，可大大减少堑沟宽度和掘沟工程量，提高掘沟速度。

前装机生产能力计算如下：

$$Q_c = \frac{3600EK_mT\eta}{tK_s}$$

(3-53)

式中　　T——班工作小时数，h/班；

　　　　η——班时间利用系数；

　　　　t——前装机的作业循环时间，min。

$$t = t_e + t_{ye} + t_{yq} + t_x$$

(3-54)

式中　　t_e——装载时间，10~12s；

　　　　t_x——卸载时间，3~4s；

　　　　t_{ye}——重载运行时间，s；

　　　　t_{yq}——空载运行时间，s。

3.3.4　运输作业与设备

露天矿的运输任务是通过一定的运输方式和运输组织，把露天采矿场内的矿石和岩石分别运至受矿地点和排土场，把炸药和有关设备材料运至工作场地，运送人员等。我国露天矿常用的运输方式有：铁路运输、公路运输、斜坡卷扬和平硐溜井运输。运输方式的选择是否合理，运输组织工作的好坏，直接影响着矿山建设期限、投资额、矿山生产能力、装运设备效率以及运输成本等。特别是在运输量比较大，运输条件比较困难的情况下，运输工作往往成为生产的薄弱环节。因此，需要正确地选择运输方式和运输设备，切实提高线路质量并合理地配设线路，更好地加强运输组织工作。

3.3.4.1　铁路运输

铁路运输是早期露天矿广泛采用的一种运输方式，它分为标准轨运输和窄轨运输两种。前者用于大型露天矿，其轨距为1435mm；后者适于中、小型露天矿，常用的轨距有762mm、750mm、610mm和600mm。

A　机车和车辆

标准轨铁路运输，广泛采用直流电机车运输。电机车操作简单，起动快速平稳，制动灵敏，爬坡能力强（可在35‰~40‰（2°~2°18′）的坡道上运行），掘沟工程量少，牵引能力大，运输成本低。但是，电机车运输需设架电线和牵引变电所，电机车造价较高，所以这种运输的基建投资较大。

B　运输线路

运输线路质量对运输工作影响很大，并间接影响到其他生产工艺。线路质量差经常会引发掉道事故，从而使运输工作不能正常进行、列车运行速度降低、运输设备磨损严重寿命缩短；同时，线路质量差还会造成向采掘工作面和排土场供车不及时等问题，是采装和排土工作效率下降的重要原因之一。因此，对运输线路的要求是：路基要稳固；转弯处和换坡点（即由一种线路坡度变到另一种线路坡度过渡的地方）行车平稳安全；线路的养护工作制度完善。

为保证行车安全，调剂车流，加大线路通过能力，通常用分界点（车站、会让站、线路所及色灯信号机等）把线路系统划分成区间。对一定的线路系统来说，通过区间的列车数越多，运输能力就越大，露天矿的生产能力也越高。反之，生产能力越低。单位时间内通过线路区间的列车对数（重、空车各一列）称为线路通过能力。列车在单位时间内通过线路区间的货载量则称为线路的运输能力。线路的通过能力或运输能力是按照运输条件最困难的区间来确定的，这个区间称为限制区间。在限制区间内造成行车困难的原因较多，或者线路长度大、坡陡、弯道多，或者需要通过的列车数量多，或者线路数目少。

限制区间的线路通过能力 N 为

$$N = \frac{1440Pk}{t_1 + t_2 + 2\tau} \tag{3-55}$$

式中　P——区间的线路数；

　　　k——线路利用系数，$k = 0.8 \sim 0.9$；

　t_1，t_2——空重车占用区间的时间，min；

　　　τ——通信联络时间，min。

限制区间的运输能力 G 为

$$G = Nng \tag{3-56}$$

式中　n——每列车的翻斗车数；

　　　g——翻斗车的有效载重量，t。

C　工作平盘配线

根据矿床的开拓运输系统，工作平盘配线方式可分为尽头式（对向行车）和环行式（同向行车）。尽头式配线如图3-54（a）、（b）所示，空车进入工作面装载，重车沿原线路开出。这种配线方式可减少露天矿的剥岩量和线路工程量，但列车的入换时间较长，挖掘机利用率降低。环行配线见图3-54（c）、（d）。空车由入车口进入工作面，重车经出车口开出。这种配线方式的优缺点与尽头式配线方式恰好相反。

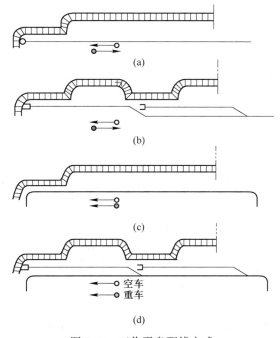

图 3-54　工作平盘配线方式

（a）尽头式单线配线方式；（b）尽头式双线配线方式；（c）环行式单线配线方式；（d）尽头式双线配线方式

当工作台阶长度不大，且只有一台挖掘机工作时，工作平盘可设单线，这时，平盘宽度小，可使同时开采的台阶数增多。如果工作台阶长度大，划分成几个采区同时开采，为了提高各采区的装运效率，工作平盘可设双线（一条装车线、一条行车线），这时，平盘较宽，同时开采的台阶数较少。

D　车铲比

在良好的线路质量、相应的配线方式和合理的运输组织的情况下，必须向工作面供应足够的车辆，以提高挖掘机的利用率，每台采掘设备所必须配备的列车数，称为车铲比 X_B。

$$X_B = \frac{Q_{bs}\gamma}{ngM} \qquad (3-57)$$

式中　Q_{bs}——挖掘机班生产能力，$m^3/(台·班)$；

　　　　γ——矿石或岩石的容重，t/m^3；

　　　　n——一列车的翻斗车数；

　　　　g——翻斗车的有效载重量，t；

　　　　M——列车在班工作时间内的运输次数。

露天矿采用标准轨运输的优点有：运输能力大；经济合理的运距较长；运输设备坚固耐用。其缺点是：线路的允许曲线半径大（$100 \sim 120m$），在相同的条件下，比其他运输方式的线路长度和土石方工程量大，钢材耗用量多，因此投资大，基建时间和新水平准备时间长；应用范围受地形和矿床埋藏条件的限制；工作灵活性小，运输组织工作复杂；当进入深部开采时，列车折返换向次数多，因而运输效率显著下降。我国早期建设的露天煤矿多采用铁道运输，新建露天煤矿基本不再采用该种运输方式。

3.3.4.2　公路运输

目前露天矿的公路运输设备广泛采用的是汽车运输，尤其是电动轮自卸车运输已经成为主要运输工具。

A　汽车运输的应用

由于铁路运输存在线路的允许曲线半径大、应用范围受地形和矿床埋藏条件的限制、工作灵活性小等缺点，自卸汽车运输在当前露天矿生产中发展较快。自卸汽车运输是20世纪40年代发展起来的，其优越性如下：曲线半径小，最小曲线半径是标准轨运输的 $1/10 \sim 1/8$，爬坡能力大，重载上坡的坡度可达 $10\% \sim 15\%$ 以上，比铁路运输大 $3 \sim 5$ 倍，修筑公路的长度比修筑铁路的长度少 $30\% \sim 50\%$。因此，可加快建设速度；一般年产矿石量300万吨以上的露天矿，用汽车运输比用铁路运输的建设期限可缩短 $1 \sim 2$ 年；灵活性大，在建设初期可适应各种复杂地形，特别是对于开采埋藏条件复杂分散和窄小的矿床，采用汽车运输更为有利；在生产中能与采区采装设备有效配合，使采装效率提高，若与斗容为 $4m^3$ 的挖掘机配套时，完成的年产量可比铁路运输提高 $20\% \sim 40\%$，可缩短采区长度，使台阶上同时工作的挖掘机数增加，工作线推进速度较快；新水平的准备工作量少，准备时间短，因此露天开采的年下降速度比用铁路运输时大一倍左右；基建投资少，修建每公里公路的投资仅为修建铁路的 $1/4$ 左右；运输组织工作简单。

虽然汽车运输的优越性显而易见，但也还存在一些问题。例如：在质量差的公路上运行，汽车运输轮胎磨损快；另外，汽车运输受气候条件影响较大，使运输效率低；其次，汽车运输的经济合理运距较短，一般为 1.5~2.0km，最大不超过 3km。

汽车载重量与挖掘机斗容之间的配合是否合理，对挖掘机的效率影响很大。一台 8m³ 挖掘机用 40t 汽车配套的挖掘机效率比用载重量为 75t 汽车配套时的生产效率只有 66.6%，而用 27t 汽车配套时则降为 34.7%。

根据矿山使用经验，为提高挖掘机效率，减小行车密度，每车装 3~5 铲斗比较合适。汽车与挖掘机的配合关系可参考表 3-9。在合理运距范围内，每台挖掘机需配备 3~5 辆汽车。

表 3-9 汽车与挖掘机的配合关系

挖掘机斗容/m³	汽车载重量/t
1	8~10
2	12~20
4	25~40
5	30~50
6	35~60
8	50~80
10	60~100

B 汽车在工作平盘上的运行方式

汽车在工作平盘上的运行方式有同向行车、折返行车和回返行车。同向行车，图 3-55（a）是在分别有进出口的条件下应用。折返行车，图 3-55（b）是汽车在工作面换向倒退至装车地点。而回返行车，图 3-55（c）是汽车在工作面回返换向。它们都是在只有一个进出口的条件下应用，需要设双车道，但由于换向方式不同，调车时间和所占工作平盘宽度也有差异，折返行车的调车时间较长，所占工作平盘较小，回返行车却恰好相反。这两种运行方式，要根据生产中的实际工作平盘宽度灵活应用。

C 电动轮卡车运输

电动轮卡车是在汽车运输的基础上发展起来的运输设备。它用柴油机-直流发电机组供电，电动机驱动的自卸卡车。与汽车比较，电动轮卡车爬坡速度大；结构简单，操作及维护保养方便；起动平稳；采用电与压气制动，安全可靠。但需要设计制造专用防水性强、体积小、重量轻的直流发电机和直流电动机，以适应电动轮卡车运输的要求。由于这种运输设备具有独特的优越性，它是有发展前途的。目前，在露天矿生产中已广泛使用。

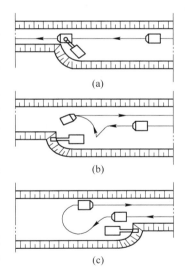

图 3-55 汽车在工作平盘上的运行方式
（a）同向运行；（b）折返行车；（c）回返行车

D　汽车运输能力

（1）台班能力。

$$P_b = \frac{60Tq}{t_{zq}} K_q \tag{3-58}$$

式中　P_b——汽车台班运输能力，$m^2/$班；

　　　　T——每班作业时间，h；

　　　　q——汽车斗容或载重，m^3 或 t；

　　　　K_q——斗容或载重量利用系数。

（2）年运输能力。

$$P_n = T_n P_b \tag{3-59}$$

式中　P_n——汽车年运输能力，m^3/a 或 t/a；

　　　　T_n——年实际工作班数，班。

（3）汽车台数确定。

1）出动作业台数：

$$N_c = \frac{KA}{P_n} \tag{3-60}$$

2）在籍台数：

$$N_z = \frac{N_c}{\eta_c} \tag{3-61}$$

式中　N_c——出动作业汽车台数，台；

　　　　N_z——在籍汽车台数，台；

　　　　K——产量波动系数，取 $K = 1.15 \sim 1.20$；

　　　　A——露天矿年剥离量或采矿量，$m^3(t)/a$；

　　　　η_c——汽车出动率，取 $0.5 \sim 0.8$。

E　汽车运输技术经济指标

汽车运输技术经济指标主要包括运量、运距、加权平均提升高度以及单位运输成本。其中，因各个平盘的运距和提升高度不同，计算时采用某时期的加权平均运距和加权平均提升高度。

（1）运量：在露天矿运输系统中，线路系统设计时应考虑自坑内下部至上部的运输量逐渐增大的特点，使最上部运输线路通过能力大于总运输量，有关计算参照《露天矿线路工程》。

（2）加权平均运距：

$$L_Q = \sum_{i=1}^{n} L_i Q_i \bigg/ \sum_{i=1}^{n} Q_i \tag{3-62}$$

式中　L_Q——某时期的加权平均运距，km；

　　　　L_i——各水平至卸载点运距，km；

　　　　Q_i——各水平运量，m^3。

（3）加权平均提升高度：

$$H_Q = \sum_{i=1}^{n} H_i Q_i \bigg/ \sum_{i=1}^{n} Q_i \tag{3-63}$$

式中 H_Q——某时期的加权平均提升高度，m；

H_i——各水平至卸载点提升高度，m；

Q_i——各水平运量，m³。

（4）单位运输成本：

$$q = \frac{c}{V}$$ （3-64）

式中 c——运输费用总和，元/a；

V——年运输量，m³。

3.3.4.3 带式输送机运输

带式输送机运输是一种连续运输方式，多与轮斗挖掘机组成连续开采工艺，或通过破碎机转载站配合运送物料。该种运输方式主要适用于松软物料或者经过破碎机破碎后块度小且均匀物料的输送，具有运输作业连续、运输能力大、爬坡能力大、生产效率高以及运输成本低于汽车运输等优点，但存在设备投资高、对运送物料要求严、适应性差、受气候影响大以及胶带易损坏等缺点。

A 带式输送机结构及参数

a 带式输送机结构

带式输送机由胶带、托辊、驱动装置、拉紧装置和辅助设备等组成。其中，胶带既是承载部件，又是牵引机构，由带芯和覆盖胶组成，覆盖胶一般为天然橡胶，而带芯有两种，一种是帆布芯层或尼龙芯层，另一种是钢丝绳芯层；托辊分为平行单辊式与槽型三辊式，前者多用于下部回转段的托辊，后者多用于上部承载的托辊；驱动装置主要包括电动机和传动滚筒，胶带两端均设置滚筒，有双筒驱动和单筒驱动两种；拉紧装置是保证胶带有一定的张力，与滚筒间产生足够的摩擦牵引力，常用类型有机械式和重锤式两种；辅助设备包括装载设备、卸载设备、转载设备以及分流设备等。

b 带式输送机参数

带式输送机的主要参数有带宽与带速。矿用带宽 B 一般为 0.6~3.2m。带宽越大，物料运送能力越大，对物料块度的限制越小。通过下式计算选择带宽：

$$B = \sqrt{\frac{Q}{Kv\gamma k_\beta}}$$ （3-65）

式中 Q——带式输送机小时运送能力，t/h；

v——带速，m/s；

γ——物料堆积密度，t/m³；

k_β——带式输送机爬坡时倾角系数，见表3-10；

K——输送带上物料断面系数，与堆积断面形状有关。

表 3-10 倾角系数

倾角 β/(°)	≤6	8	10	12	14	16	18	20	22
k_β	1.0	0.96	0.94	0.92	0.90	0.88	0.85	0.81	0.76

求得 B 值后，应在 500mm、600mm、800mm、1000mm、1200mm、1400mm、1600mm、

1800mm、2000mm 等标准值中，选取相近的标准值，且满足：

$$B \geqslant 2d_{max} + 200 \tag{3-66}$$

式中　d_{max}——物料最大线性尺寸，mm。

国内采用的标准带速有 1.25m/s、1.6m/s、2.0m/s、2.5m/s、3.15m/s、4.0m/s 和 5.0m/s 等。

B　带式输送机的装载设备、转载设备和分流设备

装载设备主要是用来正确引导货流，使物料对中而不偏载，分为移动式和固定式两大类。移动式装载设备沿带式输送机机身移动，一般用于电铲装载时，同时必须设有一定容量的装载仓，以保证物料运输的连续性。固定式装载设备通常设在带式输送机的机尾端。

转载设备是在采掘设备与工作面带式输送机之间、排土机与排土场带式输送机之间、带式输送机与带式输送机之间加设一台自行式转载机。这样可以减少工作面带式输送机的移设次数，并且可减少工作面带式输送机个数，或用于组合台阶开采时几个水平的工作面共用一条带式输送机。

分流设备用于煤岩混杂工作面的煤岩分离或均衡各带式输送机的运量，有悬臂回转式、分岔溜槽式和滚筒台车式三种，如图 3-56 所示。

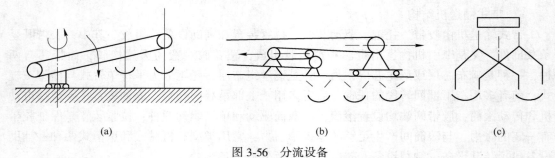

图 3-56　分流设备
(a) 悬臂回转式；(b) 分岔溜槽式；(c) 滚筒台车式

分流设备的布置有分散式与集中式两种。分散式分流站设置在采场每一水平对应的干线带式输送机上，多采用悬臂回转式分流设备，适用于运量小、赋存浅的露天矿。集中式分流站设置在出入沟干线带式输送机的某一水平上，宜尽量接近内排重心，以减小运距，多采用滚筒台车作为分流设备，用于运量大、开采水平多的露天矿。

C　移动式破碎机及其在工作面的配置

在具有较坚硬矿岩的露天开采中，需用单斗挖掘机进行采掘。如果用带式输送机运输，则需在物料装入带式输送机前增加移动式破碎机，使矿岩经破碎后用带式输送机运送。移动式破碎机一般由装载矿仓、给矿机、破碎装置、转载带式输送机、卸载带式输送机和行走机构组成，其中装载仓是在连续破碎物料时暂存矿岩，仓容为单斗挖掘机斗容 2～3 倍以上；给矿机多为刮板式，起运输作用；破碎装置有锤式、反击式、回转式等类型的破碎机；行走机构多为履带式、迈步式、轮胎式和轨道式。

移动式破碎机的破碎比大于 1：10 时的生产能力计算：

$$Q = \frac{P - 225}{0.09} \tag{3-67}$$

式中　Q——破碎机能力，t/h；

　　　P——破碎机功率，kW。

移动式破碎机破碎比小于 1 : 10 时的生产能力计算：

$$Q = \frac{P - 42.3}{1.35} \tag{3-68}$$

式中　Q——破碎机能力，t/h；

　　　P——破碎机功率，kW。

一般而言，每台单斗挖掘机配一台破碎机，中间可设置一台转载机。工作面配置单斗挖掘机—移动式破碎机—装载机—带式输送机系统，如图 3-57 所示。

D　工作面带式输送机的移设

工作面带式输送机需定期移设，一般采用不拆卸的整机移动方式。移设用移设机，如图 3-58 所示。

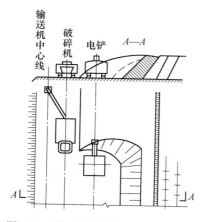

图 3-57　移动破碎机在工作面的布置

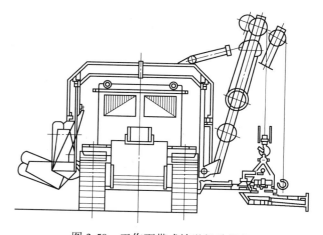

图 3-58　工作面带式输送机移设机

移设时，先放松胶带，用移设机夹轨器夹住带式输送机钢轨的轨头，并提高 15～20cm；然后，移设机向移设方向回转一定角度，使钢轨向移动方向凸出 0.5～1.5m；移设机再沿轨道做直线行驶，带式输送机被推动一个步距。此过程中，带式输送机机头部分依靠自身的动力装置或移设机与机身同步移动。

3.3.4.4　联合运输

如前所述，露天矿常用的单一运输方式有铁道运输、汽车运输和带式输送机运输。对于大、中型露天矿，单独地应用任何一种运输方式，都存在着自身难以克服的缺点。为此，露天矿可采用两种及以上运输方式相结合的联合运输方式，对不同的运输环节或运输部分采用不同的运输方式。

3.3.5　排岩作业与设备

露天开采必须剥离大量的围岩和表土，要及时地运至堆置废石和表土的排土场。排土场的位置与占用农田情况、开拓运输系统、地面布置、采掘运输设备效率、排土工作效率以及矿石成本等有关。因此，选择排土场时必须遵循一定的原则。首先，排土场应选在山坡荒地，少占耕地；其次，要考虑到造田补地的可能性；再次，在不妨碍矿山生产发展和边坡稳定的条件下，排土场应尽可能地靠近露天采矿场，充分利用山坡峡谷分散堆置以缩短运输距离；最后，排土场一般应设在居民集中点的主导风向的下风侧地带。

根据排土工作使用的设备不同，有排土犁排土法、挖掘机排土法、推土机排土法等。在排土量不大的小型露天矿中可用小型机械排土。此外，人造山排土法也获得了良好的效果。

3.3.5.1 排土犁排土法和挖掘机排土法

A 排土犁排土法

排土犁是一种行走在轨道上的排土车辆，由犁板、保护板、操纵器和机体组成，如图3-59所示。排土犁用机车牵引，操纵犁板所用的压气也是由机车供给。工作时根据岩土性质，使犁板张开一定角度，随着排土犁在轨道上的移动，犁板就把排土台阶上部堆置的岩土推到台阶下部。

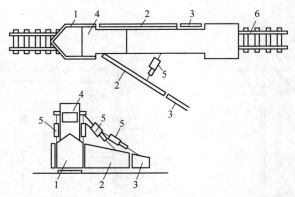

图3-59　排土犁示意图

1—前部保护板；2—大犁板；3—小犁板；4—司机室；5—汽缸；6—铁道

图3-60是排土犁排土的工艺过程。排土工序为：列车翻土和排土犁排土交替进行多次，一直到排土犁犁板不能再推土为止，然后修整平台，考虑到台阶下沉，使新坡顶线比旧坡顶线高出0.3~0.5m，最后用移道机或吊车移道。

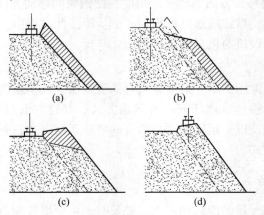

图3-60　排土犁排土工艺过程

（a）列车翻土；（b）排土犁排土；（c）修整平台；（d）移道

B 挖掘机排土法

挖掘机排土工序为：列车翻卸土岩，挖掘机堆垒，铁道移设等。其排土工作面如图3-61所示。将排土台阶分成上下两个分台阶，挖掘机站在下部分台阶的水平面上，车辆位于上部分台阶的线路上，向受土坑翻卸岩土，然后由挖掘机向下部分台阶和上部分台阶堆置。随着堆置的进展，挖掘机沿排土线移动，直到堆完并平整好新的排土带为止，再用吊车移设线路。

C 排土场要素

排土场基本要素包括排土台阶高度 h_p、移道步距 a 和排土工作线长度 L_p（图3-62）。

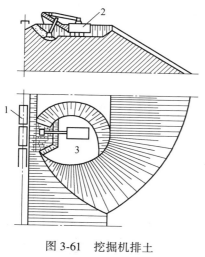

图3-61 挖掘机排土
1—排土列车；2—挖掘机；3—受土坑

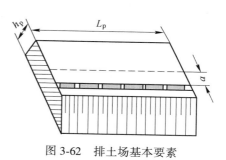

图3-62 排土场基本要素

排土台阶高度对排土效率、排土成本和台阶的稳定性影响很大。确定台阶高度时，要考虑许多因素，如排弃的岩土性质、地质地形条件、气候条件以及所采用的运输排土设备等。在这些因素中应先根据排弃的岩土性质确定，再用其他影响因素进行调整。表3-11为各类岩土的排土台阶高度。

表3-11 各类岩土的排土台阶高度

矿岩类别	排土台阶高度/m	
	排土犁排土法	挖掘机排土法
坚硬块岩	20~30	40~50
混合岩土	15~20	30~40
松散沙土	约10	约12

如果地质条件和气候条件较差时，表3-11中各类岩石的台阶高度应适当降低。移道步距是指由原排土线路至新排土线路的中心间距。其大小是根据使用的排土设备决定的。用排土犁排土时，移道步距为 2~3m；用 WK-3、WK-4、WK-5 等类型挖掘机排土时，移

道步距为21~24m。

　　为了保证排土工作正常进行，并有利于提高排土效率，排土线要有一定的长度，一般为700~800m，但不应小于三个列车的长度。从上述两种排土方法的比较中可以看出，用挖掘机排土时设备效率高；移道步距大，移道工作量少；相邻两次移道的间隔时间比较长，堆置的岩土逐渐沉实，稳定性提高，线路质量较好，行车比较安全，运行速度可适当加快，使排土线得以充分利用；由于稳定性提高，可以相应地增大排土台阶高度。

3.3.5.2　推土机排土法

　　采用汽车运输的露天矿大多数采用推土机排土。推土机排土是一种灵活性大、排土场利用率高、基建投资和经营费用少的排土方法。推土机与汽车运输配合时，排土工艺为汽车翻土、推土机推土和平整上部平盘，如图3-63所示。在中小型窄轨铁路运输的矿山中，也可以采用推土机排土法，其布置形式如图3-64所示。

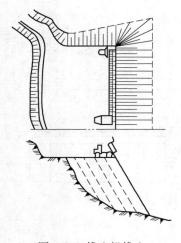

图3-63　推土机推土

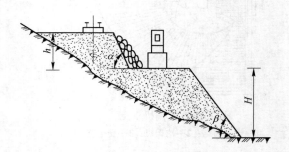

图3-64　窄轨运输推土机排土场

h—翻卸台阶高度；H—排土台阶高度；

α—翻卸台阶坡面角；β—排土台阶坡面角

3.3.5.3　排土机排土法

　　排土机是露天矿连续或半连续开采成套设备的一部分，它与钢绳牵引胶带输送机配套，适于露天矿排土场和料场疏松物料的排弃和堆集用，图3-65为排土机结构图。相对于其他排土方法，由于其作业是连续的，故生产能力大，一次排弃宽度大，辅助作业时间少，自动化程度高。

　　物料由带式输送机转载到排土机上，带式排土机排土（下排或上排），推土机平整工作面及其他辅助作业；带式输送机线移至新位置，开始新的排土循环。

　　A　排土机排土参数

　　a　台阶高度

　　排土台阶高度取决于排土台阶稳定条件和排土机卸料臂的长度。排弃不同的土岩时，考虑排土台阶稳定和设备作业安全，下排台阶高度经验取值如表3-12所示。

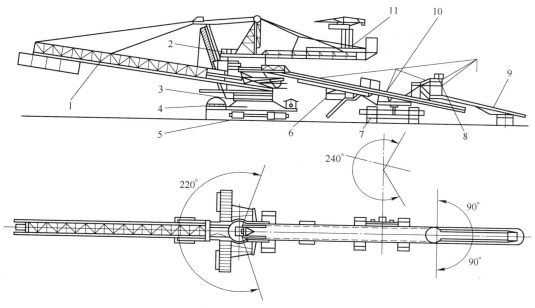

图 3-65 排土机结构图

1—排料臂；2，8—司机室；3—回转装置；4—下部钢结构；5—主机行走装置；
6—维修室；7—支承车行走装置；9—受料臂；10—转载臂；11—配重臂

表 3-12 排土台阶高度及坡面角参考值

排弃物类别	台阶高度/m	台阶坡面角/(°)
砂	40~66	30~33
黏土及砂	35~45	30~33
黏土	20~30	33~40
较湿黏土和砂	10~15	18~25

当所排土岩不够稳定时，卸载中心线应位于台阶坡底线之外，下排分台阶高度受卸载臂水平投影长度限制，如图 3-66 所示，即

$$h_x = \frac{R_x - C}{\cot\alpha} \tag{3-69}$$

式中　h_x——下排分台阶高度，m；

　　　　R_x——排土机卸载半径，它包括卸料臂与机器的联结点到排土机中心的距离、卸载臂长度和土岩从卸载点飞出的距离，m；

　　　　C——排土机中心至台阶坡顶线距离，一般为 15~20m，土岩松软地段应通过稳定计算确定；

　　　　α——台阶坡面角，(°)。

上排分台阶高度主要取决于排土机卸载高度，如图 3-67 所示。

上排分台阶高度 h_{sh} 计算如下：

$$h_{sh} = H_0 - \Delta h \tag{3-70}$$

式中 H_0——排土机卸载高度，m；

$$H_0 = L_x \sin\alpha_0 + C_0$$

L_x——卸载臂长度，m；

α_0——卸载臂倾角，一般为 $10° \sim 14°$；

C_0——卸载臂与机器联结点高度，m；

Δh——排土堆顶与卸载臂端点间的安全距离，一般为 $3 \sim 5$m。

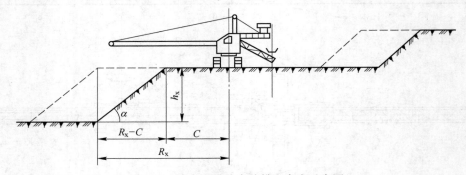

图 3-66   确定下排分台阶排土高度示意图

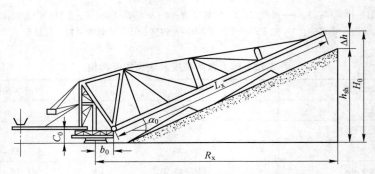

图 3-67   确定上排分台阶高度示意图

b_0—卸料臂与机器的连接点到排土机中心的距离

b   排土带宽度

排土带平行推进时，下排宽度主要取决于排土机卸载臂的外伸距离和自身的安全宽度，如图 3-68 所示。

下排排土带宽度 b_x 按下式计算：

$$b_x = R_x - C \tag{3-71}$$

式中 R_x——排土机卸载半径，m；

C——排土机回转中心至坡顶线的安全距离，m。

上排排土带宽度 b_s（如图 3-69 所示）的计算：

$$b_s = R_x(1 + \sin\varphi) - h_s \cot\alpha \tag{3-72}$$

式中 b_s——上排排土带宽度，m；

R_x——排土机卸载半径，m；

φ——向外侧卸载时，排土机中心线与卸载臂的夹角，$\varphi = 40° \sim 50°$；

h_s——上排分台阶高度，m；

α——台阶坡面角，(°)。

当排土机同时上、下排时，排土带宽度取两者中的较小值。

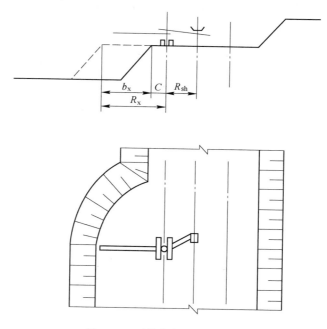

图 3-68　下排宽度计算示意图

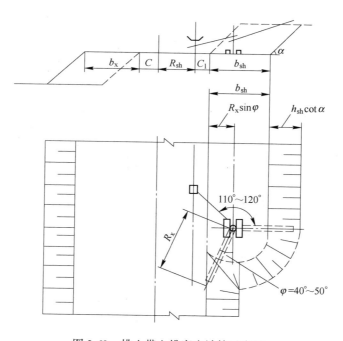

图 3-69　排土带上排宽度计算示意图

c 工作平盘宽度

工作平盘宽度取决于排土带宽度、排土机型式、转载方式和设备本身要求的安全宽度等因素。多台阶同时排土时，为使台阶间工作互不影响，一般应在上下台阶间留有不少于半年的排土富裕宽度。当排土机位于带式输送机两侧进行上、下排土时（如图 3-70 所示），排土平盘宽度 B 可按下式计算：

$$B = b + c + R_{sh} + C_1 \tag{3-73}$$

式中　b——排土带宽度，m；

c——排土机回转中心至下排坡顶线安全距离，m；

R_{sh}——排土机中心至带式输送机中心线间的距离，其值应保证受料臂与带式输送机线间夹角不小于 $20° \sim 30°$；

C_1——带式输送机至上排坡底线的安全距离，可参照表 3-13 选取。

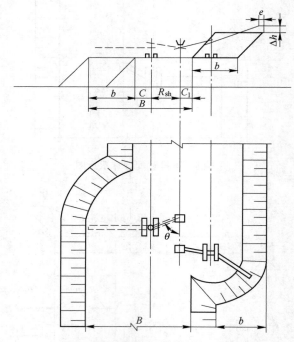

图 3-70　排土工作平盘宽度示意图

表 3-13　不同台阶高度对应的带式输送机至上排坡底线的安全距离

台阶高度/m	10	12	16	20	25	30	40
C_1/m	15	16	18	20	22	24	27

当排土机位于带式输送机线一侧进行上、下排时，如图 3-71 所示，排土平盘宽度可达到最小，即

$$B_{min} = R_x + C_1 \tag{3-74}$$

式中　B_{min}——最小工作平盘宽度，m；

R_x——排土机卸载半径，m；

C_1——排土机中心至上排土台阶坡底线的安全距离，参见表3-13。

当排土机带联结桥或在带式输送机与排土机中间加一台能回转的并带有受料、转载悬臂的转载机时，工作平盘宽度除需考虑联结桥或转载机的受料、转载悬臂的长度外，计算同前。

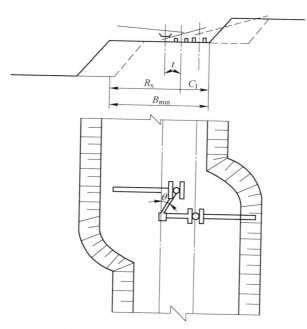

图3-71 最小工作平盘宽度示意图

d 排土线长度 L

为减少带式输送机线移设及其他辅助作业造成的排土机停顿，排土机工作线宜加长，当工作线越长，带式输送机线的总长度越大，这会导致运输设备投资及运费的增加。一般工作线长度为1.0~1.2km。

B 排土机能力和设备数量确定

为保证轮斗挖掘机正常作业，排土机能力一般为斗轮挖掘机能力的1.2倍左右。排土机的实际能力 Q_{sh} 按下式计算：

$$Q_{sh} = \frac{\rho_1 \rho_2 Q_L}{K_s} Tt \tag{3-75}$$

式中 ρ_1——考虑排弃工作面规格、排弃物料性质、排弃工艺组织等因素不同，而取得理论能力转为有效能力的系数，ρ_1 值一般约为0.7左右；

ρ_2——考虑因排土机行走、变幅等自身产生的无产量影响因素而取得有效能力转为实际能力的系数，$\rho_2 = 0.7$；

Q_L——排土机理论能力（松方），m^3/h；

K_s——岩土松散系数；

T——年实际工作天数，$T = T_1 - T_2 - T_3$，d；

T_1——年日历天数，d；

T_2——非工艺影响天数，包括法定假日、检修（如表 3-14 所示）、气候和地质滑
　　　　坡影响等，d；

T_3——工艺影响天数，$T_3 = t_1 + t_2$；

t_1——各工艺环节间的相互影响时间，一般占出动天数的 15%，即 $t_1 = 0.15(T_1 - T_2)$；

t_2——排土工作面带式输送机移设影响天数，移设长度为 1.5 ~ 2km 时，移设时间
　　　　视排土带宽、气候、地基、设备及人员条件不同为 3 ~ 8d。

$$t_2 = \left(\frac{Lb}{nw} + t_0 \right) N$$

式中　L——带式输送机长度，m；
　　　　b——带式输送机移设步距，即排土带宽度，m。

表 3-14　ARs-4400 排土机检修工时

工作班制	检修时间间隔/h					修理时间/d			备注
	运　矿			剥　离		周检	月检	年检	
	周检	月检	年检	月检	年检				
3	110	400	4400	330	3630	0.5	3	30	建议值

3.3.5.4　排土线的发展方式

随着排土工作的进行，排土线的位置在不断地变化，并按照一定的方式发展。其发展
的基本方法有平行、扇形、曲线和环线四种方式，如图 3-72 所示。

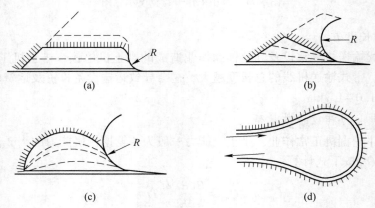

图 3-72　排土线的发展方式
(a) 平行发展；(b) 扇形发展；(c) 曲线发展；(d) 环线发展

平行发展（图 3-72 (a)）是新排土线对旧排土线平行向外移动，移道步距在排土线
上是相等的。

扇形发展（图 3-72 (b)）是排土线的一端固定，然后使线路呈扇形向外移动，移道
步距在排土线上是不等的。考虑到工作安全，列车不能在线路的尽头翻土，所以上述两种
发展方式的排土线长度逐渐缩短，排土场面积不能充分利用。

曲线发展（图 3-72（c））是排土线两端固定，中间部分作曲线向外移动，排土线长度相应增加，所以在实际中应用较广。但是这种发展方式线路铺设较复杂，因为每移设一次线路，都要接轨，而且移道步距也不等。

环线发展（图 3-72（d））是排土线在发展过程中向四周移动。这种发展方式使排土线的长度增加较快，可实现多列车同时翻土。但当某一段线路或某一列车发生故障时，会影响其他列车的翻土工作。这种发展方式常用于在平地建立的排土场。

对于平行和扇形发展的排土场，应采取措施保证排土线长度不缩短，充分利用排土场的面积。

3.4 露天矿生产能力

露天矿生产能力是露天矿山企业的主要指标。它的大小用矿石年产量和矿岩年采剥总量两个指标来表示。

矿石年产量和矿岩年生产能力之间的关系，可以通过生产剥采比进行换算。

$$A_{KY} = A_K(1 + n_S) \tag{3-76}$$

式中 A_{KY}——矿岩年生产能力，t/a；

A_K——露天矿矿石年产量，t/a；

n_S——生产剥采比。

露天矿生产能力是设计和建设露天矿企业的主要依据。例如矿山的职工人数和投资总额、主要设备的类型和数量、供电供水设施等。因此在设计矿山企业时，需对设计任务书中规定的矿山生产能力进行技术可能性和经济合理性的验算，经验算不合理时，则应提出技术上可能和经济上合理的矿山生产能力。

影响露天矿生产能力的因素主要有采矿技术因素和经济因素。属于采矿技术影响因素有：可能同时进行采矿的工作面数；矿山工程延深速度等。

3.4.1 按采矿工作面数确定生产能力

露天矿的生产能力主要由挖掘机的平均生产能力、工作台阶上可能布置的挖掘机台数和同时工作的台阶数目决定。

$$A_K = QN_K n_K \tag{3-77}$$

式中 Q——采矿挖掘机的平均生产能力，$t/（台·年）$；

N_K——采矿台阶上可能布置的挖掘机台数，台；

n_K——同时采矿的台阶数目。

采矿台阶上可能布置的挖掘机台数，决定于一台挖掘机所服务的采区长度（即挖掘机工作线长度）和采矿台阶的工作线长度，可用下式计算

$$N_K = \frac{L_J}{L_C} \tag{3-78}$$

式中 L_J——采矿台阶的工作线长度，m；

L_C——采区长度，m。

同时，采矿的台阶数目主要取决于矿体的厚度、倾角、工作帮坡角和工作线推进方

向。下面以规则层状急倾斜矿体为例进行计算，如图3-73所示。从图3-73可知，采矿工作帮的水平投影长度 L_s 为

$$L_s = \frac{M}{1 \pm \cot\gamma \cdot \tan\varphi} \tag{3-79}$$

式中 M ——矿体水平厚度，m；

       γ ——矿体倾角，(°)；

       φ ——工作帮坡面角，(°)。

式中的正负号当采矿工程从下盘向上盘推进时取"+"，反之，取"-"。

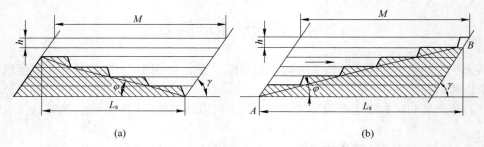

图 3-73   露天矿采矿场推进方向示意图

（a）由下盘向上盘推进；（b）由上盘向下盘推进

当工作平盘宽度相同时，同时可能采矿的台阶数目为

$$n_K = \frac{L_s}{B + h\cot\alpha} \tag{3-80}$$

式中 B ——工作平盘宽度，m；

       h ——台阶高度，m；

       α ——台阶坡面角，(°)。

以上计算只适用于规则层状急倾斜矿体。当矿体形状复杂时，可以用露天矿分层平面图，在图上求出不同位置时的工作线长度，以此来确定可能布置的挖掘机台数。

3.4.2   按采矿工程延深速度确定生产能力

露天矿可采用两个指标表示其开采强度的大小，即工作线推进速度和矿山工程延深速度。前者是指工作线单位时间的水平推进量，后者是指露天矿开段沟沟底单位时间的下降量。它们对露天矿可能达到的生产能力有直接的影响。对于开采埋藏水平或近水平（倾角小于10°）的矿床，工作线推进速度对矿山可能达到的生产能力起主要作用；而对于倾斜和急倾斜矿体来说，矿山工程延深速度则具有实际意义。但两者必须保持相适应的关系。

矿山工程延深速度是根据新水平的准备时间，所完成的延深台阶高度，折合成每年下降进尺。因此它决定于台阶高度和准备一个新水平的时间。

新水平准备时间取决于采用的开拓方法所需的准备工程量及施工程序和方法，如图3-74所示。它应包括向新水平开掘开拓坑道和开段沟的时间以及为了新水平能够掘沟，其上部相邻水平所需完成一定的扩帮量（保证上下水平间有最小平盘宽度）的扩帮时间。

当然，上水平的扩帮与上水平的开段沟掘进以及新水平的掘沟，都可能在时间上有部分重合。因此，矿山工程延深速度与新水平准备的时间关系可用下式表示

$$u = \frac{12h}{KT_1 + T_2}$$ （3-81）

式中　u ——矿山工程延伸速度，m/a；

　　　h ——台阶高度，m；

　　　T_1 ——为保证新水平掘沟，上一水平所需的扩帮时间，月；

　　　T_2 ——新水平掘进开拓坑道及开段沟时间，月；

　　　K ——考虑到 T_1 和 T_2 可能有部分重合的系数。

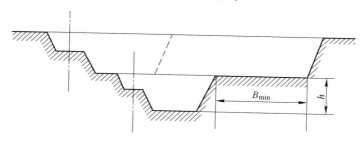

图 3-74　准备新水平时的采准工作量

露天矿矿石生产能力 A_K 与矿山工程延深速度之间的关系为：

$$A_K = \frac{u}{h}P\eta(1 + \rho)$$ （3-82）

式中　A_K ——露天矿矿石的生产能力，t/a；

　　　u ——矿山工程延深速度，m/a；

　　　h ——台阶高度，m；

　　　P ——有代表性的水平分层矿量，t；

　　　η ——矿石回采率，%；

　　　ρ ——废石混入率，%。

从上式可以看出，矿山工程延深速度增大，露天矿工作帮所切割的矿石量增多，从而使矿石产量有可能迅速提高。

思考练习题

3-1　露天开采与地下开采比较有哪些优缺点，露天矿场的构成要素有哪些？

3-2　阐明台阶的概念，台阶的要素有哪些？

3-3　什么是剥采比，在设计和生产中常用的剥采比有哪些，经济合理剥采比是根据什么原则确定的？

3-4　什么是露天矿床开拓，露天矿床开拓一般可分为几种？

3-5　公路运输开拓干线的布置方式有几种，经常使用哪种开拓方式？

3-6　露天矿生产工艺包括哪些？

3-7　露天矿山使用的穿孔设备有哪几种类型？简述各类钻机的适用条件和优缺点。

3-8　绘图说明深孔爆破参数包括哪些，各个参数是根据什么确定的？

3-9　绘图说明挖掘机的工作参数。

3-10　如何计算挖掘机生产能力，提高挖掘机生产能力的措施有哪些？

3-11　轮胎式前装机与单斗挖掘机相比较有哪些优点和缺点？

3-12　露天矿山中采用公路运输（汽车）的优越性是什么？

3-13　简述排土犁排土与挖掘机排土的工艺过程及其优缺点。

3-14　露天矿生产能力用哪些指标表示，影响露天矿生产能力的因素有哪些，属于采矿技术因素的有哪几方面？

3-15　矿山工程延深速度是根据什么确定的？试述按矿山工程延深速度验算生产能力的步骤和方法。

4 选 矿 基 础

4.1 概 述

自然界中的矿石一般品位都较低，除了有用成分外往往还含有一些杂质，不能直接利用，因此，需要用选矿的方法剔除杂质；此外，矿石中往往含有多种有用成分，需要用选矿的方法将其分离成单独的精矿以被进一步利用。

选矿就是利用矿物中不同成分的物理或物理化学性质差异，借助各种选矿设备将矿石中的有用矿物和脉石矿物分离，并使有用矿物相对富集的过程。

4.1.1 矿物与矿石

矿物是地壳中在自然的物理化学作用或生物作用下生成的自然元素（如金、石墨、硫黄）和自然化合物（如磁铁矿、黄铜矿、石英）。在自然界中，除少数矿物为液体（如汞）外，多为固体。

固体矿物都具有一定的晶体结构和物理化学性质。例如磁铁矿呈黑色，结晶为八面体，密度为 $4.6 \sim 5.2 \ kg/m^3$，强磁性，化学成分为 Fe_3O_4 等。这些性质为识别、选分和利用矿物提供了依据。

与选矿有关的矿物性质主要有密度（或比重）、导电性、磁性、润湿性等。比重是矿物的重量与 $4^\circ C$ 时同体积水的重量比值；密度是指单位体积矿物的质量。两者都是重力选矿的依据。导电性是指矿物的导电能力，一般有良导体、半导体和非导体之分。它是电选的依据。矿物的磁性是它被磁铁吸引或排斥的性质。一般矿物可分为强磁性矿物（如磁铁矿等）、弱磁性矿物（如赤铁矿等）和非磁性矿物（如金刚石、赤铜矿等）。矿物磁性是磁选的依据。润湿性是指矿物能被水润湿的性质。易被水润湿的矿物称为亲水性矿物（如石英和方解石）。反之，称为疏水性矿物（如辉钼矿和石墨）。矿物的自然润湿性主要取决于矿物的结晶结构。不同润湿性的矿物具有不同的可浮性，因此，可浮性是浮选的依据。

为提高分选效率，往往还采取人为的方法来扩大矿物物理化学性质的差异。例如，用磁化焙烧的方法改变矿物磁性；用酸和盐类处理矿物表面，选择性地改变矿物的导电率；用各种浮选药剂改变矿物的自然润湿性等。此外，矿物的形状、粒度、颜色、光泽等也往往是某些特殊选矿方法的依据。

在一定的技术经济条件下，可以开采、加工、利用的矿物集合体称为矿石，否则称为岩石。矿物在地壳中分布不均，但在地质作用下，可以形成相对富集的矿物集合体。地壳中具有开采价值的矿石积聚区，通常称为矿床。从矿山开采出来的矿石称为原矿。原矿通常是由有用矿物和脉石所组成。有用矿物就是含有用成分（如 Fe、Cu）的矿物，如

Fe_2O_3、CuS 等。脉石就是原矿中没有使用价值的或不能被利用的部分，如 SiO_2。有用矿物和脉石可以以紧密的实体嵌布或者是疏散的混合物状态存在。

矿石和岩石的概念及其划分，需从技术、经济诸多方面综合衡量。随着国民经济需要的增长和科学技术的发展，更多的岩石可能被升级为矿石。目前我国矿物集合体中含铁量达到20%以上，可作为铁矿石；含铁量小于20%，被划为岩石。地下开采的单一铜矿，若矿物集合体中含铜0.5%以上时就可作为矿石；含铜小于0.5%，则被划为岩石。脉石矿物是否有经济价值也是相对的，可随技术条件及场合的变化而变化。例如，一般矿石中的黄铁矿往往作为伴生矿物而被抛弃，但如果黄铁矿含量较高时，也可选矿回收用来提取硫。同时，黄铁矿和磁黄铁矿中以类质同象的形式含有可以综合利用的钴、镍，也要单独回收黄铁矿以提取钴、镍。此外，当黄铁矿中含有共伴生的贵金属（如金、银等）且贵金属含量达到了可利用标准时，这些贵金属则会通过黄铁矿的浮选被富集，进而为后续的贵金属冶炼节约成本。

矿石的性质是选矿的重要依据。矿石的性质包括矿石的化学成分、矿物组成、结构构造（如颗粒和集合体的大小、形状、分布以及颗粒间的连晶等）、矿石中金属元素的赋存状态、矿石的物理化学性质等。它们都与选矿密切相关。例如，根据矿石的化学成分及矿物组成，可以确定回收哪些有用成分（矿物及元素），去除哪些有害杂质（矿物及元素）；根据矿石的结构构造及有用成分的赋存状态，可以判断磨矿的单体解离粒度，矿石的可选性以及综合利用有用成分的可能性；根据矿石的物理化学性质，可以初步分析适合采用哪些选矿方法，选择最有效的选矿流程以及了解可能影响选别过程的因素等。

矿石的种类很多。按所含元素的性质可分为金属矿石和非金属矿石。按所含金属的种类可以分为单金属矿石（即其中含有一种有价金属），如单一铜矿石或铁矿石；多金属复合矿石（即其中含有两种以上可回收的金属），如铜铅锌矿石、铜钼铁矿石等。按有价成分存在形态可以分成单质、硫化物或氧化物，如含金、铜等自然元素的矿石；硫化矿石，如有用矿物为黄铜矿（$CuFeS_2$）、方铅矿（PbS）、闪锌矿（ZnS）等硫化物的矿石；氧化矿石，如有用矿物为磁铁矿（Fe_3O_4）、赤铁矿（Fe_2O_3）等氧化物的矿石；混合矿石，即既含硫化矿物又含氧化矿物的矿石。按矿石中有价成分的含量，矿石还可分为贫矿和富矿，如磁铁矿矿石，含铁大于45%者为富矿，含铁小于45%者为贫矿。按矿物的嵌布特性，矿石还可分为细粒嵌布和粗粒嵌布、均匀嵌布和不均匀嵌布。一般选别单一矿石、硫化矿石、粗粒嵌布矿石要比选别多金属复合矿石、氧化矿石、细粒嵌布矿石简单。

4.1.2 选矿目的及其在国民经济中的作用

选矿是采矿和冶炼的一个中间环节。它在提高矿石品位使之符合冶炼要求以及合理利用国家资源等方面发挥着重要作用，成为国民经济中一个不可缺少的组成部分。

选矿的目的就是分离有用矿物和脉石矿物，把共生或伴生的有用矿物尽可能地相互分离成为单独的精矿，除去有害杂质，充分、经济、最合理地利用国家矿产资源。但是，除少数富矿外，一般品位都较低。这些矿石若直接冶炼，技术困难，也不经济。因此，冶金对矿石的品位有一定要求。如铁矿石中铁的品位最低不得低于45%~50%；铜矿石中铜的品位最低不得低于3%~5%。因此，对低品位的贫矿石，必须在冶炼前进行选矿。其次，矿石中往往都含有多种有用成分，必须事先用选矿方法将它们分离成单独的精矿才能进一步被利用。矿石中除了有用成分外，往往含有有害杂质，如铁矿石中含有害杂质硫、磷等。这些有害杂质在冶炼前应尽可能用选矿方法去除，否则会使冶炼过程复杂化，影响冶炼产品的质量。此外，选矿还可大量节约矿石的运输费用，特别是对品位较低的矿石。

选矿对发展冶金工业有重要作用。实践表明，为冶炼提供"精料"，可以大大提高冶炼的技术经济指标。例如某冶炼厂将铜精矿品位提高1%，每年可多生产粗铜3135t，节约116万元。目前，我国已要求磁铁矿精矿品位达到65%以上。如果铁精矿品位达到68%以上，还可采用直接炼钢工艺，大大简化冶炼流程。

离子浮选、细菌选矿、高梯度磁选、磁流体静力分选等技术的发展，为低含量元素的回收以及工业"三废"处理、环境保护方面，开辟了新的途径。例如，某矿用螺旋选矿机选别常年积存的磁选尾矿，每年可以为国家生产10万吨铁精矿。选矿技术用于处理电解阳极泥、金属垃圾等都扩大了资源充分利用的领域。

在选矿生产过程中的主要作业，都是借助于选矿机械（破碎机、筛分机、磨矿机、分级机、选别机械和脱水机械）来完成。这类机械设备依靠皮带运输机、给料机、砂泵以及其他辅助设备联系起来，使选矿的生产过程实现综合机械化。在选矿过程中，任一台选矿设备停止运转，都将引起选矿生产的停顿。因此，正确地设计和选择选矿机械，加强机械设备的保养和维修工作，保证每台设备正常运转，对提高选矿过程的技术经济指标有着很大的意义。

4.2 选矿方法及工艺流程

4.2.1 选矿方法

矿石中的各种矿物，都具有各自的物理性质、化学性质和物理化学性质，如：粒度、形状、颜色、光泽、密度、摩擦系数、磁性、电性、放射性、表面润湿性等。根据这些不同的性质，选择不同的方法，将矿石中的有用矿物和脉石矿物、一种有用矿物和其他有用矿物进行分离所采用的方法称为选矿方法。

最常用的选矿方法有重力选矿法、浮游选矿法、磁力选矿法等。重力选矿法是利用矿石中有用矿物和脉石的密度差，以及他们在介质（水、空气、重介质）中运动时的不同速度而使它们分离的一种选矿方法。重选的设备有跳汰机、摇床、溜槽和重介质选矿机等。浮游选矿法是根据各种矿物表面物理化学性质的差别，而使有用矿物与脉石相互分离的选矿方法。浮选是在浮选机中进行。磁力选矿法是根据有用矿物与脉石的磁性不同，而使它们分离的一种选矿方法。磁选是在磁选机中进行。

此外，还有根据矿物的导电性、摩擦系数、颜色和光泽等不同进行的一些其他选矿方法，如静电选矿法、摩擦选矿法、光电分选法等。近年来还出现了细菌选矿法，它主要是利用某些细菌及其代谢产物的氧化作用，使矿石中的金属变成硫酸盐形式溶解出来，适当处理后回收有用金属。

4.2.2 选矿工艺流程

选矿是一个连续的生产过程，由一系列连续的作业所组成。矿石连续加工的工艺过程称为选矿工艺流程。整个选矿过程是由选前准备作业、选别作业和选后脱水作业等组成。

4.2.2.1　选前准备作业

有用矿物在矿石中通常呈嵌布状态。嵌布粒度的大小，通常为几毫米至 0.05mm。目前，露天矿开采的原矿最大块度为 500 ~ 2000mm，地下矿开采的原矿最大块度为 300 ~ 600mm。为了从矿石中选出有用矿物，首先必须将矿石破碎，使其中的有用矿物和脉石单体解离，达到可选粒度的要求。

选别过程所要求的粒度取决于矿石中有用矿物与脉石矿物的嵌布粒度。嵌布粒度越细，要求将矿石粉碎得越细，而合理的破碎粒度必须经过技术和经济的全面比较来确定。目前选矿厂常用粉碎设备一般不能一次将采出的矿石粉碎到单体解离，而需连续多次粉碎。通常，将最终粉碎产品粒度为 5mm 以上的粉碎过程称为破碎；取得更细产品粒度的粉碎过程称为磨矿。诚然，破碎与磨矿的划分是相对的。

破碎和磨矿过程在选矿厂具有极其重要的地位。选矿厂的破碎和磨矿设备基建费几乎占选厂总基建费的一半以上，其生产费用约占选厂总成本的 30% ~ 50%。矿石经粉碎后，有用矿物与脉石矿物的单体解离程度直接影响分选指标。因此，确定合理的粉碎粒度和工艺流程，合理选择、使用、维护破碎和磨矿设备将有利于提高生产能力，减少基建投资节约能耗，降低选矿成本，改善选矿指标。

选前准备工作通常由破碎筛分作业和磨矿分级作业两个阶段进行。破碎机和筛分机多为联合作业，磨矿机与分级机常组成闭路循环。它们分别是组成破碎车间和磨矿车间的主要机械设备。

A　破碎筛分作业

破碎是指将块状矿石变成粒度 1 ~ 5mm 产品的作业。粗粒嵌布的矿石（矿物的粒度为几毫米）经破碎后即可进行选别。

选矿厂最终破碎粒度是结合磨矿作业来考虑的，为了使破碎与磨矿总成本达到最低，最适宜的产品粒度一般为 6 ~ 15mm。

物料经过破（磨）碎的次数称为破碎（磨矿）阶段的段数。生产实践中，大致分为下列阶段：

（1）粗碎：给矿粒度 1500 ~ 500mm，破碎到 400 ~ 125mm；

（2）中碎：给矿粒度 400 ~ 125mm，破碎到 100 ~ 25mm；

（3）细碎：给矿粒度 100 ~ 25mm，破碎到 25 ~ 5mm；

（4）粗磨：给矿粒度 25 ~ 5mm，磨碎到 1 ~ 0.3mm；

（5）细磨：给矿粒度 1 ~ 0.3mm，磨碎到 0.1 ~ 0.074mm。

破碎和磨矿阶段的划分是相对的，与选矿厂的规模及其他条件相关，随着破碎和磨矿新设备、新工艺的出现和应用，将发生较大变革。随着国内外大型自磨、半自磨技术的推广应用，粉碎流程得到简化，效率提高。例如采用自磨技术后，粗碎产品 200mm 左右的矿石直接输送给 9.6m 直径的大型自磨机加工，使传统的三段破碎和两段磨矿流程大为简化。

将矿山开采出来的粒度为 200 ~ 1300mm 的原矿石破碎到粒度为 10 ~ 25mm 的产品时，破碎比的范围是：

$$i_{max} = \frac{D_{max}}{d_{min}} = \frac{1300}{10} = 130 \qquad (4-1)$$

$$i_{min} = \frac{D_{min}}{d_{max}} = \frac{200}{25} = 8 \qquad (4-2)$$

式中　i——破碎作业的总破碎比；

D，d——原矿和破碎产物中最大粒度（最大粒度是指通过95%矿量的方筛孔尺寸）。

通过一台破碎机作业要达到这样大的破碎比是比较困难的。由于本身构造的特点，破碎机只能在一定限度的破碎比下，才能有效地工作。各种破碎机在不同的工作条件下其破碎比的范围见表4-1。

表4-1　各种破碎机在不同工作条件下的破碎比范围

破碎段数	破碎机形式	流程类型	破碎比范围
第Ⅰ段	颚式破碎机和旋回破碎机	开路	3~5
第Ⅱ段	标准圆锥破碎机	开路	3~5
第Ⅱ段	标准圆锥破碎机（中型）	闭路	4~8
第Ⅲ段	短头圆锥破碎机	开路	3~6
第Ⅲ段	短头圆锥破碎机	闭路	4~8

由表4-1可以看出，要把矿石从原矿的粒度破碎到所需的粒度，必须采用几台串联工作的破碎机，实行分段破碎。总破碎比等于各段破碎比的乘积。

从矿山开采出来的矿石，其粒度大小不一致，含有一定量的细粒矿石，若其粒度适于下段作业的要求，这些矿石细粒无需破碎。在矿石进入破碎机之前将细粒矿石分出可以增加机器的处理能力和防止矿石的过粉碎。在破碎后的产品中也时常含有粒度过大的矿粒，需要将这些过大的矿粒从混合物料中分出并返回破碎机中再破碎。为了达到上述目的，必须对矿石进行筛分。筛分即将颗粒大小不同的混合物料按粒度分成几种级别的分级作业。

在选矿作业中，将破碎和筛分组成联合作业，其基本破碎筛分流程如图4-1所示。小型选矿厂常采用二段开路破碎流程（图4-1（a）），第一段一般可不设预先筛分。中小型选矿厂常用二段一次闭路破碎流程（图4-1（b））或三段一次闭路破碎流程（图4-1（d））。大型选矿厂常用三段开路破碎流程（图4-1（c））或三段一次闭路破碎流程（图4-1（d））。

在处理含水分较高的泥质矿石及易产生大量石英矿尘的矿石时，以采用开路破碎流程为宜。采用闭路破碎时，易使筛网及破碎机堵塞，或产生很多有害矿尘。

破碎筛分流程中所用的主要机械有颚式破碎机、旋回破碎机、圆锥破碎机、固定筛、振动筛和共振筛。

B　磨碎分级作业

有用矿物呈细粒嵌布时，由于粒度比较小（1~0.05mm），因此，矿石经几段破碎以后，必须磨碎后才能使有用矿物与脉石达到单体分离，才能选出有用矿物去掉脉石。

为了控制磨矿产品的粒度和防止矿粒的过粉碎或泥化，通常采用分级作业与磨矿作业联合进行。图4-2表示最基本的磨矿分级流程。图4-2（a）所示，有检查分级的一段闭路

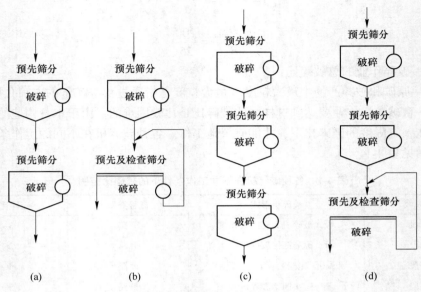

图 4-1 基本破碎筛分流程

磨矿流程，适用于磨矿细度大于 0.15mm 的粗磨情况，在我国黄金选矿厂中得到广泛应用。图 4-2（b）所示，有检查分级和控制分级的一段闭路磨矿流程。适于小型选矿厂，为了简化磨矿流程，磨矿细度不小于 0.15mm 时均可采用。这种流程，可减少过粉碎。图 4-2（c）所示，有两段检查分级的两段一闭路磨矿流程，它适于给矿粒度大、生产规模也大的选矿厂采用。第一段常用棒磨机作开路磨矿，将 20～25mm 的矿石磨碎到 3mm 左右后再经球磨机细磨。图 4-2（d）所示，两段两闭路磨矿流程，第二段磨矿的预先分级和检查分级合并在一起。它常用于最终产品粒度要求小于 0.15mm 的大中型选矿厂。这种流程必须正确的分配第一段和第二段磨矿机的负荷量，才能提高磨矿效率。

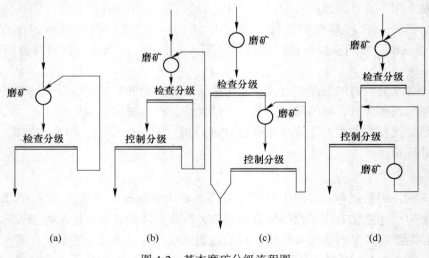

图 4-2 基本磨矿分级流程图

由于磨矿机有较大的破碎比，一般磨矿细度大于 0.15mm 时采用一段磨矿；小于 0.15mm 时采用两段磨矿。磨矿作业可以分为开路及与分级设备构成闭路两种形式。开路磨矿易造成物料的过粉碎，因此仅用在以棒磨机代替细碎的情况下或物料泥化对选别效果没有影响才采用，一般均与分级设备构成闭路。分级设备一般在粗磨时常采用螺旋分级机，细磨时采用螺旋分级机或水力旋流器与磨矿机构成闭路循环。

随着自磨机在选矿厂的应用，使破碎和磨碎流程大为简化，从而减少了基建和设备投资以及维护管理费用，降低了选矿成本。

4.2.2.2 选别作业

矿石经破碎到一定大小的粒度以后，虽然有用矿物呈单体分离状态，但仍与脉石混在一起。因此，必须根据矿石的性质，用适当的方法将矿石中的有用矿物与脉石分离。这是选矿过程的关键作业（或是主要作业）。

最常用的方法有重力选矿法、浮游选矿法、磁力选矿法和电选法、摩擦选矿法、光电选矿法、手选法等。

4.2.2.3 选后的脱水作业

绝大多数的选矿产品（如浮游精矿、摇床精矿等）都含有大量的水分，对于运输和冶炼加工都很不方便，因此，精矿冶炼前必须将选矿产品中的水分脱出，通常按以下几个阶段进行：

（1）浓缩：这是利用液体中的固体粒子在重力或离心力作用下产生沉淀，从而排出部分水分的作业。浓缩过程通常是在浓缩机中进行的。

（2）过滤：过滤是使矿浆通过透水而不透固体颗粒的间隔层，达到固液分离的作业。过滤是浓缩以后的进一步脱水作业，一般在过滤机上进行。

（3）干燥：它是根据加热蒸发的原理减少产品中水分的作业，是脱水过程的最后阶段。只有当脱水后的精矿还需要进行干燥时才进行该项作业。干燥作业一般在干燥机中进行，也有采用其他干燥装置的。

矿石经过选矿后，可得到精矿、中矿和尾矿三种产品。分选所得有用矿物的含量较高、适合于冶炼加工的最终产品，称为精矿。选别过程中得到的中间的、尚需进一步处理的产品，称为中矿。选别后，其中有用矿物含量很低、无需做进一步处理（或技术经济上不适于进一步处理）的产品，称为尾矿。

各种矿石的选矿过程取决于矿石的性质、选矿厂所在地的自然条件、冶炼要求等一系列因素。由图 4-3 可以看出，从矿山开采出来的矿石，在送到冶炼厂之前，要经过一系列工序连续的加工处理。用线和图表示矿石连续加工的工艺过程称为工艺流程图；只表示流程的"骨干"，而不记载流程细节，则称为原则流程图（图 4-3（a））。由主要设备和辅助设备表示的流程图，称为机械流程图（图 4-3（b））。

选矿机械是根据选矿流程来选择的。但是，选矿机械结构的改善或新型选矿机械的出现，也会对选矿工艺流程产生影响，甚至会引起工艺流程的重大改变。

4.2.3 选矿工艺流程的选择与确定

选矿的工艺流程是整个选矿厂设计的关键部分。工艺流程设计正确与否，将直接影响未来选矿厂的建设和投产后的生产效率。选矿厂的工艺流程是根据选矿试验结果和类似选

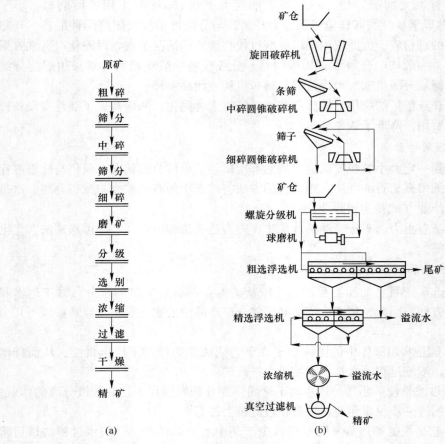

图 4-3 选矿工艺流程图

(a) 选矿作业原则流程图；(b) 机械流程图

矿厂生产实践资料而制定的。

工艺流程的设计必须符合当前国家有关方针、政策和法律规定；技术上要先进可靠，经济上要合理，即所设计的选矿厂投产后要达到高产、优质、低消耗的目的。

4.2.3.1 影响选矿工艺流程的主要因素

原矿中有用矿物及脉石的物理性质和物理化学性质以及它们的嵌布粒度，对选别方法和选别流程的选择起决定性的影响。例如，选别粗粒嵌布及矿物比重差较大的矿石一般可采用重选法；当矿物之间导磁系数相差很大时，则可采用磁选法；当选别细粒嵌布和矿物的可浮性差别很大的矿石时，则可采用浮选法。

有用矿物和脉石的嵌布特性以及它们的共生关系，对选别段数和选别流程的选择有直接影响。例如，选别均匀嵌布和矿物共生关系简单的矿石，选别段数较少；选别不均匀嵌布的矿石，选别段数较多；而选别细粒嵌布和共生关系复杂的矿石时，采用混合浮选流程比直接优先浮选流程更为经济。

原矿中有用成分的种类及含量，对工艺流程的选择具有较大的影响。选择工艺流程的基本要求之一，就是要在技术可能、经济合理的条件下保证矿石中各有价成分能得到最大限度的回收，特别是对国民经济发展具有重要意义的稀有金属和贵金属应尽量回收。

矿石在破碎磨矿作业中的泥化性能、围岩的风化程度和原生矿泥及可溶性盐类的存在，也影响选别段数、选别方法和工艺流程的选择。易于过粉碎或泥化的矿石，应增加选别段数。

用户对精矿质量的要求，也影响到工艺流程的选择。对精矿质量要求高，则必须增加精选次数。有时还影响到选矿方法的选择，例如，对含有稀有金属的重选粗精矿作业。根据对精矿质量的要求和粗精矿的矿物组成，可采用不同的选矿方法。

选矿厂的规模，也是影响工艺流程选择的重要因素。一般说来，小型选矿厂不宜采用复杂的工艺流程。当其他条件相同时，选矿厂的规模越小，工艺流程越简单。

选矿厂建厂地区的技术经济和气候条件，也影响选矿方法和工艺流程的选择。例如，气候寒冷和缺水的地区，干法选矿的优越性就比较突出。

4.2.3.2 选矿试验是设计工艺流程的主要依据

在制定任何矿产资源的选别流程时，试验研究是决定矿山开发在经济上是否合理的主要依据。为此，在设计工艺流程前必须根据矿产资源的复杂性和建厂规模进行不同规模的选矿试验。

选矿试验必须拟定几个流程方案，通过试验进行全面的经济技术比较，择优选择最佳流程方案。

选矿试验报告中必须有下列数据：矿石的可磨度、磨矿细度、药剂制度、选别流程及各作业的技术数据；综合回收流程及数据；原矿、精矿、尾矿的多元素分析结果。

由于试验和生产条件有较大的差别，有些试验条件在生产中难以实现，有些生产中的现象在试验中又不易显示出来，遇到这种情况时，应以类似选矿厂生产实践资料来弥补试验的不足，设计出较合理的工艺流程。

4.3 选矿工艺指标

品位：品位是指产品中金属或有价成分的重量对于该产品重量之比，常用百分数表示。原矿品位就是指进入选矿厂处理的原矿中所含金属量占原矿数量的百分比。它是反映原矿质量的指标之一，也是选矿厂金属平衡的基本数据之一。精矿品位是指精矿中所含金属量占精矿数量的百分比，它是反映精矿质量的指标之一。尾矿品位是指尾矿中所含金属量占原矿数量的百分比，它反映了选矿过程中金属的损失情况。例如，铜精矿品位为15%，即100t干精矿中含有15t金属铜。品位是评定产品质量的指标之一。通常用 α 表示原矿品位，β 表示精矿品位，θ 表示尾矿品位。

产率：产品重量对于原矿重量之比，称该产品的产率，以 γ 表示。例如，选矿厂每昼夜处理原矿石重量（$Q_{原矿}$）为500t，获得精矿重量（$Q_{精矿}$）为30t，则精矿产率为：

$$\gamma_{精矿} = \frac{Q_{精矿}}{Q_{原矿}} \times 100\% = \frac{30}{500} \times 100\% = 6\% \tag{4-3}$$

$$\gamma_{尾矿} = 100\% - \gamma_{精矿} = 100\% - 6\% = 94\% \tag{4-4}$$

选矿比：选矿比即原矿重量对于精矿重量之比值。用它可以决定获得1t精矿所需处理原矿石的吨数。以上例数值为例，则

$$选矿比 = \frac{Q_{原矿}}{Q_{精矿}} = \frac{500}{30} = 16.7 \qquad (4-5)$$

富矿比：富矿比或称富集比，即精矿中有用成分含量的百分数（β）和原矿中该有用成分含量的百分数（α）之比值，常以 i 表示。它表示精矿中有用成分的含量比原矿中该有用成分含量增加的倍数。如上例中，原矿中铜的品位为 1%，精矿中铜的品位为 15%，则其富矿比为

$$i = \frac{\beta}{\alpha} = \frac{15\%}{1\%} = 15 \qquad (4-6)$$

回收率：精矿中金属的重量与原矿中该金属的重量之比的百分数，称为回收率，常用 ε 表示。回收率可用下式计算

$$\varepsilon = \frac{\gamma\beta}{100\alpha} \times 100\% \qquad (4-7)$$

式中 ε——回收率，%；
　　　α——原矿品位，%；
　　　β——精矿品位，%；
　　　γ——精矿产率，%。

金属回收率是评定分选过程（或作业）效率的一个重要指标。回收率越高，表示选矿过程（或作业）回收的金属越多。所以，选别过程中应在保证精矿质量的前提下，力求提高金属回收率。

金属平衡：金属平衡就是选矿工艺过程中各阶段所获得的（包括尾矿在内）各种产品的金属量总和必须等于原矿金属量，它是选矿工艺流程设计的一项重要的计算工作，即：原矿金属量＝各种精矿金属量＋中矿金属量＋尾矿金属量。

以上选矿工艺过程中，常用的各项指标是相互关联的，也是可以相互换算的。

4.4   选矿技术条件分析研究

选矿技术条件的分析研究是对矿石选矿性能进行分析和评价，它是决定矿床能否开发利用的主要因素，也是决定未来矿山生产的产品方案的依据。因此，除了需要进行矿石的物理和化学性质、矿石类型、品位变化研究外，还需要研究通过化验测试和鉴定手段，反映矿石加工工艺特性的选矿试验资料。

4.4.1   选矿加工处理方法和工艺流程分析研究

矿山开采出来的矿石，除极少数以外，绝大多数都必须经过选矿加工处理，才能获得有用的精矿产品。

根据矿石的性质不同，可分重选、浮选两大类，有些情况下采用重选、浮选联合流程处理矿石。对于某些带磁性或电性的矿物，也可用磁选、电选。例如，黄金可采用混汞法和氰化法等化学方法进行矿石加工，获得含金精矿。一般，单一的硫化矿石多用浮选工艺流程处理；单一的氧化或硅酸盐矿物则多用重选方法处理；而对两者共生的多金属矿床，则多用重浮联合流程处理，分别获得各种精矿产品。

重选和浮选工艺流程是不同的。浮选是将磨细的单体分离细粒矿物，根据矿物表面物理化学性质的差异在矿浆中加入浮选药剂，将有用的矿物与脉石分开，获得精矿产品。重选是利用破碎后的矿石中有用矿物与脉石矿物的密度不同，二者在介质中产生不同的运动从而处在重选机械的不同部位而使其分离，达到获得精矿产品的目的。

浮选采用的是破碎→磨矿→浮选→精矿处理等工艺流程，重选采用的是破碎→淘汰→磨矿→摇床→精矿处理工艺流程，因此，其加工流程、厂房配置等都不一样。但从矿石的选矿加工处理过程分析，它们大致都可以划分为碎矿（包括粗碎、中碎和细碎）、磨矿、选别、精矿处理四个程序。根据矿石性质的不同，有用矿物价值的大小，以及矿石的选别难易程度可细分成很多矿石加工处理的工艺流程。例如，采用二段破碎、三段磨矿、二次初选、三次扫选、三次精选等构成多方案选矿工艺流程。总之，为了充分回收矿产资源，可以采用各种各样的选矿工艺流程，以获得工业要求的精矿。

矿石的选矿加工处理方法和工艺流程是根据矿石的选矿试验报告确定的。评价选矿试验报告，主要是看报告中推荐的选矿方法、工艺流程和选别指标等应用于工业的可能性，获得的精矿产品是否符合工业要求，选别指标是否达到先进水平。

4.4.2 选矿试验程度分析研究

矿石的选矿试验一般分为可选性试验、实验室流程试验、实验室扩大连续试验、半工业和工业性试验五类。对于矿石类型复杂的新发现矿床要依次进行以上五类试验以外，一般只做前二、三类试验，评价其工业利用的可能性；对于矿石类型简单、可选性能良好、国内已有类似矿山可以借鉴的矿床，可凭借可选性试验资料作为可行性研究的基础。可选性试验报告，必须要有原矿性质的鉴定、选矿方法、工艺流程、选矿指标、综合回收利用可能性及矿产品质量等内容。而且在试验和取样方面，应具有代表性。所谓取样代表性，就是要代表将来采出矿石的工业类型、矿石性质、矿石物质组成、有用组分的含量等。当采取各类矿石的混合试料时，应根据未来采矿的可能性，按储量比例进行组合试料。考虑到在采矿时会混入一定的围岩，引起矿石贫化，因此试料中应包括部分围岩，使试料的品位与将来采出的矿石品位相当。而首采地段的矿石性质只能作为首采地段采样的依据。

虽然矿石选矿试验的程度有所不同，但总的要求应是做出合理的、正确的工业利用可能性的评价。也就是说通过分析研究已获得的资料，对矿石选矿加工处理方法、工艺流程、综合回收、选别指标（精矿质量、选矿回收率、尾矿品位）等做出决定，尽管在数量上可能有误差，但其原则必须是正确的，从而为下一步矿山建设方案的拟订打下基础。

4.4.3 有用和有害组分查定的分析研究

为了进行冶炼加工处理获得矿物产品，必须对精矿产品的物质组成、化学成分、主要有用组分含量、伴生组分含量（特别是稀有元素和贵重金属），以及有害组分进行查定。对达不到国家规定质量标准的精矿，必须再次进行试验才能做出评价。精矿中有益和有害杂质的概念，有的是相对的，例如铅精矿中铜的含量大于1.5%，视为有害杂质，但超过该规定并且在冶炼过程中可以回收，则有害变为有益。湖南铅锌矿就是如此，原矿中铜的含量很低，不存在综合利用问题，但选矿处理后，铜富集在铅精矿中，品位高达4%，可以说是铅精矿中的有害杂质，但由于在冶炼中可以回收，所以成为有益金属。

4.4.4 综合利用伴生有用矿物和元素的分析研究

有用伴生矿物是指在选矿工艺过程中可以获得单独精矿产品的矿物。有用伴生元素是指在精矿产品中富集的元素，这是因为目前选矿工艺只能回收伴生矿物成精矿产品，不能把伴生元素富集成精矿产品。

（1）研究矿石中伴生有用矿物和元素的赋存状态与主要矿物的关系；

（2）研究矿石中伴生有用矿物和元素的含量及其变化规律以及储量大小；

（3）研究综合利用伴生有用矿物在技术上的可能性，有用伴生元素的富集情况；

（4）研究综合回收有用矿物的经济合理性，亦即综合回收伴生有用矿物的价值，必须大于或等于其增加的生产费用。

在选矿技术条件分析研究中，除了上面提到的选矿方法、选别指标、综合利用以外，厂址选择、选矿设备计算、供水、供电、尾矿排出，原矿和精矿的运输等也很重要，在初步可行性研究中，常用扩大指标表征。比如主要厂房占地面积扩大指标，不同类型矿石的选矿生产指标，不同选矿方法和矿石类型的生产用水、用电指标，详见有关选矿手册。

此外，由于选矿和采矿的作业时间不同，往往在矿山建设规模上并不完全一致，这会导致出现不协调的现象。这就要求在设备的选择上留有余地，同时还要考虑与其他专业的关系。

地下开采的矿山建设轮廓应包括矿山生产规模、采矿、选矿、总图运输、供电、供水、尾矿、辅助设备、生活和土建、主要设备、基建劳动定额和企业组成等方面，它们共同形成一个完整的矿山建设规划方案。同时，每项工作都可以采取多种方法和选矿技术条件分析研究手段，因此它们组成一项多方案复杂工程，必须对多方案优化选择出一个最佳方案，也就是说只有首先分析研究好这个总体方案，才能保证可行性研究的经济合理性问题。

思考练习题

4-1 矿石可以进行洗选的决定性因素包含哪些？

4-2 影响选矿工艺流程的主要因素有哪些？

4-3 选矿过程中涉及的工艺指标包含哪些，以及这些指标之间的关系？

4-4 已知某原矿中金的品位为 2.1%，经浮选后，得到的精矿品位为 4.5%，尾矿品位为 0.05%，求浮选作业的富矿比及回收率。

4-5 已知某选煤厂的重选流程原煤日处理量为 150t，产品包括一段精煤和尾煤，其中精煤产率为 90%。求此选煤厂重选的选矿比以及每日精煤产量。

4-6 选矿技术条件分析研究包含哪些内容？

5 选前作业

从矿山开采出来的矿石块度都很大。目前，露天开采出来的矿块最大尺寸为 1000～1500mm，井下开采出来的矿块最大尺寸为 300～600mm。块度这样大的矿石不能直接进行分选，因为，其中的有用矿物与无用矿物、有用矿物与脉石矿物紧密共生。为了使它们相互分开，即达到单体分离，矿石送到选厂后，通常需要分两步将矿石粉碎，以达到选矿作业对粒度的要求。第一步就是将矿石破碎，为使碎矿更有效地进行，在破碎矿石的过程中常用筛分机械相配合。碎矿及筛分过程中的大量矿石，通过皮带运输机运送而把各作业有机地联系起来，就形成了碎矿筛分流程。第二步是将矿石磨细。在磨矿过程中常用分级作业相配合，磨矿与分级相互紧密配合对矿石进行细加工，为选别作业提供适宜浓度的矿浆。

5.1 破　碎

破碎就是通过一定的破碎矿石机械对矿石施加一定的外力使矿石破碎，几种主要的施力方法如图 5-1 所示。碎矿时所用碎矿设备不同，对矿石施加外力的方法也不同。

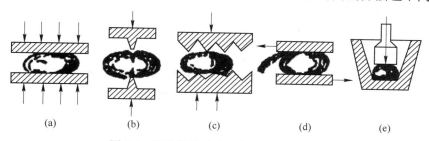

| (a) | (b) | (c) | (d) | (e) |

图 5-1　破碎机械对矿石的几种施力方式

图 5-1（a）为利用两个碎矿部件对矿石施加一定的压力，当压力超过矿石抗压强度时，矿石发生碎裂。图 5-1（b）为利用两个碎矿部件的尖部，使矿石受尖端部位的强大劈力而发生碎裂。图 5-1（c）为利用两碎矿部件的尖端相交错，对矿石施加折断力，使矿石变形而发生碎裂。图 5-1（d）为利用两碎矿部件做反向平行运动，在矿石表面做相对运动时对矿石产生一定的磨剥力，将矿石磨碎或磨细。图 5-1（e）为利用碎矿部件瞬间快速冲击对矿石产生瞬时冲击力，当冲击力大于矿石的抗击强度时而发生碎裂。

上述对矿石施力的方法因所用设备不同而有所差异，有时可能仅受其中的一种作用力，有时可能存在多种作用力。碎矿过程中，对矿石所施的作用力越复杂，碎矿效果就越好。

5.1.1　影响矿石破碎的主要因素

影响矿石破碎的主要因素有矿石性质、设备的性能和操作条件。

（1）矿石性质。矿石越硬，其抗压强度越大，则越难破碎，生产率就越低，反之，则生产率高；给矿中大块多，需要的破碎量大，生产率就低，反之则生产率高；矿石含水含泥大时，易黏结及堵塞破碎腔，对生产率有较大影响，严重时甚至使破碎过程无法进行；破碎密度大的矿石时，生产率就高，反之生产率就低；破碎解理发达的矿石，其生产率一定比破碎结构致密的矿石高得多。

（2）破碎设备。破碎设备的类型、规格、行程、啮角、排矿口尺寸大小等对破碎机生产率影响很大。同类破碎机规格越大，生产率越高；破碎机的啮角（两个破碎工作面之间的夹角）越小，破碎比就越小，矿石容易通过，生产率也就越高。反之，啮角越大，破碎比越大，矿石难以通过，生产率也就越低。如果啮角过大，破碎矿石时，将使矿石向上跳动而不能破碎，甚至会发生安全事故。如果啮角太小，则破碎比太小难以满足工艺过程的要求。所以破碎啮角适当。颚式破碎机的工作啮角一般为 15°~25°，旋回破碎机工作啮角一般为 21°~23°，圆锥破碎机工作啮角一般为 18°左右，辊式破碎机工作啮角一般为30°，所有啮角均不应大于 34°。对于一定类型及规格的破碎机，工作时既要考虑破碎比，也要考虑生产率，二者必须兼顾，片面追求一方面是不对的。

（3）操作条件。连续均匀地给矿是正常工作的先决条件。采用闭路破碎，给料过程中施加大量的循环负荷，使给料粒度相对变细，因此闭路工作时破碎机应在大破碎比、高负荷系数的情况下工作，生产能力有所提高。根据矿石的硬度不同，闭路破碎时生产能力提高大约 15%~40%。所谓负荷系数是破碎机实际生产能力与计算所能达到的生产能力之比的百分数。负荷系数的大小，是破碎机潜力是否充分发挥的重要标志。选矿厂所采用的破碎机的种类，主要取决于矿石性质、选矿厂的生产能力和破碎产物的粒度等。

碎矿是选矿前对矿石进行粒度加工的第一道工序，碎矿作业通过相应的碎矿机械将矿石分段破碎到一定的粒度，以满足下一步的需要，碎矿作业通常分三段进行。三段作业常用的碎矿机械主要有：颚式碎矿机、旋回式碎矿机；标准型圆锥碎矿机，短头型圆锥碎矿机；反击式碎矿机、辊式破碎机等。

5.1.2　破碎设备的选择

选矿厂所使用的破碎机按给矿和产品的粒度大小分为：粗碎破碎机（由 1500~500mm破碎到 350~100mm）；中碎破碎机（由 350~100mm 破碎到 100~40mm）；细碎破碎机（由 100~40mm 破碎到 30~10mm）。

破碎设备的类型与规格的选择，主要与所处理矿石的物理性质（硬度、密度、含泥含水量、最大给矿粒度等）、处理量、破碎产品粒度以及设备配置条件等因素有关。有时，设备及其备件的供应情况，设备的机修条件等也会影响到设备的选型。

选择破碎设备时，应与破碎筛分流程的选择计算同时进行，以便使各段破碎设备均能满足给矿粒度、排矿粒度及生产能力的要求。给矿中的最大块粒度，对粗碎机一般不大于破碎机给矿口宽度的 0.80~0.85 倍，对于中细碎机不大于 0.85~0.90 倍。

5.1.2.1 粗碎设备的选择

选矿厂破碎各种硬度矿石时，粗碎设备基本上只有3种不同型式的破碎机，即颚式破碎机、旋回破碎机和反击式破碎机，它们均有各自不同的性能特点。

当处理原矿粒度不太大（小于800mm），硬度为中硬或软的矿石，或者腐蚀性弱的矿石时，粗碎设备可考虑选用反击式破碎机。

工业上广泛采用的颚式破碎机有两种类型，即双肘简单摆动型（图5-2）和单肘复杂摆动型。

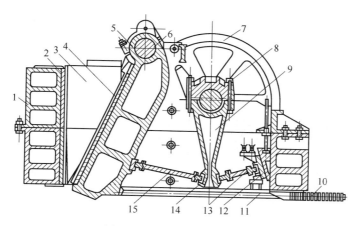

图 5-2 简单摆动颚式破碎机

1—机架；2，4—破碎板；3—侧面衬板；5—可动颚板；6—心轴；7—飞轮；8—偏心轴；
9—连杆；10—弹簧；11—拉杆；12—楔铁；13—后推力板；14—肘板座；15—前推力板

为了降低大型颚式破碎机启动时的功率消耗和改善颚式破碎机的保险及调整机构的性能，目前国内已制造出分段启动式颚式破碎机和液压颚式破碎机。颚式破碎机的优点是：结构简单、坚固、维修方便、机体高度小、工作可靠、价格便宜；调节排矿口方便，破碎潮湿矿石及含黏土多的矿石时破碎腔不易堵塞；既适宜地面破碎，也能用于井下破碎，配置方便。它的缺点是：衬板易磨损；生产能力比相同给矿口宽度的旋回破碎机低；破碎产品粒度不均匀，过大粒多，尤其是破碎片状矿石时，要求给矿均匀，需设置给矿机。

旋回破碎机是一种破碎能力较高的设备（图5-3），主要用于大、中型选矿厂破碎各种硬度的矿石。

与颚式破碎机相比，其优点是：电耗少、能连续破碎矿石、处理量大；衬板磨损均匀；破碎产品中过大粒少，粒度较均匀；给矿口宽度900mm以上的大型旋回破碎机可以不设给矿机，由矿车直接倒入挤满给矿。旋回破碎机的缺点是：设备构造复杂、机身重、要求有坚固的基础；机体高，增加了厂房的高度，基建和维修费用高；无保险装置，调节排矿口困难。我国已生产出的液压旋回破碎机，有效地改善了破碎机的保险及调节排矿口的性能。为了适应破碎各种硬度的矿石及生产能力的需要，在液压旋回破碎机系列中加入了轻型液压旋回破碎机，它适于破碎较软的矿石。轻型和普通型的液压旋回破碎机的结构及工作原理完全相同，仅前者重量轻、生产能力稍低。

在选矿厂设计中，粗碎设备类型的选择，主要是考虑给矿中的最大块粒度和要求达到

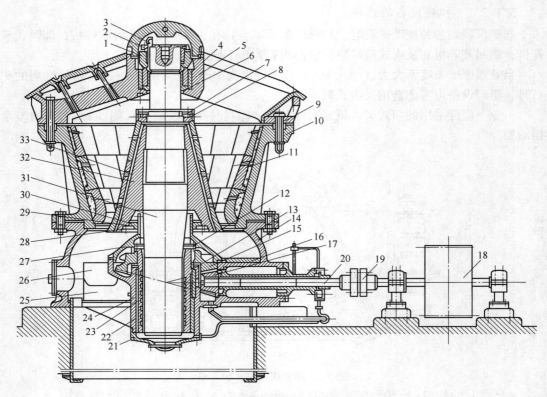

图 5-3　中心排矿式旋回破碎机

1—锥形压套；2—锥形螺帽；3—楔形键；4，23—衬套；5—锥形衬套；6—支撑环；
7—锁紧板；8—螺帽；9—横梁；10—固定锥；11，33—衬板；12—挡油环；13—青铜止推圆盘；
14—机座；15—大圆锥齿轮；16，26—护板；17—小圆锥齿轮；18—皮带轮；19—联轴节；
20—传动轴；21—机架下盖；22—偏心轴套；24—中心套筒；25—筋板；
27—压盖；28~30—密封套环；31—主轴；32—破碎锥

的生产能力。对于同样的机器重量，颚式破碎机能给入较大粒度的给料。就单个矿块而言，同样机器重量的颚式破碎机能给入的最大矿块重量为旋回破碎机的 3~4 倍。而同样的给矿粒度，旋回破碎机的生产能力较颚式破碎机大得多（当然机重也相应增加）。选择粗碎设备类型时，首先按最大给矿粒度进行选择，如果一台颚式破碎机的生产能力能够满足要求，就应选用颚式破碎机；如果不能满足要求，再看用一台旋回破碎机生产能力是否能满足要求，如果满足要求，就选用旋回破碎机。也就是说，当给矿粒度大而要求的生产能力较小时，宜选用颚式破碎机，反之，则应选用旋回破碎机。另外，在缓坡或平地建厂时，为了节约建筑费用和辅助设施，也应选用颚式破碎机而不选用旋回破碎机。

　　总之，选择何种粗碎设备，应从矿石性质、设备功率、设备重量、投资费用、安装条件及与操作有关的因素等方面考虑，经过技术经济比较，确定选用方案。一般来说，若比较结果二者相当或旋回破碎机略优于颚式破碎机时，应采用颚式破碎机，如果旋回破碎机比颚式破碎机有较大优越性时则采用旋回破碎机。

5.1.2.2　中细碎设备的选择

选矿厂中破碎硬矿石和中硬矿石的中细碎设备，一般选用圆锥破碎机（包括单缸液压圆锥破碎机，如图 5-4 所示）。通常，中碎选用标准型，细碎选用短头型。中小型选矿厂采用两段破碎时，细碎可选用中间型圆锥破碎机。破碎易碎性矿石时，中细碎设备也可选用辊式破碎机、反击式和锤式破碎机。

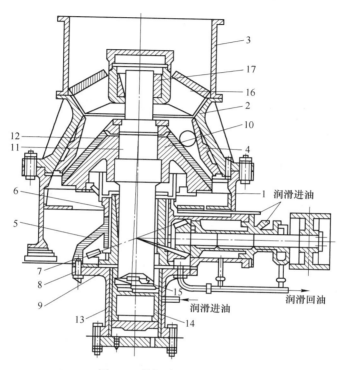

图 5-4　单缸液压圆锥破碎机

1—下部机架；2—上部机架；3—给矿漏斗；4，12—衬板；5—中心套筒；6—偏心轴套；7—大伞齿轮；
8—底盘；9—止推圆盘；10—动锥体；11—主轴；13—油缸；
14—活塞；15—止推圆盘组；16—横梁；17—衬套

圆锥破碎机优点是：破碎比大、效率高、功耗低、产品粒度较均匀，它适合破碎硬矿石。它的缺点是破碎黏性矿石时破碎腔易堵塞，过铁保护装置不够可靠。单缸液压圆锥破碎机与弹簧圆锥破碎机相比，具有结构简单、重量轻、破碎力大、外形尺寸小、价格便宜、生产能力大、易于实现过铁保护和排矿口自动调节等优点；其缺点是液压系统和动锥支承结构复杂，检修偏心套、液压缸和动锥时较麻烦。

对辊式破碎机（结构如图 5-5 所示）适用于破碎脆性物料和需避免过粉碎的物料。其优点是结构简单、紧凑轻便、工作可靠，其破碎产品粒度可达 3mm；自由给料时过粉碎轻，处理黏性物料时不易堵塞；其缺点是生产能力低、占地面积较大、辊容易磨损。对辊破碎机通常用作小型选矿厂的细碎设备，特别是脆性的贵重矿物（钨、锡）的细碎，可以减轻有价矿物的过粉碎。小型选矿厂黏性矿石的细碎也常用对辊破碎机。

反击式破碎机（结构如图 5-6 所示）或锤式破碎机适用于破碎中硬矿石，特别是易碎性矿石,例如石灰石、黄铁矿、石棉、焦炭及煤等。反击式破碎机的优点是:破碎能耗低、破碎效率高;产品粒度均匀,具有选择性破碎作用;设备重量轻、体积小、结构简单;破碎比大,一般为30~40;采用反击式破碎机可以简化破碎流程,节省投资费用。它的缺点是磨损严重;运动部件要求精确平衡,否则设备会发生很大的振动;噪声大、粉尘多。长期以来,反击式破碎机只在建筑、化工及一些脆性及硬度不大的矿石破碎中采用,在矿石硬度大的金属矿山选矿厂应用较少。然而,由于反击式破碎机具有突出优越性,随着高强度耐磨材料的应用及机器结构的改进,其在金属矿山也将得到广泛的应用。

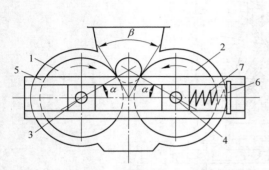

图5-5　对辊破碎机结构原理图
1—固定辊;2—可动辊;3—固定辊轴承;
4—可动辊轴承;5—导槽;6—垫片;7—弹簧

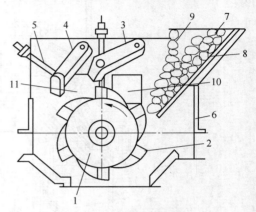

图5-6　反击式破碎机
1—转子;2—锤头;3—第一反击板;4—第二反击板;
5—拉杆;6—机体;7—给矿口;8—筛板;9—链幕;
10—第一破碎区;11—第二破碎区

短头圆锥破碎机排矿口不能调得太小,通常最小控制在6mm左右。排矿口过小会导致设备处理能力降低很多,若破碎机在这种条件下工作,既不合理也不经济。同时,排矿口过小会导致降低破碎最终产品粒度的效率降低。为了降低破碎产品粒度,节省磨矿能耗,国外在研制新型的细碎机和超细碎机方面,已取得了一定的成果。通过改进圆锥破碎机破碎腔的形状等措施而研制出来的超细碎圆锥破碎机,可以高效率地生产出粒度10mm以下的破碎产品,且产品粒度较为均匀,设备生产能力也较高。

5.2　筛　分

筛分作业广泛地用于选矿厂及冶金、建筑和磨料等工业部门。在选矿厂中,筛分作业是矿石准备作业中的一个重要和必不可少的作业。按照应用目的和使用场合的不同,筛分作业可以分为独立筛分、准备筛分、辅助筛分(预先筛分和检查筛分)等。筛分也可用来脱除物料中的水分或分离矿浆,如选煤和洗矿产物的脱水及重介质选矿产物脱除介质等。在某些情况下,筛分产物的质量不同,筛分起到分选有用矿物的作用,这种筛分称为选择筛分,如铁矿选矿厂中将细筛用于铁精矿再磨循环中,用细筛来提高铁精矿的品位。

筛分就是将矿石在筛分机械上筛分成小于筛孔和大于筛孔的不同粒度级别的矿石的过程。它是碎矿作业中的重要一环。待筛分的矿石是由各种不同粒度矿石组成的混合物,其中小于破碎机排矿的部分，经碎矿预先筛出，这种筛分称为预先筛分，小于碎矿机排矿的细粒筛出后可提高破碎机的处理能力；矿石经破碎机碎矿后再进行筛分称为检查筛分；在闭路碎矿机作业中的筛分可将小于筛孔的细粒筛出，粗粒经碎矿机破碎后再返回筛分机械，以便控制矿石粒度，这种筛分称为预先检查筛分。预先筛分、检查筛分、预先检查筛分如图 5-7 所示。

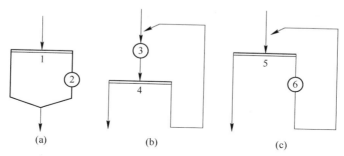

图 5-7　筛分各种类型流程图
（a）预先筛分；（b）检查筛分；（c）预先检查筛分
1，4，5—筛分机；2，3，6—破碎机

5.2.1　影响筛分作业的因素

　　影响筛分机械工作效率的因素很多，包括物料的粒度组成特性以及各粒级的含量多少。若难筛颗粒较多时会使筛孔堵塞降低处理能力，并严重影响筛分效率；物料中含水量或含泥量较高时使物料黏性增加，物料通过筛孔困难甚至将筛孔堵塞而影响筛子的处理能力及筛分效率；物料中矿粒有近似圆形、条形、板形、片形等各种不同形状，它们通过筛孔的概率各不相同，以近似圆形的矿粒最容易通过筛孔，而片状的矿粒通过筛孔的概率较小；筛子的构造特点、振幅及振次的多少、倾角等也是影响筛子工作的因素。但这些因素基本固定，影响不会太大；给矿量大时处理能力虽大，但筛分效率较低；给矿不均使筛子工作不正常，应通过加强操作解决；筛孔越大，处理能力则越大，长条形筛孔对筛分较为有利，筛分机械倾角的大小对筛分效率及物料运动的运动速度也有一定的影响，筛分机械倾斜角度对筛分效率及筛上物料的运动速度的影响如表 5-1 所示。

表 5-1　筛面倾角与筛分效率及运动速度的关系

筛面倾角/(°)	15	18	20	22	24	26	28
筛分效率/%	94.51	—	93.8	83.4	81.29	76.65	68.93
物流运动速度/m·s⁻¹	—	0.305	0.41	0.51	0.61	—	—

　　在使用筛子时，既要求它的处理能力大，又要求尽可能多地将小于筛孔的细粒物料过筛到筛下产物中去。因此评价筛分工作有两个重要的工艺指标：一个是数量指标，即筛孔大小一定的筛子每平方米筛面面积每小时所处理的原矿吨数（t/(m²·h)）。另一个是筛分工作的质量指标，即筛分效率。

　　筛分作业的目的是希望将入筛物料中小于筛孔尺寸的粒级全部筛出，但在工业生产条件下，筛上产物中几乎总是或多或少地含有一些小于筛孔尺寸的颗粒。筛上产物中，未透过筛孔的细粒级别数量越多，说明筛分的效果越差，为了从数量上评定筛分的完全程度，常引用筛分效率这一质量指标。

所谓筛分效率，是指实际得到的筛下产物质量与入筛物料中所含粒度小于筛孔尺寸的物料的质量之比值。一般用百分数表示。

在连续生产的实践中，经推导后得出的筛分效率计算公式如下：

$$E = \frac{100(a - b)}{a(100 - b)} \times 100\% \tag{5-1}$$

式中　　E——筛分效率；

　　　　a——入筛物料中小于筛孔粒级的含量百分数；

　　　　b——筛上产物中小于筛孔粒级的含量百分数；

　　　100——筛下产物中小于筛孔粒级的含量百分数。

为计算筛分效率，首先在筛分机械的给矿处及筛上产物排矿处，分别截取有代表性的矿样，然后用与生产中相同筛孔的筛子分别筛至终点，最后计算出筛下含量的百分数即 a 和 b，代入上式即可。

5.2.2　筛分机械的种类

工业上使用的筛子种类繁多，尚无统一的分类标准。在选矿工业中常用的筛子，根据它们的结构和运动特点，可以分为固定筛、筒形筛、振动筛、弧形筛和细筛等几种类型。

固定筛包括固定格筛、固定条筛（如图 5-8 所示）和悬臂条筛。由于构造简单，不需要动力，在选矿厂中广泛用于大块矿石筛分。

筒形筛包括圆筒筛、圆锥筛和角锥筛等。主要用于建筑工业筛分和清洗碎石、砂子，也常用在选矿厂作洗矿脱泥用。

振动筛包括机械振动和电力振动两种。属于前者的有惯性振动筛（如图 5-9 所示）、自定中心振动筛（如图 5-10 所示）、直线振动筛和共振筛等。属于后者的有电振筛。根据筛面运动轨迹不同又可分为圆运动振动筛与直线运动振动筛两

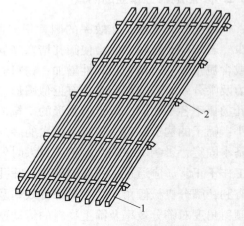

图 5-8　固定条筛
1—格条；2—横杆

类。圆运动振动筛是由不平衡振动器的回转质量产生的激振力使筛体产生强烈的振动作用。筛子运动轨迹为圆或近似于圆。由于它的筛分效率比较高，目前在选矿厂中应用最广泛，例如惯性振动筛与自定中心振动筛；直线运动振动筛是由振动器产生的定向振动作用拖动水平安装的筛框，筛框的运动轨迹为定向直线振动，以保证物料在筛面上产生强烈的抖动，主要用于煤的脱水分级、脱介、脱泥，也可用于磁铁矿的冲洗、脱泥和分级等，例如直线振动筛和共振筛。

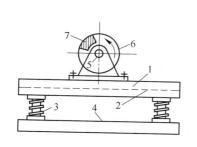

图 5-9 惯性振动筛
1—筛箱；2—筛网；3—弹簧；4—筛架；
5—轴；6—偏重轮；7—配重

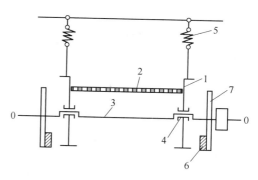

图 5-10 自定中心振动筛
1—筛箱；2—筛网；3—偏心轴；4—轴承；
5—弹簧；6—配重；7—偏心轮

弧形筛和细筛用于磨矿回路中作为细粒分级的筛分设备。分离粒度可达 $500\mu m$（325目）。除弧形筛外，我国目前采用的细筛有：GPS 型高频振动细筛、德瑞克筛、直线振动细筛、旋流细筛以及湿法立式圆筒筛等。

5.3 磨 矿

磨矿是将已破碎的矿石在磨矿机中磨细，是碎矿的后续作业，也是对矿石进行细化的第二道工序。磨矿与分级由磨矿与分级两个作业组成，相互紧密配合对矿石进行细加工。磨矿效果的好坏对选别效果有非常重大的影响。

磨矿的目的主要有两个，一是将矿石在磨矿机中磨细，使有用矿物与脉石，有用矿物与有用矿物达到单体解离。所谓单体解离，就是有用矿物中不含脉石，脉石中不含有用矿物，否则称为连生体。选矿过程中连生体的存在将严重影响选矿效果，如果连生体进入精矿会使精矿品位降低，如果进入尾矿又会影响回收率，多金属矿的连生体除影响精矿品位和回收率外，还会造成互相含杂，有的甚至成为有害杂质，为冶炼造成困难，由此可见单体解离是获得单一优质精矿的重要条件。二是大多数选矿均是以水为介质的湿式选矿，在湿式磨矿的同时也为下一步的选别作业制备了适宜浓度的矿浆，为达到上述目的在磨矿过程中还需要向磨矿机中加入球、棒等磨矿介质。

磨矿介质有两层含义，其一是在什么中磨，其二是用什么磨。磨矿可在空气中磨即所谓干式磨矿，但因磨矿效率较低，灰尘及噪声较大，除严重干旱缺水地区的选矿或干式选矿外均不采用干式磨矿。多数采用以水为介质的湿式磨矿。湿式磨矿是向磨矿机中连续不断地给入矿石和水，矿石在磨矿介质的不断冲击和磨剥作用下被磨细，用来将矿石磨细的物质就是磨矿介质，常用的磨矿介质有钢球或铁球，其次是钢棒，在特殊情况下也可用砾石，习惯上常把以球、棒、砾石为磨矿介质的磨矿称为有介质磨矿。有时也可不向磨矿机中加入磨矿介质，用矿石磨矿石。这种磨矿称为无介质磨矿，又称自磨。

5.3.1 影响磨矿效果的因素

影响磨矿机磨矿效果的因素虽然较多但归纳起来可分为矿石性质、磨矿机械、人为操作三个方面。

5.3.1.1　矿石性质的影响

给矿粒度的影响：磨矿机的给矿粒度会明显影响它的处理能力，当给矿粒度大时处理能力就会降低，反之处理能力增大。

给矿粒度组成的影响：磨矿机的给矿是由各种不同粒度组成的混合物，其中各粒级的含量不尽相同。当细粒含量较多时处理能力较大，反之处理能力下降。

矿石硬度、脆性及解理等的影响：给入磨矿机中矿石硬度越低、越脆、解离越容易，有用矿物嵌布粒度越粗、越简单，处理能力越高，反之难以磨细，生产能力下降。

磨矿产品粒度的影响：在其他条件相同时，要求产品粒度越细所需磨矿时间较长或循环次数增多，处理能力下降，反之，处理能力就提高。

5.3.1.2　磨矿机械的影响

（1）磨矿机型的影响：溢流式磨矿机产品粒度均匀、设备故障少，但处理能力较低；格子式磨矿机处理能力较大，不易产生过磨，但磨损及故障较多；长筒型比短筒型磨矿细度细，但处理能力相应较低。

（2）磨矿机规格的影响：磨矿机的规格（直径）越大，磨矿介质被提升的高度越高，冲击力越大，越有利于提高处理能力，规格小时则相反。

（3）衬板形状的影响：磨矿机衬板形状有多种形式，无论哪种形状的衬板均需有利于将磨矿介质提升到较高的位置，下落时有较大的冲击力。实践中应根据需要自行选择。

5.3.1.3　操作因素的影响

（1）磨矿介质材质影响：常用的磨矿介质有铁球、钢球（棒）、稀土铁球，稀土铁球的磨矿效果较好，其次为钢球。

（2）磨矿介质直径及比例的影响：大球冲击力强有利于破碎粗粒，小球以磨剥作用为主有利将矿石磨细，球径通常为40~150mm。此外，球径的大小还应与磨矿机的规格相适应。

各种不同球径的比例也是影响磨矿效果的重要因素之一，应根据磨矿机中矿石粒度的比例适当选择。

（3）磨矿介质装入量的影响：磨矿介质的加入量不宜过多或过少。球的充填率约为40%~50%为宜，棒的充填率为35%~45%。

磨矿介质的补加：磨矿机在磨矿过程中磨矿介质不断磨损，每班应按时按量按比例补加，否则将明显影响磨矿机的磨矿效率。

此外，磨矿浓度、磨矿机的转数、返砂比对磨矿作业均有较大影响。操作人员需按操作规程认真操作，在保证安全的条件下保质、保量地完成磨矿任务。

5.3.2　磨矿机械的类型及选择

磨矿作业是选矿工艺过程中的一个重要中间环节，磨矿设备的选择及使用的好坏，直接影响着选矿厂的技术经济指标。因此，磨矿机的选择要兼顾前后，并按需要加工的矿石量、矿石性质、磨矿产品的质量要求及各种磨矿机的技术性能，经过多方案技术经济比较，择优选用。

在选矿厂中，目前常用的磨矿机有：棒磨机、格子型及溢流型球磨机、自磨机和砾磨机等。选择磨矿机的类型，主要是根据磨矿产品的质量要求、待处理矿石的性质、磨矿机的性能及磨矿车间的生产能力来进行。

5.3.2.1　棒磨机

棒磨机内装的磨矿介质是钢棒，其主要特点是钢棒在磨矿过程中与矿石首先接触，钢棒之间夹有矿粒时，首先受到破碎的是粗粒矿石，细粒在中间受到保护，也就是说棒磨机具有选择性磨碎作用。棒磨机的产品粒度较均匀，过粉碎轻。由于棒具有控制产品粒度的特性，因此，开路工作的棒磨机产品粒度特性几乎和球磨机闭路工作的产品粒度特性一样，故棒磨机多应用于开路磨矿。由于单位体积的棒荷表面积比球荷小，故棒磨机只适用于要求磨矿产品粒度在 0.3~3mm 的粗磨，用于细磨时，棒磨机的生产能力和效率都比球磨机低。溢流型棒磨机结构如图 5-11 所示。

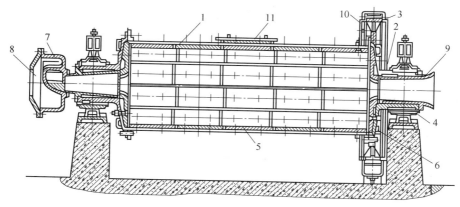

图 5-11　溢流型棒磨机

1—筒体；2—端盖；3—传动齿轮；4—主轴承；5—筒体衬板；6—端盖衬板；
7—给矿器；8—给矿口；9—排矿口；10—法兰盘；11—检修口

由于棒磨机的上述特性，它往往用于钨、锡矿石和其他稀有金属矿石的重选厂或磁选厂的磨矿，以减轻有价矿物的过粉碎。此外，棒磨机也用于磨碎硬矿石。在欧美国家，不少选矿厂采用棒磨机加球磨机的两段磨矿流程，第Ⅰ段为棒磨开路磨矿。一般情况下，棒磨机的给矿粒度为 15~25mm。

5.3.2.2　球磨机

选矿厂常用的球磨机有格子型和溢流型两种，格子型又分短筒型和长筒型两种。由于构造上存在差别，它们在工作特性及磨矿机性能上存在差异，因而这几种球磨机的应用场合也不同。

与溢流型球磨机相比，格子型球磨机内储存的矿浆少，已磨碎的细矿粒能及时排出，因此物料过磨情况少，高密度矿物也较易排出。由于有格子板，磨机内可以多装球，也便于装小球，从而产生大的磨碎功，加上矿浆液面低，对钢球缓冲作用弱，所以格子型球磨机生产能力大，并且磨矿效率高。但由于格子型球磨机排料快，物料被磨时间短，产品相对较粗。此外，格子型球磨机构造复杂、格子板易损坏、维修困难、负量大、价格较高。格子型球磨机如图 5-12 所示。

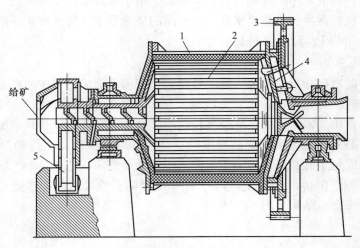

图 5-12　格子型球磨机

1—筒体；2—筒体衬板；3—大齿轮；4—排矿格子；5—给矿器

给矿

　　格子型球磨机磨矿产品的粒度上限一般为 0.2～0.3mm，故常作为粗磨设备而用在两段磨矿的第 1 段，且常与螺旋分级机构成闭路磨矿。在需要磨到 0.2～0.3mm 均匀粗产物的一段磨矿作业，用格子型球磨机较好。

　　与格子型球磨机相比，虽然溢流型球磨机生产能力及磨矿效率较低，过粉碎较严重，但它构造简单、价格较低而且可产出较细的产品，特别是磨矿粒度为 0.1～0.074mm 时，用格子型效果不好，用溢流型球磨机则较好。溢流型球磨机应用广泛，它适用于两段磨矿流程中的第 2 段细磨作业和中间产品的再磨作业。溢流式圆筒形球磨机如图 5-13 所示。

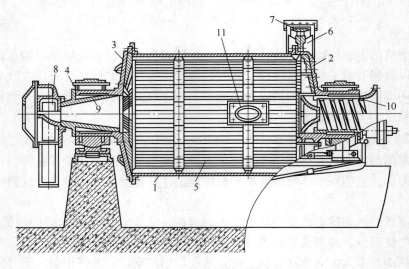

图 5-13　溢流式圆筒形球磨机

1—圆筒；2，3—端盖；4—主轴承；5—衬板；6—小齿轮；7—大齿轮；

8—给矿器；9—锥形衬套；10—轴承衬套；11—检修孔

5.3.2.3 自磨机

目前选矿厂应用的自磨机有干式和湿式两种，干式自磨机适用于对物料干法加工或干式选矿的干式磨矿作业。由于干式自磨机的风力分级系统设备多、灰尘大及干式选矿生产指标不佳等原因，采用干式自磨机的不多。湿式自磨机的辅助设备较少、灰尘小、物料运输方便、好管理、易操作，故应用范围较广泛，特别是黑色金属矿山应用较多。湿式自磨机结构如图 5-14 所示。

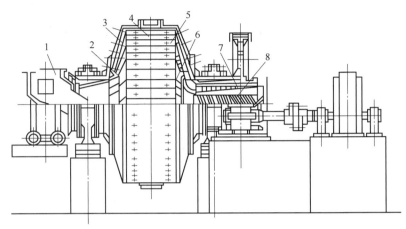

图 5-14　湿式自磨机
1—给矿小车；2—波峰衬板；3—端盖衬板；4—筒体衬板；
5—提升衬板；6—格子板；7—圆筒筛；8—自返装置

矿石自磨的大量实践资料发现，自磨的主要优越性是：破碎比很大，可达 3000～4000，这就大大简化了碎磨流程，自磨通常取代中碎、细碎及粗磨 3 道作业，因而使建筑物及构筑物费用下降 30%～40%；减少操作维护人员及费用；减少钢耗；对某些矿石来说，产品泥化稍轻，铁质污染少，有一定的选择解离作用，选别指标比常规方法稍高。但是，自磨机的单位容积生产能力较球磨低，电耗和设备费用高于常规方法，作业率低于常规磨矿回路，自磨的成本还是高于常规碎磨方法。自磨实践表明，自磨机规格越大，其优越性越突出。目前通常认为，自磨机直径 8m 以上，经济上才比常规方法有利。

在选用自磨机时，应先进行被磨矿石的磨矿试验，评价被磨矿石中可用作磨矿介质的矿块的数量和质量。如果试验结果表明没有足够的可以用作介质的矿块（或数量足够但质量不能满足要求）时，则在磨矿作业中不能采用自磨机。

若自磨机的给矿粒度为 300～400mm，经一次自磨矿以后，排出产品的粒度可在几毫米以下。自磨机在磨矿过程中可以不加或少加一些大钢球（加钢球量一般不超过自磨机有效容积的 5%～8%），加钢球的目的是用来消除"难磨粒子"。湿式自磨机通常采用筛分机、螺旋分级机或水力旋流器作为分级设备，干式自磨机则采用由风力分级设备组成的风力分级系统进行分级。

5.3.2.4 砾磨机

砾磨机通常用于细磨，作为棒磨和自磨的第 2 段磨矿设备。砾磨机的磨矿介质可以用破碎后的部分块矿，也可用自磨机中引出的"难磨粒子"或砂石场中自然形成的砾石。

砾磨机的主要优点是：由于不用金属介质，磨矿减少了钢耗；稀有金属选矿厂采用砾磨可减少铁质污染；不易产生过粉碎和泥化，改善选别效果。砾磨机的给矿粒度依砾磨在整个工艺过程中所起的作用不同而不同，如用于棒磨机后的二段磨矿，给矿粒度一般是 0.8~0.2mm；若用于自磨机后的二段磨矿，给矿粒度一般在 0.3~0.074mm，用于一段磨矿时，给矿是细碎后的产物，最大给矿粒度为 10~25mm。砾磨机产品粒度可达 0.043mm。

砾磨机的主要缺点是用于粗磨时生产能力比球磨机低。因此，相应地增加了砾磨机的规格或数量。由于规格较大，安装费用和功率消耗也较高，但节省的磨矿介质费用常常能抵消超出的投资与动力费且有富裕。一些厂的实践经验表明，砾磨机磨矿产品越细，单位生产能力和球磨机越接近，故砾磨机用于细磨时最经济。砾磨机一般与水力旋流器构成闭路。

5.4　分　　级

在磨矿过程中为使磨矿机械更好地发挥作用，常用分级设备与之相配合，使合格的细粒尽早地分离出来供选别作业进行选矿，不合格的粗粒返回磨矿机再磨。分级就是把矿浆中各种不同粒度的混合物按沉降速度不同分成粗、细不同的粒度级别。分级有以空气为介质的干式分级和以水为介质的湿式分级，湿式分级效果较好，选矿厂的磨矿分级作业大多采用湿式分级，由于矿石中有用矿物的嵌布粒度特性很复杂，为防止过磨或提高磨矿效率不宜一次把有用矿物与脉石、有用矿物与有用矿物磨到单体解离，在粗磨的情况下使部分已单体解离的有用矿物，通过分级设备分离出来，尚未单体解离的连生体返回磨矿机再磨，这样既提高了磨矿效率又防止了过磨。这就组成了磨矿机与分级设备构成闭路作业的磨矿流程。

由此可见，分级作业在磨矿过程中起着十分重要的作用。分级设备性能的好坏，分组工艺及操作条件是否适宜，分级效率的高低，必然对磨矿效果产生直接的影响。因此，在研究磨矿工艺时，必须了解磨矿回路中常用分级设备的性能和应用场合，了解磨矿和分级循环系统中分级效果与磨矿效果之间的关系。

与磨矿机配合使用构成机组的分级设备，按其在磨矿回路中的作用不同可分为预先分级、检查分级和控制分级。预先分级是指入磨前的物料先经过分级机预先分出不需磨碎的合格细粒，只把不合格的粗粒级送入磨矿机研磨，以减少不必要的磨碎和减轻磨矿机的负荷。检查分级则是对磨矿后的产物进行分级，把不合格的粗粒级分出来返回磨矿机再磨，以控制磨矿产物的粒度。控制分级可分为两种情况，即溢流控制分级和沉砂控制分级，前者是指把第一次分级的溢流再次分级，以获得更细的溢流产物；后者则指把第一次分级的沉砂进行再分级，以获得细粒级含量更少的粗粒物料作为返砂送回磨矿机再磨，可更有效地防止过粉碎。目前用于闭路磨矿循环的分级设备有螺旋分级机、水力旋流器和细筛等。

5.4.1　分级与筛分的区别

分级和筛分虽然都是把混合物料分成不同粒度级别的过程，但它们的工作原理和产物粒度特性是不一样的。筛分是按筛面上筛孔的大小将物料分为尺寸不同的粒度级别，比较严格地按几何粒度分离，不受矿粒密度的影响。而分级则是按颗粒在介质中的沉降速度大小将物料分为不同的等降级别的。矿粒的沉降速度不仅与粒度大小有关，而且还受到矿粒密度和形状的影响。

因此，在同一等降级别中既有尺寸较大密度较小的颗粒，也有尺寸较小密度较大的颗粒。矿粒的密度差别越大，则在同一等降级别中粒径大小的差别越明显。所以，在生产中将由不同粒度和密度的矿粒组成的混合物料进行水力分级时，分级各产物中经常出现粗中夹细、细中有粗的现象，就是由于分级作业不是按几何粒度而是按水力粒度把物料分离所造成的。

与磨矿机构成闭路循环的分级作业，经分级后的物料分为粗细两部分，细粒部分叫溢流；粗粒部分叫沉砂或返砂。溢流产品的粒度（常以溢流中某一规定的筛析粒度的含量百分数来表示）就是分级作业的分级粒度。在分级中还常用到"分离粒度"这个概念。分离粒度是指进入沉砂和溢流中的机率各为 50% 的颗粒的粒度。在理想条件下，物料经分级后，大于分离粒度的颗粒全都分到沉砂里，而小于分离粒度的颗粒全都分到溢流里。但在实际生产中由于设备和操作等方面的原因，"理想分级"是做不到的。在分级产物中总是有一定数量粗细颗粒的混杂，即溢流中混有不合格的粗粒，沉砂中则混有合格的细粒，从而影响着分级产品的质量。粗细混杂的程度越严重，说明分级精度越低，分级效果越差。

5.4.2　分级效果评定

评定分级效果常用的方法是计算分级的量效率和质效率。

5.4.2.1　分级量效率

分级量效率与筛分效率的概念相同，它是指分级作业给料中某特定细粒级经分级后进入溢流中的质量占给料中该粒级的质量的百分数。也就是该粒级在溢流中的回收率。分级量效率，在实际计算中既可按小于分离粒度的粒级来计算，也可按某一粒度（常用 0.074mm）级别来计算。

若以 α、β、θ 分别代表分级作业给料、溢流和沉砂中小于某一粒级的含量百分数，按照推导筛分效率公式的方法，可以导出分级量效率的计算公式如下：

$$\varepsilon = \frac{\beta(\alpha - \theta)}{\alpha(\beta - \theta)} \times 100\%$$

(5-2)

5.4.2.2　分级质效率

上述分级量效率只反映了分级后回收到溢流中小于某特定粒级的数量，而没有考虑到粗粒混入溢流中对溢流产品质量的影响。对按沉降规律进行分级的水力分级设备来说，溢流中混入粗粒级的情况往往又是不可避免的，因此，只用量效率来评定分级效果显然是不全面的。例如在分级过程中把原料全部分到溢流中，细粒级在溢流中的回收率虽然为100%，但此时的溢流质量最差，原料根本没有得到分级，所以还必须用一个能反映出粗粒在溢流中混杂程度的指标来评定分级效果才行。这个指标就是分级质效率。

质效率既然是反映溢流中粗粒级的混杂程度，那么，它可以用细粒级在溢流中的回收率（E_x）与粗粒级在溢流中的回收率（E_c）之差来表示，即

$$E = E_x - E_c$$

(5-3)

如果分级作业给料、溢流和沉砂中细粒级的百分含量分别为 α、β、θ，则相应产品中

粗粒级的百分含量分别为（100−α）、（100−β）和（100−θ），显然，粗粒级在溢流中的回收率应是：

$$E_c = \frac{(100 - \beta)\left[(100 - \alpha) - (100 - \theta)\right]}{(100 - \alpha)\left[(100 - \beta) - (100 - \theta)\right]} \times 100\% \tag{5-4}$$

已知 E_x 即为 ε，故有

$$E = E_x - E_c = \frac{\beta(\alpha - \theta)}{\alpha(\beta - \theta)} \times 100\% - \frac{(100 - \beta)\left[(100 - \alpha) - (100 - \theta)\right]}{(100 - \alpha)\left[(100 - \beta) - (100 - \theta)\right]} \times 100\%$$

整理后，得到：

$$E = \frac{(\alpha - \theta)(\beta - \alpha)}{\alpha(\beta - \theta)(100 - \alpha)} \times 10^4\% \tag{5-5}$$

根据上面的公式，只要将取自分级作业的给料、溢流和沉砂试样分别进行筛析，测定出 α、β、θ 三个数据，即可算出分级的量效率和质效率。

例如：某分级作业各个产物样品的筛析结果为 α=30%，β=60%，θ=20%时，则分级量效率按式（5-2）计算：

$$\varepsilon = \frac{60 \times (30 - 20)}{30 \times (60 - 20)} \times 100\% = 50\% \tag{5-6}$$

分级质效率按式（5-5）计算

$$E = \frac{(30 - 20) \times (60 - 30)}{30 \times (60 - 20) \times (100 - 30)} \times 10^4\% = 35.7\% \tag{5-7}$$

根据式（5-3）还可以算出溢流中粗粒级的混杂率为

$$E = E_x - E_c = 50\% - 35.7\% = 14.3\% \tag{5-8}$$

当闭路磨矿的操作条件不变时，磨矿机的排料粒度和分级溢流粒度是不变的。这样，由式（5-2）及式（5-5）可知，分级量效率和质效率的高低，完全取决于沉砂中细粒级含量（即 θ 值）的多少。θ 值越低，分级效率越高；反之，分级效率就越低。因此，要改善磨矿回路分级作业的效果，必须设法减少细粒级在沉砂中的含量。

5.4.3 分级设备

分级过程是在一定的分级设备进行的，常用的分级设备有螺旋分级机、水力旋流器及细筛等。

5.4.3.1 螺旋分级机

螺旋分级机按螺旋的个数分为单螺旋与双螺旋分级机，根据螺旋在机槽内的位置与矿浆液面的关系，分为低堰式、高堰式和沉没式3种。图5-15所示为高堰式双螺旋分级机结构示意图。螺旋分级机与其他分级设备比较，其优点是：结构简单，工作可靠，操作方便，易于与直径3.2m以下的磨矿机构成闭路，返砂中水分含量较低。螺旋分级机的缺点是分级效率低，设备外形尺寸大，占地面积大，细粒分级时溢流浓度太低，对随后的选别作业不利。

螺旋分级机由于构造上的不同，其主要用途也不同。高堰式螺旋分级机适用于粗粒分级，其分级溢流粒度一般大于0.15mm；沉没式螺旋分级机适用于细粒分级，其分级溢流粒度一般小于0.15mm；低堰式螺旋分级机由于分级面窄，多用于洗矿作业，不适用于磨

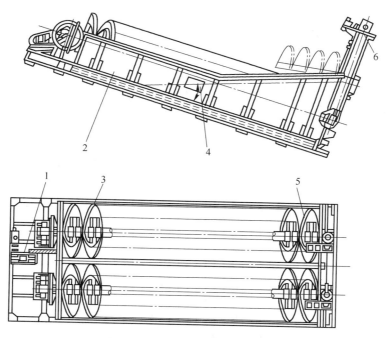

图 5-15　高堰式双螺旋分级机

1—传动装置；2—斜槽；3—左右螺旋轴；4—进料口；5—下部支座；6—提升机构

矿回路的分级。

螺旋分级机的生产能力，主要与分级机的规格、安装坡度、溢流粒度要求及溢流粒度组成、溢流浓度、物料密度和矿浆黏度等因素有关。

5.4.3.2　水力旋流器

水力旋流器（如图 5-16 所示）是一种利用离心力进行分级和选别的设备，在选矿厂可单独用于磨矿回路的分级作业，或与机械分级机联合使用。与螺旋分级机相比，水力旋流器在分级细粒物料时分级效率较高。水力旋流器还可用于选矿厂的脱泥作业、脱水作业、浮选前的脱药作业，以及用作离心力选矿的重选设备，如重介质旋流器。此外，有时也作为尾矿的分级设备。分级的粗砂作为采矿充填或尾矿堆坝使用。

水力旋流器与其他分级设备相比，具有如下优点：结构简单、易于制造、设备成本低；生产能力大、占地面积小、节省基建费用；设备本身无运动部件、操作维护容易。水力旋流器的缺点是给矿所用的砂泵耗电量较大，进料口和沉砂口周围磨损得最快，需经常更换。磨损后生产指标易波动。

水力旋流器的分级粒度范围一般为 0.01~0.3mm，其给矿方式有两种：恒压给矿和采用变速砂泵（或配有平衡管路系统）直接给入水力旋流器。

5.4.3.3　细筛

细筛作为分级设备，与其他水力分级设备比较，由于它是按矿粒的几何尺寸而不是按矿粒的沉降规律进行分级，故可以减少合格粒级产品发生过磨，增大磨矿机生产能力，提

212

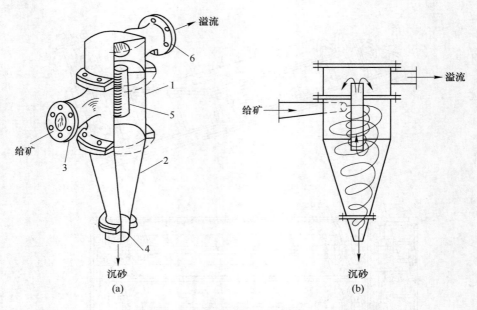

图 5-16　水力旋流器示意图

（a）水力旋流器构造；（b）水力旋流器的工作情形

1—圆柱体；2—圆锥体；3—给矿管；4—沉砂口；5—溢流管；6—溢流管口

高选别指标和改善脱水的工作条件，降低能耗。当矿石中矿物的选择性磨碎现象突出，磨矿产品中有价矿物在细粒级别大量富集时，采用细筛作为分级设备，其优越性尤为突出。目前细筛在黑色金属矿山选矿厂应用较为成功，其主要用途有两个：一是以提高分级效率为目的，用于磨矿回路中，作磨矿产品的控制分级，避免已解离的物料再磨造成过粉碎，并提高了磨矿机的生产能力；二是以提高产品品位为目的，用于选别回路中，使粗粒精矿自循环返回再磨，以获得高品位精矿。

思考练习题

5-1　简述破碎和筛分的关系。

5-2　简述破碎机械的几种施力方式。

5-3　影响矿石破碎的主要因素有哪些？

5-4　如何根据矿物的入料粒度选择粗碎设备？

5-5　某矿物 1000g，小于 1mm 的颗粒质量为 789g，用筛孔为 1mm 的筛子进行筛分，筛分后筛上物料中粒度小于 1mm 的物料重量为 35g，求筛分效率 E。

5-6　磨矿设备有哪些以及其适用的入料粒度？

5-7　分级工艺用哪些指标来评定？

6 选别作业

6.1 重力选矿

重力选矿的实质就是被选别物料的松散-分层和搬运分离过程。在重力选矿设备内，不同粒度、密度和形状矿粒组成的被选别物料在流动介质中运动时，由于性质差异和介质流动方式的不同，在运动介质中受到不同的流体浮力、流体动力以及其他机械力的总和力，并且在这个总和力的支配下被推动，从而松散。松散后的物料颗粒则根据其沉降时的运动差异发生分层或者转移。就重选来说，就是要按照密度分层，通过运动介质的作用达到物料分离。其基本规律可概括为：松散-分层-分离。重选理论研究的问题，简单地说就是探讨松散分层的关系。松散是分层的条件，分层是目的，而分离则是结果。例如，在真空中，不同性质的物体具有相同的沉降速度；在分选介质（包括水、空气、重介质等）中，由于受到不同的介质阻力，不同性质的物体形成运动状态的差异。重力选矿就是利用这些差异，从而实现按密度分选矿粒群的过程。重力选矿的介质有水、空气、重液和重悬浮液。以空气为介质的选别方法称为风力选矿，以重液和重悬浮液为介质的选矿方法称为重介质选矿。

通常将密度大于水的介质称为重介质，在这种介质中进行的分选统称为重介质分选。重介质分选的理论依据是阿基米德原理：任何物体在介质中都会受到浮力的作用，浮力大小与物体在介质中排开水的体积成正比。因此，矿粒在介质中的有效重力 G_0 则为重力（G）和浮力（F）的差值，其计算公式如下：

$$G_0 = G - F = V(\delta - \rho_{zj})g \tag{6-1}$$

有效重力对应的有效重力加速度计算公式如下：

$$g_0 = \frac{\delta - \rho_{zj}}{\delta}g \tag{6-2}$$

式中，G 为颗粒重力；F 为颗粒在重介质中受到的浮力；δ 为颗粒密度；ρ_{zj} 为重介质密度；g 为重力加速度；g_0 为颗粒在重介质中的有效重力加速度。可见，ρ_{zj} 越大，G_0 和 g_0 越小。当 ρ_{zj} 小于 δ 时，颗粒下沉，反之上浮。因此，为保证分选顺利进行，重介质的密度应该介于轻重两种矿物的密度之间。在这样的介质中进行的分选完全属于静力分选过程，流体的运动和颗粒的沉降不再是分选的主要决定因素，因此重介质的选择则对分选尤为重要。

6.1.1 重力选矿的分类

根据重力选矿法所用设备及作用原理的不同，将重选分成洗矿、水力分级、跳汰选矿、溜槽选矿、摇床选矿、重介质选矿等。

洗矿是利用机械力、水流冲力使黏土质分散后，按沉降速度（或粒度）不同进行分离，它是重力选矿辅助作业。在原矿中含泥（-0.074mm）较高（10%以上）时，常需要洗矿。

水力分级是利用匀速运动的水流，使矿物按沉降速度（或粒度）分成不同级，以便各粒级单独进行分选，它也是重力摇床选矿辅助作业。一般给矿粒度为 3mm 以下。

跳汰选矿是利用垂直脉动介质流使矿粒群松散、密集，并按密度分层，达到不同密度矿物相互分离。一般给矿粒度为 20mm 以下（指金属矿石，下同）。

溜槽选矿是利用沿斜面流动的脉动水流，使不同密度矿物相互分离。一般给矿粒度为 0.019~40mm。

摇床选矿是利用床面往复运动所产生的惯性力和斜面薄水层的脉动水流冲力，使不同密度的矿物互相分离。一般给矿粒度为 0.037~3mm。

重介质选矿是利用浮沉原理使不同密度的矿物在重液或重悬浮液中互相分离。有时在选别作业前用此法除去大量（40%~50%）的脉石，以提高生产能力。一般给矿粒度为 75mm 以下。

上述各种选矿方法是以密度不同为主要依据的。首先，在其他条件相同时，随着矿粒粒度减小，按密度分离的困难程度将增大。因此，为了使矿粒尽可能地按密度分离，物料在选别之前应脱除细粒级，或分级成粒度范围较窄的级别。其次，为提高金属回收率，减小细粒级金属流失，重量较小的颗粒在重力场中按密度或粒度分离的速度和精确性较小，可采用以离心力场为原理的重力选矿设备，以及多种力综合作用的重力选矿设备，如离心选矿机、重介质旋流器、螺旋选矿机和螺旋溜槽、旋转螺旋溜槽等。

各种重选过程各有特点，但它们也具有共同的特点，即所需分选的矿粒间必须存在密度（粒度）的差异；分选过程需在运动介质中进行；在重力、流体动力及其他机械力的综合作用下，矿粒群需要预先松散并按密度（或粒度）分层；分好层的物料在运动介质的运搬下达到分离，而获得不同最终产品。

6.1.2　重力选矿的基本原理

前述各种重力选矿工艺方法都是基于如下的分选理论：

（1）颗粒及颗粒群的沉降理论；

（2）颗粒群按密度分层的理论；

（3）颗粒群在回转流中分层的理论；

（4）颗粒群在斜面流中的分选理论。

作为应用最为广泛的重选理论，本节将主要介绍颗粒及颗粒群的沉降理论。

沉降过程中，最常见的介质运动形式有静止、上升和下降流动三种。在理想状态下（单个颗粒在无限宽广的介质中沉降），颗粒的沉降称为自由沉降。这是最简单的沉降形式。在此基础上，我们将继续讨论颗粒群存在时的干扰沉降。

6.1.2.1　自由沉降

A　颗粒在介质中所受重力（G_0）

颗粒在介质中所受重力（G_0）为颗粒在真空中所受的重力（G）和浮力（F）的

合力：

$$G_0 = G - F = V(\delta - \rho)g \tag{6-3}$$

由于

$$m = V\rho \tag{6-4}$$

故

$$G_0 = mg(\delta - \rho)/\delta \tag{6-5}$$

式中　V——颗粒体积，m^3；

δ——颗粒密度，kg/m^3；

ρ——介质密度，kg/m^3；

g——重力加速度，m/s^2；

m——颗粒质量，kg。

若颗粒为球体，$V = \pi d^3/6$，则式（6-5）变为：

$$G_0 = \pi d^3 g(\delta - \rho)/6 \tag{6-6}$$

式中，d 为颗粒的直径，m。

从式（6-6）可以看出，颗粒在介质中所受的重力与颗粒直径、颗粒密度和介质密度有关系。

B　颗粒在介质中运动时所受到的阻力

颗粒在介质中运动时，由于受介质质点间内聚力的作用，最终表现为阻碍颗粒运动的力，称为介质阻力。其方向始终与颗粒的运动方向相反。由于介质的惯性，使得运动颗粒前后的流动状态和动压差不同，这种因为压力差所造成的阻力称为压差阻力。由于介质黏性，使得介质与颗粒表面存在摩擦力，这种因介质黏性导致的阻力称为摩擦阻力。介质阻力由压差阻力和摩擦阻力构成，且他们同时作用于颗粒上。介质阻力的形式与流体的扰流流态即雷诺数 Re 有关。最重要的三个介质阻力公式为黏性摩擦阻力区的斯托克斯公式和涡流压差阻力区的牛顿-雷廷智公式，其次是过渡区的阿连公式。

当矿粒尺寸微小，或矿粒相对于介质的运动速度较小，且其形状有利于流体绕流，附面层没有分离时，压差阻力可以忽略不计（$Re<1$），摩擦阻力占优势时，可以用斯托克斯公式计算摩擦阻力：

$$R_s = 3\pi \mu dv = 3\pi d^2 v^2 \rho/Re \tag{6-7}$$

式中，R_s 为摩擦阻力，N；μ 为介质的动力黏度，$Pa \cdot s$；v 为颗粒的相对速度，m/s；Re 为雷诺数。当一般粉状颗粒（如煤粉、黏土粉、水泥等）在雾滴或空气中沉降，或者在气力输送过程中，只考虑黏性阻力，忽略压差阻力，此时的介质阻力可用斯托克斯公式计算。对于微细颗粒在水中沉降（煤泥水、矿浆等），也按斯托克斯公式计算介质阻力。

当矿粒尺寸较大，速度也较大时，附面层分离，压差阻力和摩擦阻力占比相当，这时候需要用到过渡区的阿连公式（$1<Re\leqslant500$）计算介质阻力：

$$R_A = 1.25\pi d^2 v^2 \rho/\sqrt{Re} \tag{6-8}$$

当矿粒尺寸或相对速度较大，且其形状又不易使介质绕流，导致其较早发生附面层分离，在颗粒尾部全部形成漩涡区，这时候的压差阻力占优势，通过牛顿-雷廷智公式（$500<Re\leqslant2\times10^5$）计算介质阻力：

$$R_{N-R} = 0.055\pi d^2 v^2 \rho \tag{6-9}$$

　C　颗粒在静止介质中的沉降末速

矿粒在静止介质中沉降时，只受到重力和介质阻力的作用。当矿粒在重力作用下开始沉降时，重力大于阻力，加速度方向与重力方向相同且较大，因而速度渐增，阻力也随之增大，矿粒所受的合力减小，加速度也减小。当矿粒的沉降速度达到某一定值时，阻力与重力相平衡，这时加速度等于零，矿粒不受外力的作用，速度将不发生变化，矿粒一直以这一速度沉降下去。此沉降速度称为矿粒自由沉降末速，通常以 v_0 表示。v_0 的通用计算公式为：

$$v_0 = \sqrt{\frac{\pi d(\delta - \rho)g}{6\rho\psi}} \tag{6-10}$$

式（6-10）中的 ψ 为球形颗粒的阻力系数，是颗粒形状和雷诺数的函数，一般根据查表（李莱曲线）可以求出。最后将 ψ 代入式（6-10）中求解自由沉降末速。

矿粒的自由沉降末速与矿粒的密度、粒度和形状有关，因而在同一介质中，密度、粒度和形状不相同的矿粒，在特定条件下，可以有相同的自由沉降末速度，这类矿粒称为等降粒，这种现象称为等降现象。等降现象在重力选矿中具有重要的意义。由不同密度组成的矿粒群，在用水力分级方法测定其粒度组成时，可以看到，同一级别中轻矿物颗粒普遍比重矿物粒度要大些，轻矿物粒度与重矿物粒度之比值应等于等降比。

6.1.2.2　干扰沉降

干扰沉降指的是矿粒群在有限介质空间里的沉降。干扰沉降时，其沉降末速除了被自由沉降因素影响外，还会受到一些附加因素的影响，附加因素如下：

（1）流体介质的黏滞性增加，导致摩介质阻力变大。

（2）颗粒沉降时与介质的相对速度增大，导致沉降阻力增大。

（3）颗粒在某些情况下受到的浮力增大。如颗粒群的力度级别过宽时，小粒度的颗粒群会聚集在某些大颗粒周围，使大颗粒周围的介质密度增大。

（4）机械阻力的产生，如颗粒与其他颗粒或者容器壁的碰撞造成的机械阻力。

这些因素的干扰最终使得干扰沉降末速小于自由沉降末速。颗粒干扰沉降时受到的阻力与矿浆浓度呈正相关关系，即矿浆浓度越大，干扰沉降时受到的阻力越大。与矿浆浓度相对应的是矿浆的松散度，因此颗粒在干扰沉降时受到的阻力矿浆松散度呈负相关关系，即松散度越小，干扰沉降时受到的阻力越大。

6.1.3　矿粒密度测定法

矿粒的相对密度（δ）可以用称量法（粗粒）或比重瓶法（细粒）来测定。

称量法是分别称量矿粒在空气中和水中的重量，根据阿基米德原理可按（6-11）计算。

$$\delta = \frac{G}{G - G_0} \tag{6-11}$$

式中　G——矿粒在空气中的重量；

　　　G_0——矿粒在水中的重量；

　　　δ——矿粒的相对密度。

比重瓶法是用特制的比重瓶（或用小量桶、量杯），分别为 G_1、G_2、G_3，然后按式（6-12）计算。

$$\delta = \frac{G_2}{(G_1 + G_2) - G_3}$$ (6-12)

式中　G_1——比重瓶加满水时，瓶加水的总重量；

G_2——矿粒在空气中的重量；

G_3——先将矿粒装于瓶中，然后将比重瓶装满水时，瓶、水及矿粒的总重量。

6.1.4　几种重力选矿方法

6.1.4.1　水力分级

水力分级是根据矿粒沉降速度不同而将宽级别的颗粒群分成两个或多个较窄级别的过程。在水力分级过程中，水介质大致有三种运动形式：垂直的、接近水平的和回转的运动。在垂直水流运动中，水流往往是逆着颗粒的沉降方向而向上运动，不同粒度的颗粒沉降速度和运动方向不同，沉降速度小于上升水流速度的细粒向上运动，最终成为溢流；沉降速度大于上升水流速度的粗粒向下沉降，最终成为沉砂或底流，从而实现了分级；在接近水平流动的水流中进行分级时，矿粒在水平方向的运动速度约等于水流速度，而在垂直方向则因粒度不同而有不同的沉降速度，粗粒因沉降速度大而沉至槽底部成为沉砂，细粒则随水流流出槽外成为溢流，实现了分级；在回转水流运动中，颗粒是按径向的运动速度差分离的，粗粒所受离心力大而分布在外层，细粒则受到水流较大的向心力而分布在内层，实现分级。

水力分级是根据矿粒在运动介质中沉降速度的不同，将宽级别矿粒群分为若干个粒度不同的窄级别的过程。

在分级作业中，介质大致有三种运动形式：垂直上升的运动、接近水平的运动和回转运动。

在上升水流中，不同粒度的矿粒，则根据其自由沉降或干涉沉降速度与上升水流速度之差，或者向上运动，或者向下运动。沉降速度大于上升水流速度的粗颗粒，将沉积到容器底部，作为沉砂排除。沉降速度小于上升水流速度的矿粒，则向上运动由容器上端排除，成为溢流。如果要得到多个粒级产物，则可将第一次分出的溢流（或沉砂）在流速依次减小（或增大）的上升水流中继续沉降分离。在接近于水平流动的水流中进行分级时，矿粒在水平方向运动的速度，与水流速度大致相同，而在垂直方向则依粒度、密度、形状不同而有不同的沉降速度。粗矿粒较早地沉降下来落在槽底成为沉砂，细矿粒则随水流流出槽外成为溢流。分级过程仍按矿粒沉降速度差进行，如图 6-1 所示。

在回转流中，矿粒是按径向的速度差分离，水流的向心流速是决定分级粒度的基本因素。水流的向心流速即相当于上述的垂直上升流速，离心沉降速度大于水流向心流速的粗矿粒将进入沉砂，离心沉降速度小于水流向心流速的细矿粒则进入溢流。

生产实践中，水力分级的给矿是由粒度、密度及形状均不相同的矿粒群组成。而矿粒的沉降速度不仅和粒度有关，而且和密度、形状以及沉降条件（干涉条件）有关。因此分级产物和筛分产物不同，不是粒度均匀的颗粒，而是沉降速度相同的等降颗粒，即密度大的粒度小，密度小的粒度大。

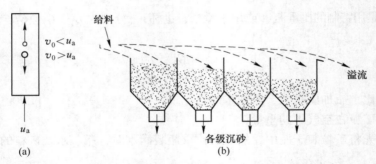

图 6-1 矿粒在垂直上升或接近水平流动的水流中分级
（a）垂直流；（b）水平流

筛分多用于处理粒度大于 2~3mm 的物料。细粒物料用筛分进行分级时的生产率和筛分效率很低，筛网不易制造，筛面强度亦不够。因此，对小于 2~3mm 的物料的分级常采用水力分级。

水力分级作业的用途：（1）重力选矿前的准备作业，用来减少粒度对选别的影响；（2）与磨矿机联合工作，控制磨矿产品粒度；（3）对原矿或选别产物进行脱泥、脱水；（4）测定微细粒物料（多为-74μm）的粒度组成。

6.1.4.2 跳汰选矿

A 概述

跳汰选矿是重力选矿的主要方法之一，广泛地应用在粗粒物料的分选上。跳汰过程的实质是，使不同密度的矿粒群，在垂直运动的介质（水或空气）流中按密度分层。矿粒的粒度和形状对矿粒群按密度分层也有影响。因此，跳汰的结果是不同密度的矿粒在高度上占据不同的位置：大密度的矿粒位于下层，称为重产物；小密度的矿粒位于上层，称为轻产物。在生产过程中，原料不断地给入跳汰机中，而重产物及轻产物不断地排出，这样就形成了连续不断的跳汰过程。

B 跳汰过程中矿粒的分层情况

在不同的跳汰机中，由于使水产生运动的外力不同，而有不同的水流运动情况。水的运动完成一个循环，称为一个跳汰周期。在一个周期内，水的运动速度大小及方向都是随着时间的变化而变化的。表示水的运动速度与时间的关系曲线，称为跳汰周期曲线，如图 6-2 所示。

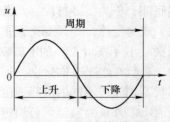

图 6-2 跳汰周期曲线

在不同的跳汰周期作用下，颗粒的分层过程是不完全相同的，但一般可以概述如下：

在一个跳汰周期中当隔膜向下时，跳汰室内的物料受到上升水流的作用，由静止逐渐由而下升起松散成为悬浮状态，这时矿粒按照密度和粒度的不同，作相应的上升运动。随着上升水流的逐渐减弱，重而粗的矿粒开始下沉，这时物料达到最大的松散，造成了矿粒按密度和粒度分层的有利条件。当上升水流停止，下降水流开始时，这时矿粒按照密度和粒度的不同，作沉降运动，物料逐渐转为紧密状态，以后粗粒便逐渐受到干涉不能继续下沉，而细小矿粒在下降水流的继续作用下，在粗粒的间隙中继续向下运动。下降水流结束后，分层作用停止，即完成了一次跳汰。在每次跳汰中，矿粒都受到一定的分选作用，达到了一定的分层。经过多次反复后，分层就更为完全，基本上形成了四个分层：最上层的是小密度的粗颗粒；其下面是小密度的细颗粒和一部分大密度的粗颗粒；再下面是大密度的粗颗粒；而最下层的是大密度的细颗粒，如图6-3所示。图中黑色的表示大密度的颗粒，白色的表示小密度的颗粒。常用的跳汰机的种类很多，按传动机构的形式分，有偏心连杆式跳汰机（包括活塞跳汰机和隔膜跳汰机）和无活塞式跳汰机（选煤用）。活塞跳汰机目前已经被隔膜跳汰机取代，但在国外个别矿山还有采用活塞跳汰机的。

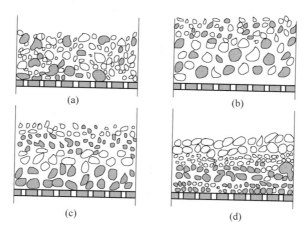

图 6-3 跳汰过程中矿粒的分层情况

（a）分层前床层的状态；（b）上升水流初期床层的状态；（c）上升水流末期床层的状态；（d）分层后床层的状态

隔膜跳汰机按其隔膜的位置不同，又可分为以下几种：

（1）旁动隔膜跳汰机（典瓦尔型跳汰机），如图6-4所示。这种跳汰机的隔膜室位于跳汰室的一旁。

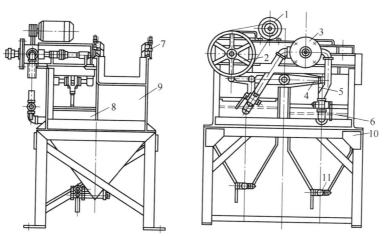

图 6-4 旁动隔膜跳汰机

1—电动机；2—传动装置；3—分水器；4—摇臂；5—连杆；6—橡胶隔膜；
7—筛网；8—隔膜室；9—跳汰室；10—机架；11—排矿活栓

（2）下动隔膜跳汰机，如下动圆锥隔膜跳汰机（如图6-5所示）。这种跳汰机的隔膜位于跳汰室之下。

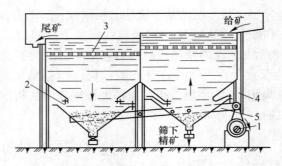

图 6-5　下动圆锥隔膜跳汰机
1—偏心传动装置；2—隔膜；3—筛板；4—机架；5—摇动框架

（3）侧动型隔膜跳汰机，如梯形跳汰机（如图6-6所示）。这种跳汰机的隔膜位于跳汰室的一侧。

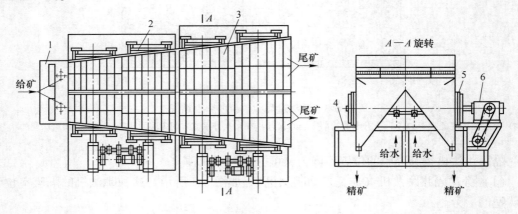

图 6-6　梯形跳汰机
1—给矿槽；2—中间轴；3—筛框；4—机架；5—鼓动隔膜；6—传动箱

C　影响跳汰过程的因素

影响跳汰机工作的因素包括跳汰机结构、操作因素、矿石性质和床层性质等。

a　跳汰机结构的影响

跳汰机结构方面的影响主要有筛面面积、筛孔的尺寸、跳汰室的数目、水箱的形状、给料装置等。

跳汰室筛面面积是影响生产率的重要因素。增大筛面面积，可增大跳汰机的生产率。经验证明，筛面宽度不应超过1.5~2m，筛面的长度和宽度之比一般为1~1.8。

跳汰室筛孔尺寸由给料的粒度和重产物排出的方法来决定。在处理粗粒级物料时，从筛口排出重产物，筛孔大小应小于给矿中最小颗粒的粒度，一般筛孔不应小于2mm。在应用人工床层的跳汰机中，重产物是透过筛板排出的，因此筛孔应大于给料中的最大颗粒。

跳汰室的数目多少取决于物料性质、给矿量及对产品的质量要求。当给矿量大，入选物料粒度较细，重产物与脉石矿物密度差别小，矿石性质比较复杂时，跳汰室数应较多。如要求得出纯净的尾矿，跳汰室数也应较多。一般来说，常见的跳汰机是 2~4 个跳汰室，而以两个跳汰室为最普遍。

跳汰机水箱的形状应能使鼓动水流垂直地通过筛板，并均匀地分布在筛面上。圆底水箱便于水的流动，可减少水的阻力。但筛下重产物排出困难。锥形水箱筛下重产物可自流排出。为便于收集重产物，有的跳汰机采用三面倾斜的水箱。一般跳汰机以采用角锥形水箱者为最多。

跳汰机的给料装置：给料装置应能保证物料沿整个筛面宽度均匀分布，并且不应使物料进入跳汰机时，向下的冲力过大，否则会使首端的床层被冲乱，小密度矿粒混入重产物中。为此，给料溜槽应控制适当的坡度。

b 跳汰机操作因素的影响

对于一定的物料和跳汰机，合理的操作制度是获得良好分选效果的保证。经验表明，冲程、冲次、筛下补加水制度和床层性质是最重要的操作因素。

冲程、冲次对床层的松散分层影响很大。冲程冲次不同，将造成不同的水流特性和松散的时间、空间条件。增大水流速度可使水流推动力增大；增大水流加速度可使水流加速度推力增大，因而造成对矿粒的不同作用。水流速度过小，床层松散度太小；若水流加速度过大，甚至超过重力加速度，则床层将整体托起，亦得不到很好松散。较大的冲程，可使床层升举较高，并获得较高的松散空间；较大的冲次，使床层保持较短的松散时间，但加快了分层速度。所以，适宜的松散分层作用，是适宜的冲程、冲次联合作用的结果。

冲程、冲次应据物料的性质、选别作业、操作条件以及对产品的不同要求，通过实验确定。对于密度大、粒度粗的物料或床层厚度大、处理量大、精矿产率大的情况，要求较大的冲程，较小的冲次。筛下水小时，应采用较大的冲程。一般采用大冲程小冲次或小冲程大冲次两种配合制度。选别粗粒物料宜用大冲程小冲次；选别细粒物料宜用小冲程大冲次。

筛下补加水的作用不仅起着补充随尾矿排出所消耗的水量，更重要的是可调节床层松散度和减弱下降水流过强的吸入作用，控制筛下排出精矿的数量和质量。筛下水的大小，主要据床层的松散情况以及精矿的产率、质量要求进行调节。当物料密度大、处理量大、床层厚时，增大筛下补加水量可以增大床层的松散度。对于宽级别物料，既要求适当的松散度，又希望不致因上升流过大的升举作用而使细重矿粒流失于尾矿，此时可控制较小的筛下补加水量。要求精矿品位高的作业（如分级前的细粒跳汰），筛下水量可多些；若主要是降低尾矿品位的作业（如分级后的跳汰），则筛下水量应小些。

筛下补加水对不同性质的物料效应不同。对粗粒物料，企图以增大筛下补加水来较大地改变床层的松散度，往往是徒劳的，同时将消耗大量水，很不经济。但对中、细粒物料，调节筛下补加水则十分敏感和有效。跳汰时，筛下补加水量要求足够，水量要保持恒定。一般金属矿石选矿，每吨矿水量为 5~10m³，水压要求大于 0.2MPa。

D 床层性质及组成

床层厚度主要影响松散程度和矿粒分层速度。有用矿物和脉石密度差大的矿石，为了加快分层速度，提高生产能力，应采用薄床层；精矿质量要求高时，应采用厚床层。床层厚度由跳汰机尾板高度控制，通常为 100~200mm。

当选别小于 2mm 的细粒矿石时，采用透筛排矿法。此时，必须在筛板上铺设人工床层，以调节、控制精矿数量和质量。人工床层的组成（人工床层厚度和床石的粒度、密度）对精矿数量和质量影响较大。床石粒度粗、密度小、人工床层厚度小、孔隙大时，细粒很易透过人工床层，此时精矿回收率高，但品位低；反之，回收率低，精矿品位高。人工床层密度应等于或稍低于大密度矿物的密度。人工床层的粒度一般为筛下精矿最大粒度的三倍以上。人工床层厚度不小于跳汰室高度的一半，一般为 10~70mm。床层的粒度配比应尽可能适当，形状应尽可能均匀、圆滑。

E 矿石性质的影响

矿石的性质对跳汰选矿来说，最重要的是粒度组成和密度组成。矿石的密度组成决定了物料的可选性。物料中轻重矿物的密度差越大，分选效率越高。中间密度的矿物或连生体多，分选效率降低，跳汰机的生产能力也降低。

矿石的粒度组成决定床层的性质，水要克服床层的阻力，通过颗粒间的空隙，因此对床层的松散和分层有很大的影响。

影响跳汰过程的各因素并非互相孤立的，必须具体进行分析。适宜的操作制度，最好由试验确定。

6.1.4.3 摇床选矿

A 概述

摇床选矿法是选别细粒矿石应用最成功、最广泛的重力选矿法之一。它不仅可以作为一个独立的选矿方法，往往还与跳汰、浮选、磁选以及离心选矿机、螺旋选矿机、皮带溜槽等其他选矿设备联合使用。

摇床是一个矩形或近似矩形的宽阔床面，如图 6-7 所示。床面微向尾矿侧倾斜，在床面上钉有床条，或刻有槽沟。由给水槽给入的洗水沿倾斜方向成薄层流过。由传动端的传动机构使床面做往复不对称运动。床面每分钟来回运动的次数称做冲次，床面前进和后退的距离称做冲程。当矿浆给入给矿槽内时，在水流和摇动的作用下，不同密度的矿粒在床面上呈扇形分布。

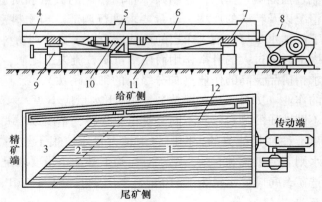

图 6-7 摇床示意图

1—粗选区；2—复选区；3—精选区；4—床面；5—给水槽；6—给矿槽；7—支承；
8—传动机构；9—调坡机构；10—弹簧；11—张力线；12—床条

摇床选矿法是根据矿物的密度，在沿斜面流动的横向水流中分层特性以及纵向摇动和床面上床条的综合作用来进行分选的。矿粒的粒度和形状亦影响分选的精确性。因此，为了提高摇床的选别指标和生产率，在选别之前需要将物料分级，使各粒级分别进行选别。

摇床选矿法除广泛用于处理钨、锡外，铁、锰、砷和含金的矿石和砂矿也广泛应用。还用来处理稀有金属矿石，黑色金属矿石和煤。在浮选未应用之前，亦广泛用于选别有色金属矿石。

B 影响摇床工作的因素

摇床选矿是重力选矿法中极其重要的选矿方法之一。影响摇床工作的因素很多：

（1）给矿性质。摇床给矿中矿粒的密度、粒度和形状对于摇床的选别指标有重大的影响。当重矿物和轻矿物的密度差大于 1.5 时，就能在摇床上顺利地进行选别。在重矿物和轻矿物的形状差别有利于分选的情况下，其矿粒的密度差只要有 0.4~0.5 时，就可分选得很好。

（2）冲程和冲次。冲程和冲次主要随所处理的物料的粒度而定。当处理粗粒物料时，采用较大的冲程和较低的冲次；当处理细粒物料时，采用较小的冲程和较高的冲次。

（3）横向坡度及用水量。一般情况下，调节坡度和调节洗水量具有相同的效果。适宜的坡度和冲洗水量，与给矿粒度和密度有关，要根据具体情况，通过实验确定。

最小的横向水量的消耗，应保证床面上所有的矿粒（包括其中最粗粒）都能被水层所覆盖，并且水流应有足够的速度将它们（小密度矿粒）沿床面冲下，水量的消耗随被选矿粒度的增大而增大，随横向坡度的增加而减小。但坡度过大会使床面分带发生困难。若要得到质量高的精矿，应该采用较小坡度和增大冲洗水的用量。

（4）给矿浓度和给矿量。给入摇床上的干矿量和给矿浓度决定了给入的矿浆体积。给矿浓度和给矿量是控制粗选区床层的松散和分带（排除尾矿的）的。若浓度过大，则矿浆黏性大，流动性变坏，许多重矿物不能得到很好的分层分带，大撮脉石压向精矿带；若浓度过稀，则降低摇床的单位生产率，同时会损失细粒精矿。因此，要注意掌握矿浆的浓度，一般正常的选别浓度为 25%~30%。

6.1.4.4 溜槽选矿

溜槽是一种简单的重选设备，它是根据矿粒在斜面水流中的运动规律而进行选矿的。矿粒群在溜槽内随水流沿槽运动，在水流的冲力、矿粒本身的重力和矿粒与槽底的摩擦力的联合作用下，按密度分层。重矿粒沉积在槽底上，成为精矿，轻矿粒则被水流冲走，成为尾矿，因而达到分选的目的。常见的溜槽选矿方法有：圆锥选矿机（见图 6-8）、皮带溜槽（见图 6-9）和螺旋选矿机（见图 6-10）等。

溜槽选矿可以处理粗细差别很大的矿石，给矿粒度最大达到 100~200mm，最细又可以小至十几微米，采用不同的溜槽来完成。处理的矿石在 2~3mm 以上的称为粗粒溜槽，处理 0.074~2mm 的溜槽称为矿砂溜槽，而给矿粒度为 -0.074mm 的溜槽称为矿泥溜槽。目前用得最多的还是后两种。其中矿泥溜槽因能处理微细矿泥具有特殊效果而受到很大的重视。

矿砂溜槽主要用于金、铂、钨、锡砂矿及其他稀有金属矿如锆英石等砂矿的粗选。机械化的矿砂溜槽常用来选别铁矿及钨、锡脉矿。

矿泥溜槽常用于钨、锡及稀有金属矿的粗选作业，也有作为精选的。目前溜槽之所以

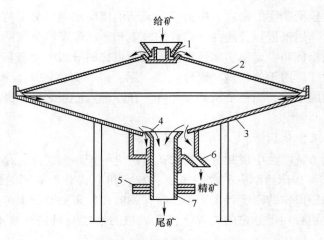

图 6-8　单层圆锥选矿机

1—给矿斗；2—分配锥；3—分选锥；4—截料喇叭口；5—转动手柄；6—精矿管；7—尾矿管

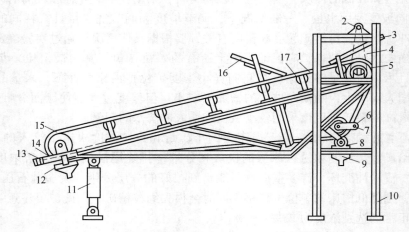

图 6-9　皮带溜槽

1—带面；2—天轴；3—给水匀分板；4—传动链条；5—首轮；6—下张紧轮；7—精矿冲洗管；
8—精矿刷；9—精矿槽；10—机架；11—调坡螺杆；12—尾矿槽；13—滑动支座；14—螺杆；
15—尾轮；16—给矿匀分板；17—托辊

被广泛采用，其原因是处理低品位砂矿取得了较好的效果。

6.1.4.5　重介质选矿

某些粗粒嵌布，或某些多金属集合嵌布的矿石，往往在较粗的粒度（大于 20mm）时，就有单体脉石或废石解离出来。为了降低碎矿、磨矿和选矿成本，简化生产工艺过程，合理使用设备，就必须按"能丢早丢"的原则，把单体的脉石或废石，及时地尽早丢弃。但是，对于这样粗粒度的矿粒，用前面已经讲过的各种方法，是很难进行有效分离的。因此，在许多选矿厂采用人工手选来丢弃大块废石，其劳动强度大，生产率低。重介质选矿是代替人工手选分离粗粒脉石或废石的一种有效选矿方法。

重介质选矿法是在一种相对密度大于 1 的液体或悬浮液（磨细的固体和水的混合物）

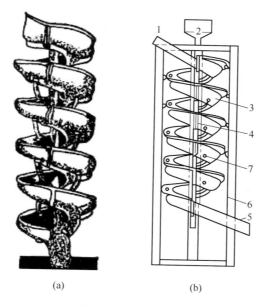

图 6-10 螺旋选矿机

（a）外形图；（b）结构示意图

1—给矿槽；2—冲水导槽；3—螺旋槽；4—连接用法兰盘；5—尾矿槽；6—机架；7—重矿物排出管

中，使矿粒按密度来分选的一种选矿方法。重介质的密度（ρ）介于大密度矿物（δ_1）和小密度矿物（δ_2）的密度之间，即：$\delta_1 > \rho > \delta_2$。

根据阿基米德原理，任何固体在液体中均受到浮力。当液体的密度越大，固体所受的浮力也就越大。如果当液体的密度等于矿粒的密度时，矿粒就不会下沉，而悬浮于液体中。若液体的密度大于矿粒的密度，则矿粒从液体中浮起。密度大于液体密度的矿粒，则能在液体中下沉。

作为重介质选矿的介质有两种：重液和悬浮液。重液是各种可溶性高密度盐类的水溶液（如氯化锌 $ZnCl_2$、氯化钙 $CaCl_2$ 等）或某些高密度的有机液体（如四氯化碳 CCl_4、三溴甲烷 $CHBr_3$、四溴乙烷 $C_2H_2Br_4$ 等）。虽然重液有长时间保持其物理性质稳定的优点，但由于价格太贵，回收时损失大，有腐蚀性和毒性，所以除特殊情况外，一般在生产中很少使用，多用于实验室的小浮沉教学实验。

在工业上用作加重质的矿物很多，选矿上用的加重质主要是硅铁，其次还有方铅矿、磁铁矿和黄铁矿等。

加重质首先要有足够的密度，以便在适当的容积浓度下（一般为 25% 左右），配制成密度合乎要求的悬浮液。其次要求加重质便于回收，能够用简单的磁选、浮选或分级等方法将被污染的悬浮液净化。另外，选择加重质也要注意来源广泛，价格便宜，且不要成为精矿的有害杂质。当以方铅矿、磁铁矿、黄铁矿和毒砂作加重质时，一般取这些矿物的精矿直接使用。

重介质分选机按照分选产品数量可分为两产品和三产品分选机，如两产品和三产品重介质旋流器；根据分选槽的形式可分为深槽和浅槽分选机；根据悬浮液的流动方向分为水平、垂直和复合液流分选机；根据排矸装置形式可分为提升轮、刮板、圆桶和空气提升式分选机。

配制重悬浮液时，主要是根据重介质选矿所要求的分离密度，来配制好悬浮液的密度，以供选别时使用。

因为悬浮液是由固体颗粒和水所构成的，所以它的物理密度即是单位体积内液体与加重质的密度之和：

$$\rho = \lambda \delta_0 + (1 - \lambda)\rho_1 = \lambda(\delta_0 - \rho_1) + \rho_1 \tag{6-13}$$

式中 ρ——悬浮液的物理密度，g/cm^3；

λ——加重质的容积浓度（用小数表示）；

δ_0——加重质的密度，g/cm^3；

ρ_1——悬浮液中液体的密度，g/cm^3。

如果悬浮液中的液体是水，则 $\rho_1 = 1$，因此式（6-13）可以写成

$$\rho = \lambda(\delta_0 - 1) + 1 \tag{6-14}$$

从式（6-14）可知，悬浮液的密度是随加重质的密度和加重质的容积浓度的增大而增大的。

按既定的悬浮液密度配制一定体积的重悬浮液，需要的加重质的质量和水量按式（6-15）计算。由质量平衡关系知

$$m + \left(V - \frac{m}{\delta_0}\right)\rho_1 = V\rho \tag{6-15}$$

故得

$$m = \frac{V\delta_0(\rho - \rho_1)}{\delta_0 - \rho_1} \tag{6-16}$$

所需水量（L）：

$$V_{水} = V - \frac{m}{\delta_0} \tag{6-17}$$

式中 m——加重质的质量，kg；

V——悬浮液体积，L；

δ_0——加重质密度，g/cm^3；

ρ——悬浮液密度，g/cm^3；

ρ_1——分散介质密度，g/cm^3；采用水时，$\rho_1 = 1g/cm^3$。

在选别过程中，悬浮质的消耗量不大，在能回收的情况下，选别每吨矿石，其悬浮质的消耗量为 0.1~2.5kg。

悬浮液中加重质始终有向下沉降的趋势，使上下层的密度发生变化。因此总的来说，悬浮液的性质是不稳定的。

提高悬浮液的稳定性恰好与降低黏度的因素相对立。加重质颗粒越细，形状越不规则，容积浓度越大以及含泥量越多，则悬浮液的稳定性越高。生产中为了达到足够高的容积浓度以提高稳定性，可以采用不同的加重质配合使用。在加重质粒度不太细时（例如大于 0.1~0.2mm），也可加入 1%~3%泥质物料，如黏土、膨润土等来提高稳定性。同时加入适当的胶溶性药剂，以防止形成结构化。

在生产中经常采用机械搅拌或使悬浮液处于流动状态来减少上下层密度的变化。机械搅拌的强度不能太大，否则会破坏分层的进行。悬浮液的流动可采用水平的、垂直的以及回转的方式，但经常是这些方式的联合应用。而在重介质旋流器中，则主要是回转运动。

6.2 浮 游 选 矿

浮游选矿是利用各种矿物颗粒或粒子表面的物理、化学性质的差异，从矿浆中借助气泡的浮力，在气-液-固三相流体中进行分离矿物的技术。一定浓度的矿浆并加入各种浮选药剂，在浮选机内经搅拌与充气产生大量的弥散气泡。当悬浮的矿粒与气泡碰撞，一部分可浮性好的矿粒附着在气泡上（见图 6-11），上浮至矿液面形成泡沫产品（见图 6-12）称为精矿；未上浮的矿物留在矿浆内称为尾矿，从而达到分选的目的。各种矿物是否分离主要取决于能否与气泡选择性地附着并随气泡上浮至矿浆表面。

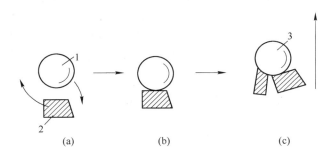

图 6-11 矿粒与气泡碰撞附着、上浮示意图

（a）碰撞；（b）附着；（c）上浮

1—气泡；2—矿粒；3—气泡-矿粒集合体

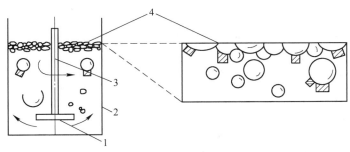

图 6-12 气泡-矿粒聚合体形成过程

1—搅拌叶轮；2—浮选槽；3—旋转主轴；4—可浮矿粒形成的泡沫精矿

目前浮选已成为应用最广泛、最有前途的分离方法，不仅广泛用于选别金属矿物、非金属矿物，还用于从工厂排放的废水中回收有价金属等。

浮游选矿的工艺过程包括：

（1）选前的准备作业。准备工作包括磨矿、分级、调浆、加药、搅拌等。主要是要得到粒度、浓度等符合选别要求的矿浆。

（2）搅拌充气及气泡的矿化。空气通过一定方式吸入或压入，经与浮选药剂作用后，表面疏水性矿粒能黏附在尺寸合适且稳定的气泡上，而亲水性的矿粒仍然停留在矿浆中。

（3）精矿的获得。黏附在气泡上的疏水性矿粒，以气泡为载体，逐渐升浮至矿浆面形成矿化泡沫，浮选机转动的刮板将它刮出，即精矿产品留在槽中的称作尾矿。

6.2.1　浮游选矿的基本原理

6.2.1.1　矿物、水和空气的性质

A　浮游选矿的空气

浮选所需空气的重量约为同体积水的八百分之一，空气泡在水中有良好的浮力，可将附着的矿粒从矿浆深处运到矿浆表面。空气、氮气或其他气体对浮选液相和固相是能够发生物理-化学作用的，从多方面影响浮选过程。

空气中的氧，化学性质活泼，能够使硫化矿物和药剂受到氧化。空气中的氮气，由于化学性质不活泼，故在浮选理论研究中，为了避免氧气、二氧化碳对浮选的影响，常常采用高纯氮代替空气。近年来，一些选厂为了减少铜-钼混合精矿分离过程中硫化钠的消耗，已经在工业中使用氮气代替空气，浮选机也相应改成封闭式的。

B　浮游选矿的水溶液

浮选水溶液其主要成分是水，还含有少量的矿物成分和浮选药剂。

水（H_2O）中的氢和氧的结合方式如图 6-13 所示。由于 H、O 各位于分子的一端，负电荷的重心在氧原子一端，正电荷的重心在氢原子一端，使整个水分子的电性不平衡，所以可把水分子看成一个偶极子（图 6-13（b））。

水分子间由于异极的相互吸引，再加上氢键的作用，经常产生缔合，液态水中除了最简单的 H_2O 分子外，还存在（H_2O）$_2$、（H_2O）$_3$、（H_2O）$_4$。水分子具有偶极性，因此，它对于许多盐类和浮选药剂具有很强的溶解能力，且对绝大部分矿物具有润湿能力，是现代用电场和磁场处理选矿浆的物质基础。

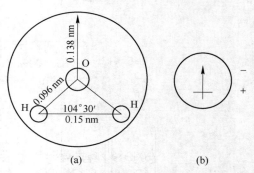

图 6-13　水分子示意图
（a）水分子中 H、O 的相对位置；
（b）水偶极示意图

液态水中的水分子发生定向重排，造成分子缔合时，也有一些分子发生破裂，结果生成 H^+、OH^-。它们以（$aH_2O \cdot H$）$^+$ 和（$bH_2O \cdot OH$）$^-$ 的形式存在。

选矿厂常常使用矿坑水和尾矿坝的水（称为回水），以节约用水，减少对环境的污染。回水中一般都含有矿石中的阴、阳离子。如在有色金属矿山的废水中，常含有 Cu^{2+}、Pb^{2+}、Zn^{2+}、SO_4^{2-} 等离子。选矿厂的废水中，普遍含有捕收剂、起泡剂及某些调整剂。为了使废水中的离子不扰乱正常的选矿过程，必须对回水进行定期或有针对性的分析，了解废水离子组成及其循环情况，适当减少难分解、易积累的松醇油等药剂的用量，保持浮选矿浆中正常的离子浓度，以免影响浮选指标。

C 要分离的矿物

浮选所要分离矿物的亲水性和可浮性，是由矿粒浮选前表面的性质决定的。而矿粒浮选前表面的性质，首先与其本身的化学组成、键的类型和晶格结构有关，其次还和矿浆的化学成分有关。破碎的矿物其断裂面存在不饱和键能，使矿物表面呈现出一定的补偿，并使整个体系的表面自由能降到最低。

a 矿物的晶格类型与其亲水性

自然界的矿物多达 3300 余种，主要矿物晶格可分为离子晶格、共价晶格、金属晶格和分子晶格。

离子晶格矿物有萤石（CaF_2）、方解石（$CaCO_3$）、白铅矿（$PbCO_3$）、铅矾（$PbCO_3$）、白钨矿（$CaWO_4$）、孔雀石［$CuCO_3 \cdot Cu(OH)_2$］、闪锌矿（ZnS）、锆英石（$ZrSiO_4$）和岩盐（$NaCl$）等。晶格质点之间，靠静电力互相吸引，晶格破裂后，留下未饱和的残留键。这种键在水中容易受水偶极电场的作用，所以亲水且易溶于水中。

共价晶格矿物的典型例子是金刚石，一般是共价键带有弱的极性键，如石英（SiO_2）、金红石（TiO_2）、锡石（SnO_2）等。相邻的两个原子靠共享一对电子连接起来，共有的电子对只能在某一方向互相结合，所以共价键有一定的方向性和饱和性，结合力比较强。具有共价晶格的矿物破裂后，表面露出残留共价键，它和水偶极的作用力较强，亲水性较大。

金属晶格如自然铜，其金属键没有方向性和饱和性，结合力也比较强。一般金属晶格的矿物，破裂后表面露出残留的金属键，和水偶极的作用力很小，常有较好的疏水。

分子晶格如菱形硫，其中的硫分子与硫分子间是靠分子间力联系的，硫原子与硫原子间是共价键。石墨、辉钼矿的层状结构中层与层间也是分子键。分子键没有方向性和饱和性，结合力很小。分子晶格的矿物和水偶极之间，往往只有微弱的分散效应（色散力），破裂后表面也是露出残留分子键，和水的亲力极小，是疏水的，具有天然可浮性。至于自然界及浮选常用的硫化矿如方铅矿、黄铁矿等具有半导体性，是介于离子键、共价键、金属键之间的过渡的包含多种键能的晶体。

从上面的叙述可以看出几种矿物晶格与可浮性的关系大致如下：

分子晶格 > 金属晶格 > 共价晶格 > 离子晶格

在自然界中，天然疏水的矿物只有几种，如石蜡、石墨、硫黄、辉钼矿、辉锑矿、滑石和叶蜡石。一般自然金属和重金属硫化矿物疏水性中等。各种金属氧化矿物、非金属氧化矿物、硅酸盐和可溶盐类矿物，亲水性都很强。

b 实际晶格的异常现象与矿物表面的不均匀性

天然矿物的结晶，不像结晶学所描述的晶体那么纯净与完整。常常存在着各种晶格缺陷和表面不均匀性，使同种矿物的浮选性质因产地或矿床部位不同，差别很大。

矿物在矿床内或在采运过程中，表面有时受到不同程度的氧化或污染。易浮的石墨或辉钼矿，表面氧化后可浮性变坏。产自铜矿床中二次富集带中的硫化铁，表面会因盖上一层辉铜矿薄膜而可浮性大大增加。

在磨矿过程中，颗粒受力的位置和破裂形态不同，也能造成各个颗粒可浮性的差异。矿粒边棱或突出部位，晶格力场相对不够饱和，残留键力强，形成与药剂作用的活性中心。表面活性中心多的矿粒与浮选剂容易发生作用。此外，扁平的自然金属一般比圆粒状的容易浮游。

6.2.1.2 矿粒吸附在气泡上的机理

A 矿物表面的润湿性

通常把水在矿物表面上展开和不展开的现象称为润湿和不润湿现象。易被水润湿的矿物称作亲水性矿物，不易被水润湿的矿物称作疏水性矿物。例如石英、云母很易被水润湿，而石墨、辉钼矿等不易被水润湿。

图 6-14 是水滴和气泡在不同矿物表面的铺展情况。图中矿物的上方是空气中水滴在矿物表面的铺展情况，从左至右，随着矿物亲水程度的减弱，水滴越来越难以铺开而成为球形；图中矿表面的铺展情况，从左至右，随着矿物亲水程度的减弱，水滴越来越难以铺开而成为球形；图中矿物下方是水中气泡在矿物表面附着的形式，气泡的形状正好与水滴的形状相反，则从右到左，随着矿物表面亲水性的增强，气泡变为球形。

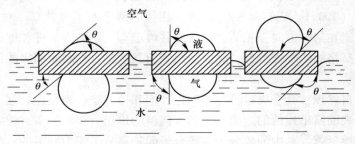

图 6-14 矿物表面的润湿现象

水和气泡在矿物表面的不同表现，可概述为：亲水矿物疏气，而疏水矿物则亲气。

B 接触角与可浮性

矿物表面的亲水或疏水程度，常用接触角 θ 来度量。在液体所接触的固体（矿物）表面与气体（气泡、空气）的分界点处，沿液滴或气泡表面作切线，则此切线在液体一方的，与固体表面的夹角称为"接触角"（如图 6-14 所示）。

亲水性矿物接触角小，比较难浮；疏水性矿物接触角大，比较易浮。前人已对许多不同类型的矿物进行过接触角的测定，现选择若干个测定值列于表 6-1。

表 6-1 接触角测定值举例

矿物名称	接触角度/(°)	矿物名称	接触角度/(°)
硫	78	黄铁矿	30
滑石	64	重晶石	30
辉钼矿	60	方解石	20
方铅矿	47	石灰石	0~10
闪锌矿	46	石英	0~4
萤石	41	云母	0

C 气泡的矿化过程

浮选时，矿浆中的疏水性矿粒，必须被黏附在气泡上，跟着气泡上浮。气泡逐渐黏附矿粒的过程称为气泡矿化。气泡在矿浆中矿化，原则上有两条途径：一是气泡直接在矿粒表面析出；二是矿粒和气泡碰撞。也可能由这两条途径相结合形成第三条途径。

以机械搅拌式浮选机为例，气泡在矿粒表面析出的过程：空气进入机械搅拌式浮选机内以后，和矿浆混合，流到叶轮叶片的前方。由于叶轮转动，其叶片拨动矿浆和空气的混合物，力图将其甩入叶轮周围的矿浆中。而矿浆空气混合物，受到叶轮外部静水压力的阻拦，必须受到比静水压力更大的压强才能排出。此时叶轮前方的气体因受压而部分溶解。这种溶解有空气的矿浆，从叶片上方或边缘翻入叶片后方，进入刚被排走矿浆的外压较低的空间，因为外压降低，被溶解的空气在疏水性的矿粒表面析出（图6-15）。

矿粒与气泡碰撞的途径很多。例如矿粒下降气泡上升，矿粒受离心力的作用甩向气泡，矿粒被气泡尾部涡流吸引向气泡移动等，都可以造成气泡矿粒互相碰撞或接触。碰撞时，由于矿粒和气泡表面通常有定向的水分子层，而且矿粒表面的水分子层相当厚，可以达到多个水分子层厚（图6-16）。碰撞时，必须将这种定向水分子层挤出去，只剩下残留水化膜，才能形成一定的接触角，使矿粒附着在气泡上。矿粒疏水性越好，水化层越薄，则矿化时间越短。

图6-15 空气在矿浆中有溶解和析出部位图
a—空气受压区；b—空气析出区

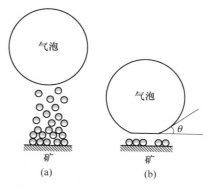

图6-16 矿粒-气泡附着前后水化层的变化
（a）接触前水化层厚；
（b）附着后只剩下残留水化薄膜

6.2.2 浮选药剂

浮选时常用的药剂主要有捕收剂、起泡剂、调整剂（抑制剂、活化剂、pH值调整剂、分散剂和絮凝剂）。需要注意的是，药剂的分类是就浮选药剂在具体的条件下发生的作用而言，药剂的功能往往随使用的具体条件而变。如硫化钠，用量较少时，作为铜、铅氧化矿物的活化剂；用量较大时，则成为抑制剂。

6.2.2.1 捕收剂

A 概述

捕收剂是用以增强矿物的疏水性和可浮性的药剂。在浮选过程中，它是把矿粒系在气

泡上的"纽带"（见图 6-17）。捕收剂之所以能起到这种作
用，是与它的组成和结构不可分割的。

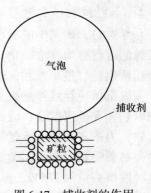

黄药类捕收剂的捕收作用，主要靠阴离子 ROCSS⁻产生。
凡是靠阴离子发生捕收作用的这类药剂，都称做阴离子捕收
剂。如油酸钠靠油酸阴离子（RCOO⁻）产生捕收作用，所以
它是阴离子捕收剂。

阴离子捕收剂的阴离子，都包括疏水基和亲固基。亲固
基是和固相（矿物）直接发生作用的原子团，必须和固相有
一定的亲和力，整个捕收剂阴离子，就通过它吸附在矿物表
面上。疏水基是在水中有被水排挤出去的倾向的原子团，是
阴离子中疏水亲气的原子团，是捕收剂起疏水作用的物质基
础。被捕收剂作用后的矿粒，表面好像长满了"捕收剂毛"。

图 6-17　捕收剂的作用

B　捕收剂的类别

捕收剂分子中一般包含极性基和非极性基。极性基是捕收剂分子中与矿物表面发生化
学或物理吸附的功能基团，通常具有较高的化学活性，可以与矿物表面的活性部位（如
金属阳离子或其他极性官能团）发生反应或吸附，使捕收剂分子固定在矿物表面，从而
改变矿物表面的润湿性；非极性基是捕收剂分子中疏水的部分，通常由碳氢链或类似结构
组成，可增强捕收剂分子在矿物表面的疏水性作用，促进矿物颗粒浮选。根据捕收剂分子
在水中的解离特性以及其化学结构和功能特点，可将常见的捕收剂及其相互关系如图 6-18
所示。

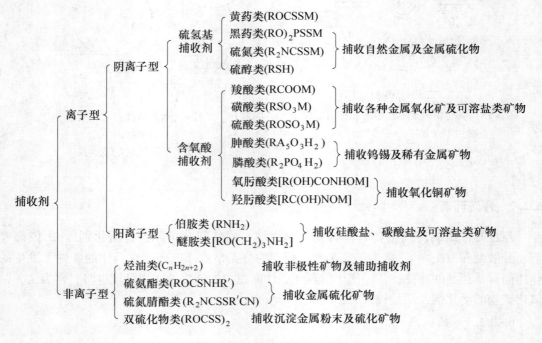

图 6-18　常用捕收剂的分类及用途

（R、R′表示各种烃基；M 表示 Na、K、NH₄ 或 H₃，其余为元素符号）

C　常用的捕收剂

a　黄药

黄药是浮选重金属硫化矿物和自然金属矿物最重要的捕收剂。

黄药又称为烃基黄原酸盐，在通式 ROCSSMe 中，R 通常为烷基（C_nH_{2n+1}）$^-$，$n = 2 \sim 5$，个别的 $n = 8$，Me 为 Na 或 K，国产工业品多为 Na。黄药全名为 X 基黄原酸钠（钾），我国目前简称为 X 黄药。如：

$$乙黄药 \qquad C_2H_5OCSSNa$$
$$丁黄药 \qquad C_4H_9OCSSNa$$

黄药为黄色固体粉末，有的压成粉笔状。新鲜的丁黄药颜色比乙黄药深。黄药易燃，有臭味，它分解出的挥发性气体（CS_2）对神经系统有害，应注意防护。

黄药受潮可分解成 CS_2、ROH、NaOH、Na_2CO_3、Na_2CS_3（三硫代碳酸钠）。

黄药溶液在空气中能缓慢地氧化生成双黄药，因此黄药药剂在配制时多遵循当天用当天配的原则。

黄药易溶于水，其水溶液呈弱碱性。矿浆中 OH^- 浓度适当，可以产生较多的有效离子，使黄药充分发挥作用。在强酸性或碱性介质中，黄药容易失效。

黄药阴离子能与贵金属和重金属离子作用，生成金属黄原酸盐的沉淀，如：

$$2ROCSS^- + Cu^{2+} \longrightarrow (ROCSS)_2Cu \downarrow$$

黄药对各种矿物的捕收能力和选择性，与其金属盐的溶解度有非常密切的关系。按乙黄药金属盐溶度积的大小和实际浮选情况，可把浮选中常遇到的金属分为三类：

（1）（C_2H_5OCSS）$_n$Me，溶度积小于 4.5×10^{-11} 的金属有金、银、汞、铜、铅、镉、铋。黄药对它们的自然金属和硫化矿物捕收力最强。如自然金辉铜矿、方铅矿等。

（2）（C_2H_5OCSS）$_n$Me，溶度积在 $4.9 \times 10^{-9} \sim 7 \times 10^{-2}$ 之间的金属有锌、铁、锰等。黄药对它们的金属硫化矿物有一定的捕收能力，但比较弱，如黄铁矿。

必须指出，钴、镍等金属的黄酸盐，溶度积虽然属于第一类，但它们在自然界中，常常和铁一起组成硫化矿物，所以大多数的钴、镍硫化矿物，可浮性属于第二类。

（3）（C_2H_5OCSS）$_n$Me，溶度积大于 1×10^{-2} 的金属有钙、镁、钡等碱土金属。由于它们的黄原酸盐溶解度太大，在一般药剂用量的条件下，矿物表面不能形成有效的疏水膜，黄药对其矿物完全无捕收作用，如方铅矿、白云石、重晶石等。

综上所述，捕收剂烃基中的碳原子数目越多，其疏水性和捕收作用越强，选择性越差。为了获得一定的回收率，烃基越短的黄药用量越大。异构黄药由于疏水面积比相应的正构黄药大，捕收力比正构黄药强。

b　黑药

黑药是仅次于黄药的硫化矿物捕收剂。其成分为烃基二硫代磷酸盐。

（1）甲酚黑药。甲酚黑药为暗绿色油状液体，有难闻的臭味，相对密度 1.1，难溶于水。各种甲酚黑药都有数量不等的游离甲酚，对皮肤有腐蚀性。

（2）丁铵黑药 [（C_4H_9O）$_2$PSSNH$_4$]。丁铵黑药是暗白色粉末。因为它以丁基代替了甲酚黑药的甲酚基，故它比甲酚黑药臭味小，腐蚀性小，易溶于水。

此外，我国也使用过苯胺黑药、甲苯胺黑药、环己胺黑药。

黑药在水中会解离成黑药阴离子（RO）$_2$PSS$^-$ 和阳离子 Na$^+$ 或 NH$_4^+$，其阴离子易和重金属离子生成难溶的沉淀，并通过这种反应发生捕收作用。

$$2(RO)_2PSS^- + Pb^{2+} \longrightarrow [(RO)_2PSS]_2Pb\downarrow (或写作 PbA_2)$$

黑药金属盐的溶度积比黄药大得多，例如：

$$L_{黄-锌} = 4.9 \times 10^{-9}, \quad L_{黑-锌} = 1.2 \times 10^{-5}$$

黑药对于硫化铁矿的捕收能力也比黄药低得多。

在复杂硫化矿分离中，因为黑药有较好的选择性，故被广泛采用。在用石灰抑制硫化铁的场合使用黑药可以减少石灰用量。浮选铅、铜、镍等矿物中常与黄药共用或单用。另外，国产丁铵黑药和苯胺黑药在金、银浮选中也显示了较好的捕收性。

由于甲酚黑药多一个疏水基，而且是较难溶于水的甲酚基，故它比黄药难溶于水。使用时，常把它配成低浓度（如1%）的悬浊液加入距浮选较远的地点或将其原液直接加入球磨机中。

黑药具有一定的起泡性，游离甲酚越多起泡性越强。黑药的气泡比松醇油的气泡更黏，故用量不宜过大，以免泡沫难以处理。由于丁铵黑药泡厚、大而脆，所以用量稍大危害不明显。

合成黑药的同时生成硫化氢，硫化氢能使氧化矿物硫化。对于轻微氧化的矿石，用黑药作捕收剂，效果较好。

黑药的稳定性比黄药好，较难氧化，在酸性介质中较难分解，故在酸性矿浆中浮选用它较为适宜。

由于黑药中残留着游离甲酚，酚类化学性质稳定，难以氧化，而且毒性较大，对环境的污染比较大。

c　硫氮

硫氮学名烃基二硫代氨基甲酸盐，可视为氨基甲酸的衍生物。

工业乙硫氮（SN-9）为暗白色结晶固体，有时捎带黑红色，无毒无臭，无腐蚀性，能溶于水，比黄药稳定。但在酸性介质中或受潮时会缓慢分解变质。

硫氮对铅、铋、锑、铜等金属的硫化矿物有较强的捕收能力，但对铁的硫化矿物例外，硫氮对它的捕收能力很弱。

乙硫氮在使用上有几个特点：

（1）选择性比黄药强，在弱碱性介质中对黄铁矿的捕收能力尤其弱；

（2）浮铅的适宜 pH 值要比黄药和黑药高（如9~9.5）；

（3）用量比黄药低，只是黄药用量的1/5~1/2。

此外，乙硫氮在使用上浮选速度快，泡沫不如黑药黏，可以单独作捕收剂使用（黑药常和黄药联用）。但对不同矿山的矿石，捕收性质常常不同。

D　氧化矿浮选常用的几种药剂

硫化矿与氧化矿浮选用的有机捕收剂，大体上可以分开，而调整剂和起泡剂则不能截然分开，它们在许多情况下是通用的。

a　常用的羧酸类捕收剂

（1）动植物脂肪酸：以动植物油脂水解制取脂肪酸及其皂，是洗衣肥皂和油酸类捕收剂的一个重要来源。根据各地资源情况不同，可以用不同的油脂做原料，如米糠油、棉籽油、玉米油、棕榈油、椰子油、鲱鱼油等。

动植物脂肪酸中，最普遍的是十四酸（肉豆蔻酸）、十六酸（棕榈酸）、十八酸（硬脂酸）、油酸和亚油酸。动物油脂中所含酸的品种更多一些。浮选工业中，特别是在低温严寒地区，人们比较喜欢用不饱和发酸，如含油酸 $C_{17}H_{33}COOH$、亚油酸 $C_{17}H_{31}COOH$ 和次亚油酸 $C_{17}H_{29}COOH$ 多的品种。因为它们的凝固点低，能抗低温、易分散，指标可靠。

各种工业油酸名为油酸，实际上是多种羧酸的混合物，随原料和加工工艺不同，所得产品的组成和性质差别很大，浮选效果大不一样，使用中必须经常加以鉴定、分析、总结。

（2）妥尔油类：妥尔油是由松树造纸的纸浆废液中提取出的物质，是油酸的代用品之一。根据对纸浆废液加工的深度不同，分为粗硫酸盐皂、粗制妥尔油、精制妥尔油、妥尔皂等产品。作为浮选的捕收剂，其主要有用成分为油酸、亚油酸、树脂酸。树脂酸中以松香酸为主。松香酸单独使用时只有起泡性，与其他羧酸共用时才有一定的捕收性，其捕收力比油酸弱。

目前我国只有少数造纸厂的妥尔油可作为捕收剂，故来源很有限。浮选铁矿时，常将它与氧化石蜡皂配合使用。

（3）石油馏分氧化成的羧酸（包括氧化石蜡皂）：石油中的许多烃类，都可以借助于人工高温氧化或细菌发酵等工艺得到羧酸。目前在这方面大量使用的是氧化石蜡皂，其次是炼油厂的石油碱渣。

制取氧化石蜡皂所用的原料，大都是 260~350℃时从原油中分馏出的石蜡。由于分馏时温度的下限不同，它们含有不等量的分子较小的烃油。

氧化石蜡皂实质上是一个混合物。它包括多种正、异构一元羧酸的皂、羟基酸皂和其他物质。

国产 731 号氧化石蜡皂是酱色膏体，成分欠稳定；733 号氧化石蜡皂为粉状固体，成分较稳定。

红铁矿选矿中也用石油磺酸盐 RSO_3Na 和石油碱渣。

b 羟肟酸类捕收剂

（1）异羟肟酸钠（RCONHONa）：由于异羟肟酸钠 R 中含碳 7~9 个，故又称 7-9 羟肟酸。它为黄白色固体，易溶于热水，有毒和腐蚀性，可和 Cu^{2+}、Fe^+ 等离子生成聚合物。浮选氧化铜矿时将它与黄药共用，能获得较好的指标。异羟肟酸钠也可用于浮选氧化铁、稀土磷酸盐和钛铁矿。

（2）水杨氧肟酸：它系粉红色粉末，性质稳定，溶于乙醇、丙酮等有机溶剂。在酸性介质中使用时，可将其先溶于酒精；在碱性介质中使用时，可将其溶于氢氧化钠，配成 1%~2% 的稀碱水溶液。它是锡石和钨锰铁矿的选择性捕收剂，有一定的起泡性。

c 胺和醚胺

胺和醚胺，都是阳离子捕收剂。其阳离子中含有烃基，可以吸附在矿物表面上起捕收作用，是铁精矿反浮选和可溶盐类浮选的重要捕收剂。

（1）胺类的成分和命名。胺可以看作氨的衍生物。根据 NH_3 被烃基取代 H 的个数不同，分别命名为第一胺（伯胺）、第二胺（仲胺）和第三胺（叔胺）。

$$
\begin{array}{cccc}
\text{H} & \text{H} & \text{R}' & \text{R}' \\
| & | & | & | \\
\text{H—N—H} & \text{R—N—H} & \text{R—N—H} & \text{R—N—R}'' \\
\text{氨} & \text{第一胺} & \text{第二胺} & \text{第三胺}
\end{array}
$$

浮选中最常用的是烷基第一胺，其烃基中的碳原子数多在 12~18 之间。与其他捕收剂相似，碳链较长者，通常具有较大的捕收能力。我国某厂产的混合第一胺，含第一胺 80%，烃中的碳原子数为 10~20 个，除第一胺外，还有少量的第二胺、第三胺和其他杂质。

混合胺工业品在常温下为琥珀色膏状物，有刺激性臭味。

（2）胺的化学性质：短链胺易溶于水，而长链胺溶解度有限。胺类在水中溶解时呈碱性，并生成起捕收作用的阳离子 RNH_3^+：

$$RNH_2 + HOH \Longleftrightarrow RNH_3^+ + OH^-$$

长链胺分子在水中常常借氢键和色散力相互作用发生缔合，浓度大时形成胶束。为了促进它的溶解和分散，常将它先溶于盐酸或醋酸中制备成盐（加酸时温度不宜超过 50℃，以免产生酰胺）。

溶液 pH 值不同时，胺的离子和分子的相对数量不同。在不同场合，有时离子起捕收作用，有时分子起捕收作用。

由于胺类与矿物的作用以物理吸附为主，所以附着不牢固容易脱落和洗去。使用胺类时，需要的调整时间较其他氧化矿捕收剂短。

胺类捕收剂比脂肪酸类有更强的起泡性，使用时一般不再另加起泡剂，而且一次用量不能过大。矿泥多时，胺类捕收剂吸附在矿泥上，能造成大量黏性泡沫，使过程失去选择性，既降低精矿质量也增大药剂的消耗。所以，使用胺类捕收剂时多半须预先脱泥。

胺类捕收剂主要用于浮选石英、硅酸盐、铝硅酸盐（红柱石、锂辉石长石、云母等）、菱锌矿和钾盐等矿物质，用量为 0.05~0.25kg/t。目前冶金工艺强调使用优质铁精矿，为了从铁品位 60% 左右的磁选精矿中脱除硅石（石灰英及其他硅酸盐），可以单独使用烷基第一胺（如十二胺）或将它和醚胺混用。

（3）醚胺：醚胺类药剂，具体品种不少，都可以看作胺的衍生物，可分为醚一胺和醚二胺两组。常见的两组见下列结构式，它们和胶的对应关系见表 6-2。

表 6-2 醚胺和胶的对应关系

胺的种类	结 构 式	简 式
第一胺	R—CH₂—CH₂—CH₂—CH₂—NH₂	RNH₂
醚一胺	R—O—CH₂—CH₂—CH₂—NH₂	ROR′NH₂
醚二胺	R—O—(CH₂)₃—CH₂—(CH₂)₃—NH₂	ROR′NHR″NH₂

试验证明：用第一胺（如十二烷胺）或醚胺反浮铁矿石中的硅石，铁的回收率相近。但是将第一胺和醚胺按一定的比例混合使用时，槽底产物铁精矿中的 SiO_2，回收率将随醚胺比例的增大而增大，即醚胺用量大，进入泡沫中的 SiO_2 数量少。

E 烃类捕收剂

烃类捕收剂又称作非极性捕收剂，主要成分是石油和煤分馏所得的各种烃类油，如煤油、变压器油、纱锭油、柴油、重蜡等。它们由相对分子质量（C 为 12~18）适当的脂肪族烷烃、环烷烃或者芳香烃组成。常温下为液态，化学性质不活泼，难溶于水，在矿浆中受到强烈搅拌可以分散成细小的油滴。在矿物表面主要发生分子吸附。中性油类捕收剂主要用作石墨、辉钼矿、硫黄和煤等非极性矿物的捕收剂，也可用作离子型捕收剂的乳化剂和辅助捕收剂，还可作消泡剂。

6.2.2.2 起泡剂

起泡剂是用以提高气泡的稳定性和寿命的药剂。

气泡是指单个而言，而泡沫是指气泡的集合体。二相泡沫只有气相和液相构成，三相泡沫则由气相、液相和固相三者构成。

现代通用的泡沫浮选，都是利用气泡价为运载工具。具有适当大小和寿命的气泡，是提高浮选设备工效和浮选指标的基本条件。

起泡剂使泡沫稳定的因素之一是起泡剂分子在气-液界面发生定向排列，其极性基团指向水并吸引着水分子（极性端被水化），所以能降低泡壁中水分子的下流和蒸发速度，使泡壁不至于断裂。另外起泡剂分子在气泡表面定向排列以后，两个气泡接触碰撞时，中间垫着两层起泡剂分子和它们极性基的水化层，因此较难兼并，容易保存小泡，而小泡比大泡更能经受外力振动。

浮选过程中所遇到的都是有浮游矿粒的三相泡沫。一般比用同一起泡剂生成的相泡沫稳定。因为固相有三个作用：

（1）磨细的矿粒形成吸水的毛细管，减少泡沫中水的下流速度；

（2）固相铺砌着泡壁，成为气泡互相兼并的障碍；

（3）固相表面的捕收剂相互作用，增强气泡的机械强度。

起泡剂的成分和结构决定着它的起泡性能。极性基的组成更为重要。目前有工业价值的绝大多数起泡剂，其极性基中都包含氧组成的基团。这些基团中最常见的是羟基—OH，其次有醚基—O—、羧基—COOH，磺酸基—SO_3^-。此外，吡啶基≡N、氨基—NH_2、腈基—CN 等也有起泡性。其中带羟基的醇类和酚类，带醚基的一些合成起泡剂，用得最多，因为它们既能水化又不解离（分子起泡剂常比离子好），没有捕收作用。

实用的起泡剂通常应具备下列条件：

（1）是有机物质。

（2）是相对分子质量大小适当的异极性物质。一般脂肪醇和羧酸类起泡剂，碳数都在 8~9 个以下。

（3）溶解度适当，以 0.2~5.0g/L 为好。

（4）实质上不解离。

（5）价格低，来源广。

常用的起泡剂有松油及松醇油、甲酚酸、重吡啶、醇类起泡剂。

松油是松根、松明、松脂等松树成分经干馏或蒸馏所得的产物。由于原料和加工方法不同，组成多变，性质不稳定，故一般都从其中提取有效成分萜烯醇 $C_{10}H_{17}OH$ 而抛弃其中的杂质。

松醇油（习惯称之为 2 号油），是我国最常用、来源最丰富的起泡剂，为性能较稳定的一种松油，成品中萜烯醇约为 40%~60%。国产松醇油是亮黄色油状液体，相对密度 0.9 左右，有松脂香味。松醇油对一般极性矿物捕收力不强，起泡性强，用量适宜时，可生成大小适当，稳定性中等的泡沫。某些处理铜或铅锌矿的实践证明，松醇油造成的泡沫不如甲基异丁基甲醇等合成起泡剂的泡沫脆，用量比醚醇或 J 醚油大，但浮选指标基本稳定可靠。此外，樟油、桉油也可作起泡剂。

甲酚酸是炼焦工业的副产品，是苯酚（C_6H_5OH）、甲酚（$CH_3C_6H_4OH$）及二甲酚（$(CH_3)_2C_6H_3OH$）等的混合物。酚易溶于水，但无气泡性。甲酚的三种异构体（邻甲酚、间甲酚、对甲酚）中，间甲酚的起泡性最好。二甲酚能形成稳定的泡沫，但难溶于水。甲酚酸的起泡能力较松油弱，生成的泡沫较脆，选择性较好，适合于多金属硫化矿物的优先浮选。其价格较贵，且有毒、易燃。

重吡啶也是炼焦工业的副产品，是煤焦油中分离出来的碱性有机混合物，密度稍大于 $1g/cm^3$，是一种褐色的油状液体。由油母页岩或煤干馏制得的粗吡啶，通常称为重吡啶，其中吡啶的含量不少于 80%。重吡啶有一种特殊的臭味，易溶于水，是和烃类油等组成的复合混合物，具有起泡性，也有一定的捕收能力，可代替松油和甲酚使用。

醇类（R—OH）中可做起泡剂的多为 $C_6 \sim C_9$ 的脂肪醇，例如甲基异丁基甲醇（MIBC）、混合六碳醇（P_1—MPA）、$C_6 \sim C_8$ 混合醇、$C_5 \sim C_7$ 混合仲醇等。这些醇类起泡剂，比 2 号油泡沫更脆。选择性较好，用量低。其中 MIBC 是国际上比较通用的起泡剂。

6.2.2.3 抑制剂

抑制剂是用以增大矿物的亲水性，降低矿物可浮性的药剂。在多金属硫化矿的浮选中，尤其是混合精矿的分离，抑制剂的应用是否得当特别重要。抑制剂种类繁多，多金属硫化矿的浮选常用无机抑制剂。近年来，低毒组合抑制剂中也配用少量淀粉、纤维素、瓜耳胶等天然有机物，以改善复杂硫化矿的分离效果。

A 氰化物

氰化物是锌、铁、镍硫化物的强抑制剂，加大用量也可作硫化铜的抑制剂，但它对铅、铋、锡、锑的硫化矿无抑制作用，故曾经广泛用于复杂多金属矿的分离。由于它的毒性大，不利于环保，应尽量避免使用。氰化物是金、银的优良浸出剂，在金、银矿石的氰化提取中，应用仍然极为普遍。

在碱性矿浆中［CN^-］增加，抑制作用增强。pH 值越高，［CN^-］越大，可以减少氰化物用量。在酸性矿浆中［CN^-］减少，抑制作用减弱。如果酸性太强，会逸出剧毒性的氢氰酸，极为有害。

选矿分离中，氰化物的用量可以为 $5 \sim 1000g/t$，国内用量 $20g/t$ 以下的称为少氰浮选，常把它配成 $2\% \sim 5\%$ 的水溶液使用。处理选厂含氰化物的废水可用漂白粉、液氯等使其氧化后废弃。

B 硫酸锌

硫酸锌（$ZnSO_4 \cdot 7H_2O$，又名皓矾）是闪锌矿的抑制剂，但它必须和碱共用才有抑制作用。矿浆的 pH 值越高，硫酸锌的抑制作用越强。

硫酸锌单独使用时，抑制作用较弱，只有与碱、氰化物和亚硫酸钠等联合使用时，才有强烈的抑制作用，它与氰化物配用时，抑制效果比单独使用其中任一种都好。一般配比为：氰化物∶硫酸锌＝1∶（2～8），氰锌组合剂抑制硫化矿物的顺序为：闪锌矿>黄铁矿>黄铜矿>白铁矿>斑铜矿>黝铜矿>铜蓝>辉铜矿。

C 亚硫酸（或二氧化硫）、亚硫酸盐和硫代硫酸盐

亚硫酸（H_2SO_3）或二氧化硫（SO_2）、亚硫酸钠（Na_2SO_3）及硫代硫酸钠（$Na_2S_2O_3$）

等，都是闪锌矿及硫化铁矿的抑制剂。将它们与硫酸铁或重铬酸盐配用可抑制方铅矿。这类药剂对硫化铜矿物不起抑制作用，反而表现出一定的活化作用。所以越来越广泛地用它代替氰化物抑制闪锌矿和硫化铁矿进行铅与锌、硫的分离，铜与锌、硫的分离。其特点：无毒；对金、银等贵金属无溶作用；被它们抑制过的矿物易于活化；但抑制作用较氰化物弱，易于消失，用量和使用条件要严加控制。为了提高它们的选择性抑制作用，常将它们和其他药剂配合使用。例如，与石灰配用抑制黄铁矿与硫酸锌或硫化钠配用抑制闪锌矿，与淀粉或硫酸铁或重铬酸盐配用抑制方铅矿等。

亚硫酸及其盐对方铅矿也有抑制作用，但只有当方铅矿表面发生氧化时才能起抑制作用。在 pH 值约为 4 时，方铅矿表面因生成亲水性亚硫酸铅膜而受到抑制。

亚硫酸类药剂本身易氧化失效，因此，应严格控制作用时间。现场为防止氧化失效常采用分段添加的方法。

D 重铬酸盐和铬酸盐

重铬酸盐和铬酸盐是方铅矿的有效抑制剂，它们对黄铁矿和重晶石也有抑制作用。常用的重铬酸盐是重铬酸钾（$K_2Cr_2O_7$）和重铬酸钠，其中重铬酸钾用得较多。常用的铬酸盐是铬酸钾（K_2CrO_4）或铬酸钠。

用铬酸盐抑制方铅矿，必须进行较长时间（如 30min 以上，有时长达几小时）的搅拌，致使矿物表面氧化。

在中性介质中，它们可以抑制未氧化的方铅矿，此时在方铅矿表面生成的是亲水性的氧化铬。

由于重铬酸盐对方铅矿的抑制性很强，方铅矿一旦被抑制后，就难以活化，所以在多数情况下，方铅矿被它抑制以后，就不再活化了。

重铬酸盐难以抑制被 Cu^{2+} 活化过的方铅矿，因此，当矿石中含有氧化铜矿物或次生铜矿物时用它效果不佳。

重铬酸盐可用于抑制重晶石。如萤石矿中含有重晶石时，可在矿浆中加入重铬酸盐，使其在重晶石表面生成稳定的铬酸钡亲水性薄膜，使重晶石受到抑制作用。

E 硫化钠、硫氢化钠和硫化钙

硫化钠（$Na_2S \cdot 9H_2O$）、硫氢化钠（$NaHS$）和硫化钙（CaS）属于弱酸盐，易溶于水。硫化钠在水中水解和解离，并显示出较强的碱性。

在有色金属矿浮选中，硫化钠的作用是多方面的。可用来活化（硫化）有色金属氧化矿，抑制各种金属硫化矿物，脱除混合精矿表面的捕收剂，沉淀矿浆重金属离子和提高 pH 值。

（1）活化（硫化）作用。浮选有色金属氧化矿常用硫化钠做活化剂，使其表面生成一层不易溶解的类似于硫化矿的硫化物薄膜，再用黄药类捕收剂浮选。

实践证明，用硫化钠做有色金属氧化矿的硫化剂时，其硫化速度和硫化效果与硫化钠的用量、矿浆 pH 值矿浆温度、调浆时间等因素有关，应严加控制。

使用硫化钠时，为了避免局部浓度过高及搅拌时间过长，常常采用分段分批添加的方法。

（2）抑制作用。大量的硫化钠对许多硫化矿物都有抑制作用，单独使用时，其用量不易控制故常常配以其他药剂使用。如将硫化钠和硫酸锌配用以抑制锌、铁的硫化矿物；将硫化钠和重铬酸盐配用抑制方铅矿；将硫化钠和活性炭配用，是利用活性炭吸收硫化钠从矿物表面排挤出来的捕收剂离子。在用非极性捕收剂浮选辉钼矿时，常单独使用硫化钠抑制重金属硫化矿物。

硫化钠对常见多金属硫化矿物的抑制强弱顺序为：方铅矿>Cu^{2+}活化过的闪锌矿>黄铜矿>斑铜矿>铜蓝>黄铁矿>辉铜矿。

（3）脱药作用。在混合精矿分离之前，常常用硫化钠作为解析剂进行脱药，其中的HS^-和S^{2-}通过在矿物表面的强烈吸附作用来排除混合精矿表面的捕收剂阴离子。另外，采用脂肪酸浮出的白钨粗精矿在精选前，有时也加入大量的硫化钠并升温至$80\sim90℃$进行脱药。

由于S^{2-}可与不少金属离子生成难溶的硫化物沉淀，所以硫化钠有消除矿浆中的活性离子、调整矿浆中的金属离子成分和净化水的作用。

此外，硫化钠水解时能产生大量的OH^-，使矿浆的pH值升高，给浮选过程带来影响。

6.2.2.4 活化剂

活化剂是用以促进矿物和捕收剂的作用或者消除抑制作用的药剂。

在金属硫化矿浮选中，硫化铜矿及硫化铅矿一般都容易浮选，无须活化。在某些情况下，混合精矿分离要抑铜或抑锌，这时被抑制的矿物往往可作槽底精矿，也不再活化，所以硫化矿活化剂主要用于活化硫化锌、硫化锑和硫化铁的矿物。活化硫化锌及含镍硫化矿常用硫酸铜。汞盐、醛对硫化锌虽有活化作用，但价贵难得，容易造成污染。活化被石灰抑制的黄铁矿常用硫酸、二氧化碳、苏打、硫酸铜、氟硅酸钠、铵盐等。活化辉锑矿常用硝酸铅。活化铜、铅、锌的氧化矿常用硫化钠。

硫酸铜（$CuSO_4 \cdot 5H_2O$，又名胆矾）是闪锌矿和硫化铁矿常用的活化剂。

硫酸铜对闪锌矿和黄铁矿的活化有两种不同的情况，一种是活化未抑制过的矿物，另一种是活化被氰化物等抑制过的矿物，情况不同，活化机理也不同。

（1）在被活化的矿物表面直接生成活化膜。硫酸铜对未被抑制过的闪锌矿的活化作用，是由于硫酸铜中的Cu^{2+}与闪锌矿晶格中的Zn^{2+}发生置换化学反应：

$$ZnS]ZnS + CuSO_4 \Longrightarrow ZnS]CuS + ZnSO_4$$

闪锌矿   硫化铜膜

反应的结果在闪锌矿表面形成一层易浮的硫化铜活化膜，使它具有与铜蓝（CuS）相近的可浮性。实践证明，在闪锌矿表面的这层活化膜很容易形成，而且是牢固的。

（2）除去抑制性离子和矿物表面抑制膜后生成活化膜。当矿物被氰化物、亚硫酸等抑制剂抑制过时，硫酸铜的活化作用是先消除抑制膜然后生成活化膜。因为Cu^{2+}能够沉淀或络合矿浆中CN^-、SO_3^{2-}等离子，促使矿物表面的抑制膜溶解，然后再在矿物表面生成活化膜。

由于硫酸铜是强酸弱碱盐，在水中完全电离，使溶液呈弱酸性：

$$CuSO_4 + 2H_2O \Longrightarrow Cu(OH)_2 + 2H^+ + SO_4^{2-}$$

显然，有效Cu^{2+}的浓度与矿浆的pH值有关。为了防止Cu^{2+}水解，提高活化效率，最好在酸性或中性矿浆中使用硫酸铜。

6.2.2.5 pH 值调整剂

pH 值调整剂可用以调节矿浆酸碱度的药剂。

常用的 pH 值调整剂有石灰、碳酸钠、苛性钠、硫酸等。

矿浆的 pH 值对于矿物浮选有很重要的意义。以黄铁矿为例，在酸性条件下，黄铁矿表面轻微氧化，导致疏水硫化物易在表面形成，因此黄铁矿在酸性条件下有较强的天然可浮性；在碱性条件下，黄铁矿表面经氧化后会生成铁的氧化物或者氢氧化物，这些疏水性的黄铁矿氧化产物会增加其表面亲水性，使得黄铁矿可浮性变差。

6.2.2.6 其他药剂

其他药剂有分散剂和絮凝剂。其中分散剂用以分散细泥的药剂，絮凝剂用以促进细泥絮凝的药剂。

A 淀粉

淀粉（$C_6H_{10}O_5$）是许多植物根、茎、果内的碳水化合物，其基本成分是葡萄糖。淀粉由成千上万个葡萄糖单元连接而成。

淀粉在浮选中是非极性矿物和红铁矿反浮选的重要抑制剂和红铁矿选择絮凝的絮凝剂。

由于淀粉分子上有羟基、羧基（变性淀粉才有）等极性基，故它可以通过氢键与水分子缔合，使受它作用的矿粒亲水。研究还表明：淀粉对矿物起抑制作用时并不除去矿物表面吸附的捕收剂，而是靠它庞大的亲水性分子把疏水性的捕收剂分子掩盖着，使矿物失去疏水性。

淀粉做絮凝剂时，由于它的分子大，可以同时与两个以上的矿粒作用，借助于"桥联"作用把分散孤立的细泥连接成大絮团，加速它们在水中的沉降速度。淀粉用量很小时（如数十克每吨）即可起到应起的作用，用量过大反而会使悬浮质重新稳定。

B 纤维素

纤维素是许多植物纤维的主要成分，其物质基础仍然是葡萄糖。纤维素的分子式可以表示为 $[C_6H_{10}O_5]_n$，基本成分和浮选性质都与淀粉相似。

为了改善纤维素的浮选性质，可将纤维素进行一些处理，而使纤维素变成羧甲纤维素、羟乙纤维素、磺酸纤维素等。

这些纤维素中以羧甲基纤维素用途最广，广泛用它抑制钙镁硅酸矿物和碳质脉石、泥质脉石，如辉石、角闪石、高岭土、蛇纹石、绿泥石、石英等，用量 $100 \sim 1000g/t$。羧甲基纤维素可以铬铁盐木质素做代用品。

C 3 号凝聚剂

3 号凝聚剂的化学组成为聚丙烯酰胺，是一种高分子化合物。胶状 3 号凝聚剂是含有效成分聚丙烯酰胺8%的水溶胶体，相对分子质量为 200 万~600 万，为无色透明、有弹性、黏性的胶体。现在国产粉状 3 号凝聚剂含聚丙烯酰胺92%以上，系白色粉状固体，能溶于水和乙醇中，相对分子质量为 200 万~800 万。

胶状 3 号凝聚剂能溶于水但较慢，如要急于使用，可先将其剪成碎块放于清水中浸泡或在常温下适当搅拌，使其溶解稀释成 0.5%~1% 的水溶液。

3 号凝聚剂适用的 pH 值范围比较广，但在强酸性介质、胶体溶液、有大量有机药剂的矿浆中使用效果较差。对粒径 $d>44\mu m$ 的固体颗粒凝聚效果显著，但对于胶体悬浮粒则几乎无凝聚效果。在后一种情况下必须与其他电解质配合使用。

D　硅酸钠

硅酸钠（Na_2SiO_3）又称作水玻璃，是非硫化矿浮选时最常用的抑制剂，又是常用的矿泥分散剂，用脂肪酸浮选获得的粗精矿精选以前，还可用它脱药。

6.2.3　浮选流程

浮选流程是浮选时矿浆流经各作业的总称，是由不同浮选作业（有时包括磨矿作业）所构成的浮选生产工序。

矿浆经加药搅拌后进行浮选的第一个作业称为粗选，目的是将给料中的某种或几种欲浮组分分选出来。对粗选的泡沫产品进行再浮选的作业称为精选，目的是提高精矿的质量。对粗选槽中的尾矿进行再浮选的作业称为扫选，目的是降低尾矿中欲浮组分的含量，以提高回收率。上述各作业组成的流程如图 6-19 所示。

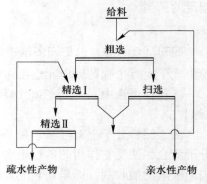

图 6-19　粗、精扫选流程示意图

生产中所采用的各种浮选流程，实际上都是通过系统的可选性研究试验后确定的。当选矿厂投产后，因物料性质的变化，或因采用新工艺及先进的技术等，要不断地改进与完善原流程，以获得较高的技术经济指标。

在确定流程时，应主要考虑物料的性质，同时还应考虑对产品质量的要求以及选矿厂的规模等。

6.2.3.1　浮选流程的段数

在确定浮选流程时，应首先确定原则流程（又称骨干流程）。原则流程主要包括选别段数、欲回收组分的选别顺序和选别循环数。

选别段数是指磨矿作业与选别作业结合的次数：磨1次（粒度变化一次），接着进行浮选，任何浮选产物无需再磨，则称为1段磨浮流程。阶段浮选流程又称阶段磨-浮流程，是指两段及两段以上的浮选流程，也就是将第1段的某个浮选产物进行再磨—再浮选的流程。这种浮选流程的优点是可以避免物料过粉碎。用这种流程处理欲回收组分嵌布较复杂的物料时，不仅可以节省磨矿费用，而且可改善浮选指标，所以在生产中得到了广泛应用。

6.2.3.2　选别顺序及选别循环

当浮选处理的物料中含有多种待回收的组分时，为了得出几种产品，除了确定选别段数外，还要根据待回收矿物的可浮性及它们之间的共生关系，确定各种组分的选出顺序。选出顺序不同，所构成的原则流程也不同，生产中采用的流程大体可分为优先浮选流程、混合浮选流程、部分混合浮选流程和等可浮选流程 4 类（见图 6-20）。

优先浮选流程是指将物料中要回收的各种组分按先易后难的顺序逐一浮出。分别得到

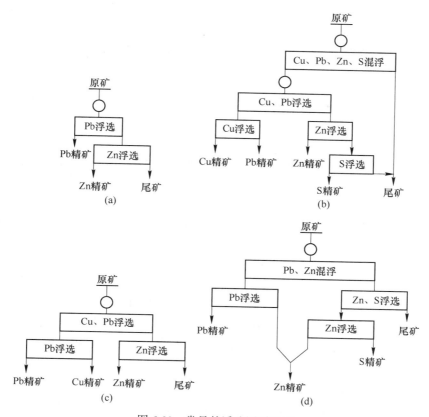

图 6-20　常见的浮选原则流程

（a）优先浮选；（b）混合浮选；（c）部分混合浮选；（d）等可浮选

各种富含 1 种欲回收组分的产物（精矿）的工艺流程。混合浮选流程是指先将物料中所有要回收的组分起浮出得到中间产物然后再对其进行分离浮选，得出各种富含 1 种欲回收组分的产物（精矿）的工艺流程。部分混合浮选流程是指先从物料中混合浮出部分要回收的组分、并抑制其余组分然后再活化浮出其他要回收的组分，先浮出的中间产物经评选分离后得出富含 1 种欲回收组分的产物（精矿）的工艺流程。

等可浮选流程是指将可浮性相近的要回收组分一同浮起，然后再进行分离的工艺流程，它适合于处理同种矿物包括易浮与难浮两部分的复杂多金属矿石。

选别循环（或称浮选回路）是指选得某一最终产品（精矿）所包括的一组浮选作业，如粗选、扫选及精选等整个选别回路，并常以所选的组分来命名，如铅循环（或铅回路）。

6.2.3.3　浮选流程的内部结构

流程内部结构，除包含了原则流程的内容外，还要详细表达各段的磨矿分级次数和每个循环的粗选、精选、扫选次数、中间产物如何处理等。

A　精选和扫选次数

粗选一般都是 1 次，只有少数情况下，采用 2 次或 2 次以上。精选和扫选的次数变化较大，这与物料性质（如欲回收组分的含量、可浮性等）、对产品质量的要求、欲回收组分的价值等有关。

当原料中欲回收组分的含量较高，但其可浮性较差时，如对产物质量的要求不很高，就应加强扫选，以保证有足够高的回收率，且精选作业应少，甚至不精选。

当原料中欲回收组分的含量低、而对产物的质量要求很高（如浮选回收辉钼矿）时，就要加强精选，有时精选次数超过 10 次，甚至在精选过程中还需要结合再磨作业。

当物料中两种组分的可浮性差别较大时，亲水性组分基本不浮。对这种物料的浮选，精选次数可以减少。

B　中间产物的处理

流程中精选作业的槽底产品和扫选作业的泡沫一般统称为中间产物（中矿），对它们的处理方法要根据其中的连生体含量、欲回收组分的可浮性、组成情况、药剂含量及对产物质量的要求等来决定。

通常是将中间产物依次返回到前一作业，或送到浮选过程的适当地点。在实际生产中，中间产物的返回是多种多样的。一般是将中间产物返回到所处理物料的组成和可存性与之相似的作业。当中间产物含连生体颗粒较多时，需要再磨。再磨可以单独进行也可返回第 1 段磨矿的作业。此外，当中间产物的性质比较特殊、不宜直接或再磨后返回前面的作业时，则需要对其进行单独浮选，或者用化学方法进行单独处理。

总之，在浮选厂的生产实践中，中间产物如何处理是一个比较复杂的问题。由于中间产物对选别指标影响较大，所以需要经常对它们的性质进行分析研究，以确定合适的处理方案。

6.2.3.4　浮选流程的表示方法

表示浮选流程的方法较多，各个国家采用的表示方法也不一样。在各种书籍资料中，最常见的有线流程图、设备联系图等。

线流程图是指用简单的线条图来表示物料浮选工艺过程的一种图示法，如图 6-21（a）所示。这种表示方法比较简单，便于在流程上标注药剂用量及浮选指标等，所以比较常用。

设备联系图是指将浮选工艺过程的主要设备与辅助设备如球磨机、分级设备、搅拌槽、浮选机以及砂泵等，先绘成简单的形象图，然后用带箭头的线条将这些设备联系起来，并表示矿浆的流向，如图 6-21（b）所示。这种图的特点是形象化，常常能表示设备在现场配置的相对位置，其缺点是绘制比较麻烦。

6.2.3.5　影响浮选的主要因素

对于浮选过程，不但要研究浮选的对象，还必须研究与浮选有关的各种影响因素，例如磨矿细度、矿浆浓度、充气搅拌强度、矿浆温度等。

A　磨矿细度

磨矿细度必须满足下列要求，才能得到较好的浮选指标：

（1）有用矿物基本上达到单体解离，浮选之前只允许有少量的有用矿物与脉石的连生体。

（2）粗粒单体矿物的粒度，必须小于矿物浮游的粒度上限。

（3）尽可能避免泥化，浮选矿粒的直径小于 0.01mm 时，浮选指标明显下降，当粒度小于 2μm 时，有用矿物与脉石几乎无法分离。

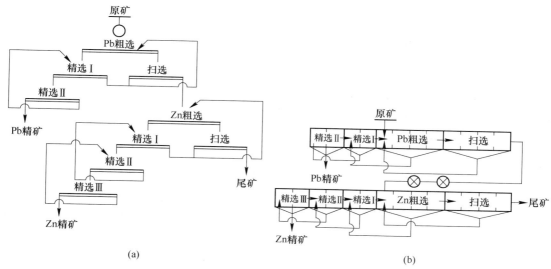

图 6-21 浮选流程的表示方法
(a) 线流程图；(b) 设备联系图

B 矿浆浓度

矿浆浓度通常是指矿浆中固体矿粒的质量分数。选别作业和原料粒度不同，要求的矿浆浓度就不同。因此浮选的矿浆浓度可以从百分之几的固体含量到 50% 左右的固体含量。一般规律是：

（1）浮选密度较大的矿物时，采用较浓的矿浆，对密度较小的矿物用较稀的矿浆。

（2）浮选粗粒物料采用较浓的矿浆，而浮选细粒或泥状物料则用较稀的矿浆。

（3）粗选和扫选采用较浓的矿浆，而精选作业和难分离的混合精矿的分离作业则应用较稀的矿浆，以保证获得质量较高的合格精矿。

常见的金属矿物浮选的矿浆浓度为：粗选 25%～45%，精选 10%～20%，扫选 20%～40%。粗选时最高范围可达 50%～55%，精选时最低范围为 6%～8%。

C 药剂制度

在浮选工艺过程中，添加药剂的种类数量，药剂的配制方法，加药地点和顺序等，统称为药剂制度。

当药剂用量适当时，会获得良好的技术经济指标。当用量不足时，起不到该药剂应有的作用，当用量过大时，有时会起相反作用，例如捕收剂过量时，气泡过度矿化，泡沫层下沉，致使泡沫刮不出来，回收率下降。

加药地点应根据药剂的作用发挥作用的时间等来确定。加药的一般顺序为：浮选原矿为调整剂→抑制剂→捕收剂→起泡剂；浮选被抑制的矿物为活化剂→捕收剂→起泡剂。

加药方式为：一是在粗选作业前，将全部药剂集中一次加完；二是沿着粗、精、扫的作业线分成几次添加。一般对于易溶于水不易被泡沫带走、不易失效的药剂，可以集中添加。对于难溶于水的、在矿浆中易起反应而失效的，以及某些选择性差的药剂（油酸、松油等），应采用分批加药的方式。

分段加药时，一般在粗选前加入浮选药剂总量的 50%~80%，其余的分几批加入扫选或其他地点。

D 搅拌

浮选过程中对矿浆的搅拌，可以根据其作用分为两个阶段，一是矿浆进入浮选机之前的搅拌；二是矿浆进入浮选机以后的搅拌。前者是在调整槽中搅拌矿浆，起着加速矿粒与药剂的作用。在调整槽中搅拌时间的长短，应由药剂在水中分散的难易程度和它们与矿粒作用的快慢决定。如松醇油等起泡剂只要搅拌 1~2min，一般药剂要搅拌 5~15min，而用混合甲苯胂酸浮选锡石和重铬酸钾抑制方铅矿，则常常需要 30~50min 的搅拌时间，有时重铬酸钾所需的搅拌时间可以长达 4~6h。

E 矿浆温度

浮选一般在常温下进行。有以下情况时需加温：促进难溶捕收剂的溶解；促进吸附过牢的药剂解吸；促进某些氧化矿物的硫化或者促进硫化矿物的氧化。例如，某选厂用油酸进行白钨与锡石分离时，将矿浆加温至 50℃ 左右，得到了更好的浮选结果。

F 浮选时间

各种矿石最适宜的浮选时间，是通过试验研究确定的。当矿物的可浮性好、被浮矿物的含量低、浮选的给矿粒度适当、矿浆浓度较小时，所需的浮选时间就较短。反之，则需要较长的浮选时间。

粗选和扫选的总时间过短，会使金属的回收率下降。精选和混合精矿分离的时间过长，被抑制矿物浮游的机会也增加，结果使精矿的品位下降。

6.3 磁 力 选 矿

磁力选矿是根据矿石中各种矿物的磁性差异，在磁选机磁场中进行分选的一种选矿方法。磁选广泛用于黑色金属矿石的选别，有色和稀有金属矿石的精选，以及一些非金属矿石的分选。随着高梯度磁选、磁流体选矿、超导强磁选等技术的发展，磁选的应用已扩大到化工、医药和环保等领域中。

6.3.1 磁力选矿基础理论

6.3.1.1 磁选过程

磁选是在磁选机中进行的。如图 6-22 所示，当矿浆进入分选空间后，磁性矿粒在不均匀磁场作用下被磁化，从而受到磁场吸引力的作用，使其吸在圆筒上，并随之被转筒带至排矿端，排出成为磁性产品。非磁性矿粒由于所受的磁场作用力很小，仍残留在矿浆中，排出成为非磁性产品。这就是磁选分离过程。

6.3.1.2 矿物的磁性

A 矿物按磁性分类

矿物磁性是矿物磁选的依据。由于自然界中各种物质的原子结构不同，故具有不同的磁性。

在生产实践中，从实用角度出发，按照单位质量物体在单位磁场强度的外磁场中磁化时所产生的磁矩（即物体比磁化系数）的不同，可将矿物分为四类：

（1）强磁性矿物，比磁化系数大于 $3000 \times 10^{-6} cm^3/g$，如磁铁矿、磁黄铁矿、磁赤铁矿及锌铁尖晶石等。这类矿物用弱磁选设备即能有效地进行分选。

（2）中磁性矿物，比磁化系数为 $(600 \sim 3000) \times 10^{-6} cm^3/g$，如半假象赤铁矿及某些钛铁矿、铬铁矿等。这类矿物用中磁场磁选设备可进行分选。

（3）弱磁性矿物，比磁化系数为 $(15 \sim 600) \times 10^{-6} cm^3/g$，如赤铁矿、褐铁矿、镜铁矿、菱铁矿、水锰矿、软锰矿、硬锰矿、菱锰矿、

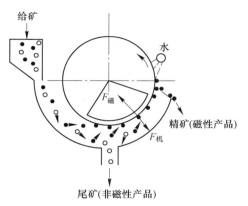

图 6-22 矿粒在磁选机中分离示意图
●—磁性矿粒；○—非磁性矿粒

金红石、黑钨矿、石榴石、绿泥石等。这类矿物需用强磁选或其他方法回收。

（4）非磁性矿物，比磁化系数小于 $15 \times 10^{-6} cm^3/g$，如方解石、长石、萤石、方铅矿、石英、重晶石、白铅矿、辉铜矿、闪锌矿、辉锑矿、自然金、锡石、硫、煤、石墨、金刚石、石膏、高岭土等。

B　强磁性矿物

强磁性矿物的磁性特点有：

（1）磁化强度和磁化系数值很大，存在着磁饱和现象，且在较低的外磁场作用下就可以达到磁饱和。

（2）磁化强度、磁化系数和外磁场强度之间具有曲线关系，磁化系数不是一个常数。磁化强度除与矿物性质有关外，还与外磁场变化的历史有关。

（3）磁铁矿存在着磁滞现象，当它离开磁化场后，仍保留一定的剩磁；要去掉剩磁，就需要加一个反向磁场。使剩磁完全去掉的反磁场强度 H_e，称为矫顽磁力。

（4）其磁性变化与温度有关，温度高于临界值——居里点时，内部的磁畴结构消失，呈现顺磁性（在外磁场作用下，其原子磁矩有转向外磁场方向的趋势，外磁场越强，向外磁场取向的概率越大，对外显出磁性越大，这种物质称为顺磁性物质）。

（5）其磁性变化除与外磁化磁场强度有关外，还受其本身的形状、粒径和氧化程度的影响。

研究表明，粒径大小对其磁性有显著影响。随粒径减小，其比磁化系数值随之减小，而矫顽力则随之增加，在粒径小于 $20 \sim 30 \mu m$ 时表现得尤其明显。

C　弱磁性矿物

自然界中大部分天然矿石都是弱磁性的。弱磁性矿物的磁化系数基本是不随外磁场而变化的常数，并且与矿粒形状无关，只与矿物的组成有关。强磁性矿物在外磁场作用下，表现出剩磁和磁滞现象，而弱磁性矿物没有剩磁和磁滞现象。另外，弱磁性矿物的磁性弱，磁化系数小，即使在较高的外磁场作用下，也不容易达到磁性饱和。

应当指出，弱磁性矿物中，即使是含有某些极少数的强磁性矿物，其磁性也会产生一定的、甚至是很大的影响。因此，在生产实践中，为了防止强磁性矿物混入所处理的弱磁

性物料，必须先用弱磁场磁选机处理弱磁性矿物，否则，会因存在强磁性矿物，严重影响分选指标。

6.3.1.3 磁选条件

矿物颗粒通过磁选机磁场时，同时受到磁力和机械力（重力、离心力、介质阻力、摩擦力等）的作用。磁性较强的矿粒所受的磁力大于其所受的机械力，而非磁性矿粒所受磁力很小，则以机械力占优势。由于作用在各种矿粒上的磁力和机械力的合力不同，使它们的运动轨迹也不同，从而实现分选。

欲分离出磁性矿粒，其必要条件是：磁性矿粒所受磁力必须大于与它方向相反的机械力的合力。即

$$F_磁 > \sum F_机 \tag{6-18}$$

式中 $F_磁$——磁性矿粒所受磁力；

$\sum F_机$——磁性矿粒所受的与磁力方向相反的机械力的合力。

6.3.2 强磁性矿石的磁选

6.3.2.1 永磁筒式磁选机

我国在 20 世纪 50 年代只有电磁筒式磁选机和电磁带式磁选机。直至 1965 年，才引进瑞典萨拉公司的永磁筒式磁选机，其突出优点是省电、磁感应强度高、构造简单、造价低、容易操作维护、机器较轻、占地面积小、处理能力大，因此在国内迅速推广应用。目前，我国磁铁矿选矿用的湿式弱磁场磁选机一般都是永磁筒式磁选机，电磁筒式磁选机只在个别需要调整磁场强度的情况下才使用。近几年，我国又研制成功独有的磁选柱、电磁聚机和磁场筛选机，尤其是磁选柱，在选矿工业中已推广应用。

永磁筒式磁选机是磁选厂广泛应用于选别强磁性矿石的一种磁选设备。根据筒体结构不同，该机又分为顺流型、逆流型和半逆流型三种，其适宜的分选粒度依次为 −6mm、−2mm、−0.5mm。现在常用的槽体一般为半逆流型为最多，现以半逆流型永磁筒式磁选机为例来说明，对顺流型和逆流型的只作简单介绍。

（1）半逆流型永磁筒式磁选机。磁选机由圆筒、磁系和槽体（或称底箱）等三个主要部分组成。其结构如图 6-23 所示。

圆筒是由不锈钢板卷成，筒表面加一层耐磨材料保护筒皮，如加一层薄的橡胶带或绕一层细铜丝，也可以粘一层耐磨橡胶。圆筒的端盖是用铝或铜铸成的，圆筒各部分所使用的材料都应是非导磁材料，以免磁力线不能透过筒体进入分选区，而与筒体形成磁短路。圆筒由电动机经减速机带动，圆筒旋转的线速度与圆筒直径有关，一般为 1.0～1.7m/s 左右。

分选过程：矿浆经给矿箱进入槽体后，在给矿喷水管喷出水（现场称吹散水）的作用下，使矿粒呈悬浮状态进入粗选区，磁性矿粒在磁系所产生的磁场力作用下，被吸在圆筒的表面上，随着圆筒一起向上移动。在移动过程中，由于磁系的极性沿径向交替，使成链的磁性矿粒进行翻动（或称磁搅拌），在翻动过程中，夹在磁性矿粒中的一部分脉石清洗出来，这有利于提高磁性产品的质量。磁性矿粒随着圆筒转动离开磁系时，磁力大大降低，在冲洗水的作用下进入精矿槽中。非磁性矿粒和磁性较弱的矿粒在槽体内矿浆流作用

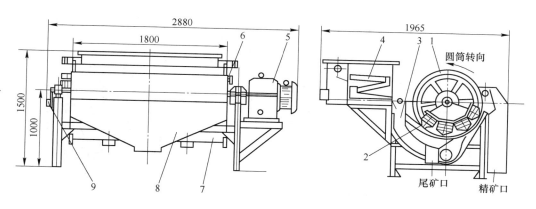

图 6-23 半逆流型永磁筒式磁选机

1—圆筒；2—磁系；3—槽体；4—给矿箱；5—传动装置；
6—卸矿水管；7—机架；8—精矿槽；9—调整磁系装置

下，从底板的尾矿孔流进尾矿管中。由于尾矿流过磁选机具有较高磁场的扫选区，可以使一些在粗选区来不及吸到圆筒上的磁性矿粒，再一次被回收而提高了金属回收率。由于矿浆不断给入，精矿和尾矿不断排出，形成一个连续的选分过程。

半逆流永磁筒式磁选机的特点和应用：这种磁选机的给矿矿浆是以松散悬浮状态从槽体下方进入分选空间，矿浆运动方向与磁场方向基本相同，所以，矿粒可以到达磁场力很高的圆筒表面上。另外，尾矿是从底板上的尾矿孔排出，这样溢流面的高度可以保持槽体中的矿浆水平。上面的两个特点，决定了半逆流型磁选机可得到较高的精矿质量和金属回收率。因此被广泛用于处理微细粒（小于 0.2mm）的强磁性矿石的粗选和精选作业。这种磁选机可以多台串联使用，提高精矿品位。

（2）顺流型永磁筒式磁选机。这种磁选机的结构如图 6-24 所示。矿浆的移动方向与圆筒旋转方向或产品移动的方向一致。矿浆由给矿箱直接进入到圆筒的磁系下方，非磁性矿粒和磁性很弱的矿粒由圆筒下方的两底之间的间隙排出。磁性矿粒吸在圆筒表面上，随着圆筒一起旋转到磁系边缘的弱磁场处，由卸矿水管将其卸到精矿槽中。顺流型磁选机的构造简单，处理能力大，也可以多台串联使用，适用于分选粒度为 0~6mm 的粗粒强磁性矿石的粗选和精选作业，或用于回收磁性重介质。

（3）逆流型永磁筒式磁选机。这种磁选机的结构如图 6-25 所示。矿浆流动的方向与圆筒旋转的方向或磁性产品移动的方向相反，矿浆由给矿箱直接给到圆筒磁系的下方。非磁性矿粒和磁性很弱的矿粒由磁系左边下方的底板上尾矿孔排出。磁性矿粒随圆筒逆着给矿方向被带到精矿端，由卸矿水管卸到精矿槽中。这种磁选适于分选粒度为 0~0.6mm 的细粒强磁性矿石的粗选和扫选作业。

这种磁选机不适于处理粗粒矿石，因为粒度粗时，矿粒沉积会堵塞选别空间，造成分选指标恶化。

顺流、逆流、半逆流型永磁筒式磁选机的比较，如图 6-26 所示。总的来说，三种形式的磁选机的特点是：顺流型磁选机的精矿品位较高；逆流型磁选机的回收率较高；半逆流型磁选机则兼有顺流型和逆流型磁选机的特点，即精矿品位和回收率都比较高。

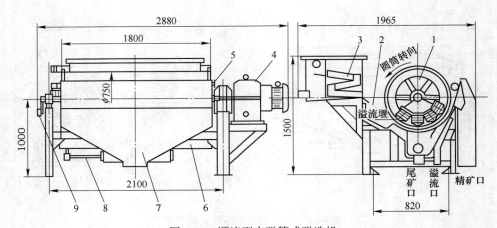

图 6-24 顺流型永磁筒式磁选机

1—永磁圆筒；2—槽体；3—给矿箱；4—传动装置；5—卸矿水管；

6—机架；7—精矿槽；8—排矿调节阀；9—磁系调节装置

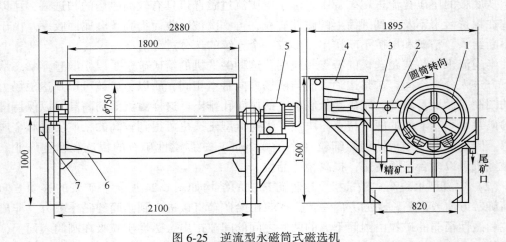

图 6-25 逆流型永磁筒式磁选机

1—永磁圆筒；2—卸矿水管；3—槽体；4—给矿箱；5—传动装置；6—机架；7—磁系调整装置

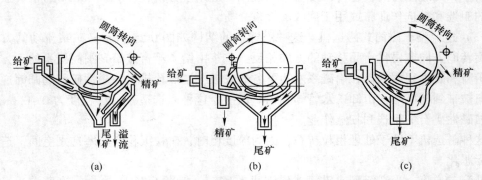

图 6-26 顺流、逆流、半逆流型永磁筒式磁选机的比较

（a）顺流型；（b）逆流型；（c）半逆流型

6.3.2.2 磁力脱水槽

磁力脱水槽（也称磁力脱泥槽），它是一种磁力和重力联合作用的选别设备。广泛地应用于磁选工艺中，用它脱去矿泥和细粒脉石，也可以作为过滤前的浓缩设备使用。目前应用的磁力脱水槽从磁源上分有永磁脱水槽和电磁脱水槽两种。永磁脱水槽应用较多。

设备结构：比较常见的永磁脱水槽的设备结构如图 6-27 所示。它主要由槽体、塔形磁系、给矿筒（或称拢矿圈）、上升水管和排矿装置（包括调节手轮、丝杠、排矿胶砣）等部分组成。

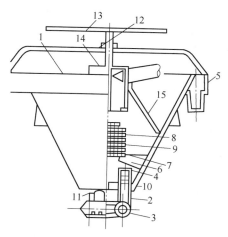

图 6-27　永磁型磁力脱水槽构造

1—槽体；2—上升水管；3—水圈；4—迎水帽；5—溢流槽；6—支架；7—磁导板；8—磁系；
9—硬质塑料管；10—排矿胶砣；11—排矿口胶垫；12—丝杠；13—手轮；14—给矿筒；15—支架

工作原理：磁力脱水槽是重力和磁力联合作用的选别设备。在磁力脱水槽中，矿粒受到的力主要有下列几种：重力——矿粒受重力作用，产生向下沉降的力；磁力——磁性矿粒在槽内磁场中受到的磁力，方向垂直于磁场等位线指向磁场强度高的地方；上升水流作用力——矿粒在脱水槽中所受到水流作用力都是向上的，上升水流速度越快，矿粒所受水流作用力就越大。

在磁力脱水槽中，重力作用是使矿粒下降，磁力作用是加速磁性矿粒向下沉降的速度，而上升水流的作用是阻止非磁性的细粒脉石矿泥的沉降，并使它们顺上升水流进入溢流中，从而与磁性矿粒分开。同时上升水流也可以使磁性矿粒呈松散状态，把夹杂在其中的脉石冲洗出来，从而提高了精矿品位。

分选过程：矿浆由给矿管以切线方向进入给矿筒内，比较均匀地散布在塔形磁系的上方。磁性矿粒在磁力与重力作用下，克服上升水流的向上作用力，而沉降到槽体底部，从排矿口（沉砂口）排出；非磁性细粒脉石和矿泥在上升水流的作用下，克服重力等作用而顺着上升水流进到溢流槽中排出，从而达到分选目的。

磁力脱水槽只适宜于处理细粒强磁性矿石，对于粗粒物料并不适用。这是它不能排除粗粒脉石所造成的。

6.3.2.3 磁选柱

磁选柱于 1994 年由鞍山科技大学研制，自实际应用以来，已在大、中、小磁铁矿选矿厂广泛使用。其主要用于大、中、小型磁铁矿选矿厂最后一段精选作业，提铁降杂（包括 SiO_2 及其他造岩脉石矿物等），效果十分明显，品位提高幅度一般在 2%～7%。

磁选柱结构：磁选柱自 1994 年应用以来进行了不断的改进，一是主体的改进；二是操作上由人工调整操作转向智能化自动调整操作。现在的智能化磁选柱由主机、供电电控柜和自控系统三大部分组成。磁选柱属于一种电磁式弱磁场磁重选矿机，磁力为主，重力为辅。

磁选柱分选原理：磁选柱由直流电控柜供电励磁，在磁选柱的分选腔内形成循环往复、顺序下移的下移磁场力，向下拉动多次聚合又多次强烈分散的磁团或磁链，由相对强大的旋转上升水流冲带出以连生体为主并含有一部分单体脉石和矿泥的磁选柱尾矿（中矿）。智能型磁选柱结构如图 6-28 所示。

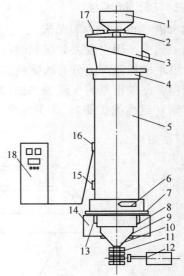

图 6-28　智能型磁选柱结构示意图
1—给矿斗给矿管；2—给矿斗支架；3—尾矿溢流槽；4—封顶套；
5—上分选筒及上磁系；6—切线给水管；7—承载法兰；
8—下分选筒及下磁系；9—下给水管；10—底锥；
11—浓度传感器；12—阀门及其执行器；13—下小接线盒；
14—支承板；15—上小接线盒；16—总接线盒；
17—上给水管；18—电控柜及自控柜

6.3.3　弱磁性矿石的磁选

6.3.3.1　磁化焙烧

磁化焙烧是利用一定条件在高温下将弱磁性铁矿石（赤铁矿、褐铁矿、菱铁矿和黄铁矿等）转变成强磁性铁矿石（如磁铁矿或 γ-赤铁矿）的工艺过程。经过预先磁化焙烧的铁矿石，称为人工磁铁矿，用弱磁选机处理很有效。其特点是：选别流程简单，分选效果好。

目前，在弱磁性铁矿的选矿方面，国内外多用重选、浮选、强磁选和焙烧磁选；也有用重磁浮、磁浮、重浮等联合流程的。但总的看来，焙烧磁选法是比较成功的工艺。

6.3.3.2　强磁场磁选机

A　干式强磁选机

这类强磁选机是最早的工业型强磁选机，迄今干式圆盘磁选机和感应辊式磁选机仍然广泛应用于分选黑钨矿、锰矿、海滨砂矿、锡矿、玻璃砂矿和磷酸锰矿等，并取得较好较稳定的指标。

以干式圆盘式磁选机为例。目前生产实践中应用的干式圆盘磁选机有单盘（φ900mm）、双盘（φ576mm）和三盘（φ600mm）三种。这几种磁选机的构造和分选原理基本相同。其中 φ576mm 的双盘磁选机成为系列产品，应用较多。

φ576mm 的双盘强磁选机的结构如图 6-29 所示，磁选机的主体部分是由"山"字形磁系 7，悬吊在磁系上方的旋转圆盘 6，振动给矿槽 5（或给矿皮带）组成，"山"字形磁系和旋转圆盘组成闭合磁路，旋转圆盘像个翻扣周边带有 1~3 个尖齿的碟子，其直径较振动槽宽大约为一半，圆盘用电机通过蜗杆蜗轮减速传动，用手轮调节圆盘垂直升降其极距（调节范围为 0~20mm），为了防止强磁性物料堵塞，在给料斗 1 的排料滚内装个弱磁选辊，预选给料中的强磁性矿物。

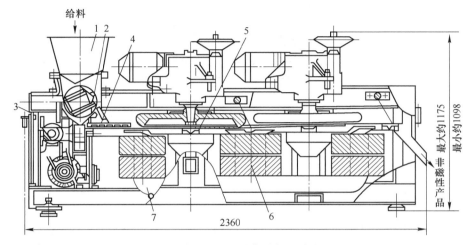

图 6-29　φ576mm 干式双盘强磁选机

1—给料斗；2—给料圆筒；3—强磁性矿物接料斗；4—筛料槽；5—振动给矿槽；6—圆盘；7—磁系

　　工作原理和分选过程：原料由给料斗 1 均匀给到给料圆筒 2 上，强磁性矿物被滚表面吸引，随滚筒旋转至场强弱处，落入强磁性矿物接料斗 3 中。未被吸引的部分进入筛料槽 4，筛上部分（少量）堆存，筛上部分均匀进入振动槽 5，由振动槽输送入圆盘下面的工作空间，弱磁性矿物受强磁力的吸引到圆盘周边的齿尖上，并随圆盘转到振动槽外磁场强度低处，在重力和离心力的作用下落入振动槽两侧的磁性产品斗中，非磁性矿物由振动槽的尾端排出进入尾矿斗中。

　　B　湿式强磁选机

　　湿式强磁选机的类型很多，常用的有琼斯式、仿琼式和环式等强磁选机。20 世纪 70 年代后期研制的高梯度磁选机，对微细低品位弱磁性矿物分离、非金属矿物的提纯又有新的突破而且应用范围已超过了选矿领域，高梯度技术得到广泛的应用和重视。

　　C　高梯度强磁选机

　　高梯度磁选机可分为电磁和永磁两种，目前我国主要生产电磁的。高梯度磁选机除用来分选弱磁性的微细粒矿物外，还可用来处理工业废水，在废水流过钢毛之类磁介质时，废水中的磁性颗粒被吸附在钢毛上，从而达到净化废水的目的，故又称为高梯度过滤器。

　　a　萨拉型转环式高梯度强磁选机

　　萨拉型转环式高梯度强磁选机的结构如图 6-30 所示。它由两个螺线管、转环、给矿系统、冲洗系统等主要部分组成。螺线管为鞍形线圈，能够让转环穿过并转动。转环分隔为许多小的分选室，每个分选室内装有钢毛聚磁介质，也可装其他型式（如拉网型）聚磁介质。当转环连续不断地进出由鞍形线圈建立的磁场空间时，钢毛被磁化，磁性矿粒被钢毛捕获。经清洗后，当转环将钢毛带出磁场，磁性产物即被冲洗水冲到精矿接矿槽。

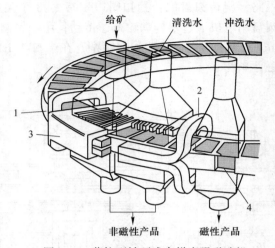

图 6-30　萨拉型转环式高梯度强磁选机
1—旋转分选环；2—马鞍形螺线管线圈；3—铠装螺线管铁壳；4—分选室

　　萨拉型转环式高梯度强磁选机与琼斯型强磁选机相比有一些特点：其磁场的方向和矿浆流的方向是平行的，矿浆流不直接冲刷介质；钢毛聚磁介质只占分选体积的 5%～12%，钢毛介质表面积大，因此处理能力大，且分选下限低，是处理微细粒物料较有成效的设备；磁路结构合理，转环不是磁路的组成部分，磁体漏磁少，设备重量轻等等。

　　高梯度磁选有着十分广泛的用途。可用于分选铁、铬、钛、钨、锡、钼、钽等多种金属矿石；可用于煤的脱硫；可用于高岭土、滑石、石墨、石英、长石、型砂以及含硫、砷等元素的非金属矿石和原料的分选和提纯；可用于过滤工业和生活污水等。

　　b　SLon 型立环脉动高梯度磁选机

　　该机是目前国内应用最广泛的一种高梯度磁选机。这是一种利用磁力、脉动流体力和重力等综合力场选矿的新型高效连续选矿设备，适用于粒度为 $74\mu m$ 以下占 60%～100%（或 1mm 以下）的红铁矿、锰矿、钛铁矿、黑钨矿等细粒弱磁性矿物的分选和高岭土、铝土矿、石英砂等非金属矿物的提纯。

　　SLon-1500 型高梯度磁选机的结构示于图 6-31。它主要由脉动机构、激磁线圈、铁轭和转环等组成。转换用普通不锈钢加工的 1 块中环板、2 块侧环板和 74 块梯形隔板围成双列共 74 个分选室。各分选室用 1.0mm×4mm×12mm 导磁不锈钢板网和 0.7mm×10mm×25mm 普通不锈钢大孔网交替重叠构成磁介质堆，导磁网和大孔网的充填率各为 12% 和 3.2%。选别时，转环作顺时针旋转，矿浆从给矿斗给入，沿上铁轭缝隙流经转环，矿浆中的磁性颗粒吸着在磁介质表面，由转环带至顶部无磁场区，被冲洗水冲入精矿中，非磁性颗粒则沿下铁轭缝隙流入尾矿斗带走。

　　该机的特点是：转环立式旋转，反向冲洗精矿，并配有脉动机构（用来消除机械夹杂现象），具有富集比大、回收率高、分选粒度宽、磁介质不易堵塞、操作与维修方便、适应性强等优点。

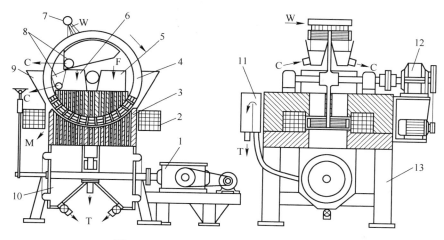

图 6-31　SLon-1500 型高梯度磁选机结构

1—脉动机构；2—激磁线圈；3—铁轭；4—转环；5—给矿斗；6—漂洗水；7—精矿冲洗水管；
8—精矿斗；9—中矿斗；10—尾矿斗；11—液面计；12—转环驱动机构；13—机架
F—给矿；W—清水；C—精矿；M—中矿；T—尾矿

6.4　电　　选

6.4.1　电选的条件和方式

电选是利用自然界各种矿物和物料电性质的差异而使之分选的方法。如常见矿物中的磁铁矿、钛铁矿、锡石、自然金等，其导电性都比较好；石英、锆英石、长石、方解石、白钨矿以及硅酸盐类矿物，则导电性很差，从而可以利用它们电性质的不同，用电选分开。

图 6-32 所示为鼓筒式高压电选机简图。转鼓接地，鼓筒旁边为通以高压直流负电的尖削电极，此电极对着鼓面放电而产生电晕电场。矿物经给矿斗落到鼓面而进入电晕电场时，由于空间带有电荷，此时不论导体和非导体矿物均能获得负电荷（如果电极为正电，则矿粒带正电荷），但由于两者电性质不同，导体矿粒获得的电荷立即传走（经鼓筒至接地线），并受到鼓筒转动所产生的离心力及重力分力的作用，在鼓筒的前方落下；非导体矿粒则不同，由于其导电性很差，所获电荷不能立即传走，甚至较长时间也不能传走，吸附于鼓筒面

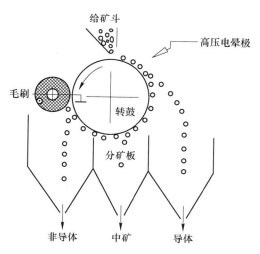

图 6-32　鼓筒式高压电选机简图

上而被带到后方，然后用毛刷强制刷下而落到矿斗中，两者之轨迹显然不同，故能使之分开。

从上述情况可知，实现电选，首先是涉及矿物电性质和高压电场问题，还与机械力的作用有关，即：

对导体矿粒而言：　　　　　　　　　$\sum F_机 > F_电$

对非导体矿粒而言：　　　　　　　$F_电 > \sum F_机$

6.4.2　矿物的电性质及带电方法

6.4.2.1　矿物的电性质

矿物的电性是电选分离的依据。其电性指标有很多种，在此仅对电导率、介电常数、比导电度和整流性分别介绍。

A　电导率

矿物的电导率表示矿物的导电能力。它是电阻率的倒数，用 γ 表示电导率，则其数学表达式为：

$$\gamma = \frac{1}{\rho} = \frac{L}{RS} \qquad (6\text{-}19)$$

式中　ρ——电阻率，$\Omega \cdot cm$；

　　　R——电阻，Ω；

　　　S——导体的截面积，cm^2；

　　　L——导体的长度，cm。

矿物的电导率取决于矿物的组成、结构、表面状态和温度等。按电导率的大小，弗斯（R. M. Fuoss）将矿物分成三个导电级别。

（1）导体矿物 $\gamma > 10^{-4} \Omega^{-1} \cdot cm^{-1}$，这种矿物自然界很少，只有自然铜、石墨等极少数矿物。

（2）半导体矿物 $\gamma = 10^{-10} \sim 10^{-2} \Omega^{-1} \cdot cm^{-1}$。属于这类矿物的很多，有硫化矿物和金属氧化物，含铁锰的硅酸盐矿物，岩盐、煤和一些沉积岩等。

（3）非导体矿物 $\gamma < 10^{-1} \Omega^{-1} \cdot cm^{-1}$。属于这类的有硅酸盐和碳酸盐矿物。

非导体又称之为绝缘体或电介质。

B　介电常数

电荷间在真空中的相互作用力与其在电介质中相互作用力的比值，称为该电介质的介电常数。以 ε 表示介电常数，则：

$$\varepsilon = \frac{F_0}{F_\varepsilon} \qquad (6\text{-}20)$$

式中　F_0——在真空中电荷间的相互作用力；

　　　F_ε——在电介质中电荷间的相互作用力。

导体的介电常数 $\varepsilon \approx \infty$，真空的介电常数 $\varepsilon = 1$（空气的 $\varepsilon \approx 1$）。也就是说非导体的介电常数近似等于 1，半导体的介电常数介于两者之间。

C　比导电度

电选中，矿粒的导电性也常用比导电度（有的书称相对导电系数）来表示。比导电度越小，其导电性越好。

矿物颗粒的导电性，也就是电子流入或流出矿粒的难易程度，除了同颗粒本身的电阻有关外，还与颗粒和电极的接触界面电阻有关。其导电性又与高压电场的电位差有关。当电场的电位差足够大时，电子便能流入或流出。此时非导体矿粒便表现为导体。

使矿物成为导体的电位差用图 6-33 所示的装置进行测定。高压电极 3 通以高压正电或负电。被测矿粒由给矿斗 1 给在转动的圆鼓 2 上面。矿粒进入电场首先被极化，导电性好的矿粒依高压电极 3 的极性，获得或失去电子而带负电或正电，被高压电极吸引，运动轨迹向高压电极一侧发生偏转。导电性差的矿粒，则在重力和离心力的作用下，按普通轨迹落下。如果提高电极电压至一定程度，导电性差的矿粒，也能成为导体而起跳。其运动轨迹也会向高压电极一侧偏转。因为石墨的导电性最好，所需电位差最低（2800V），所以以它作为标准，其他矿物的电位差与此标准相比，其比值称为比导电度。两种矿物的比导电度相差越大越易分离。根据比导电度可大致确定电选时采用的电压高低。

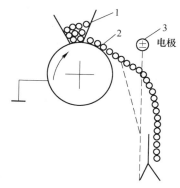

图 6-33　测定矿物导电度和
整流性的设备简图
1—给矿斗；2—接地电极（转鼓）；
3—高压电极

D　矿物的整流性

在测定矿物的比导电度时发现，有些矿物只有当高压电极的极性为正，且电压达到一定数值时才起导体的作用，如电极为负时则为非导体。而另一些矿物，只有当高压电极的极性为负时，且电压达到一定数值才导电，如为正则不导电。还有些矿物则不论高压电极的极性为正或为负，只要电压达到一定数值，都可以起导体的作用，而开始导电，矿物所表现的这些电性我们称整流性。只获得负电的矿物称为负整流性矿物；只获得正电的矿物称为正整流性矿物；不论高压电极带负电或带正电，均能获得电荷的矿物称为全整流性矿物。

6.4.2.2　矿物在电场中带电的方法

使物体（矿粒）带电的方法很多，在电选中常用的有传导接触带电、感应带电、电晕带电、摩擦带电等几种，下面分别介绍。

A　传导（接触）带电

传导带电是使矿粒和带电电极直接接触，由于电荷的传导作用，导电性好的矿粒，获得与电极极性相同的电荷，被电极排斥。而导电性差的矿粒只能极化，在靠近电极一端产生符号相反的束缚电荷，另一端产生与电极相同的电荷，而受到电极吸引。利用矿粒的这一电性差异在电极上表现不同的行为，可达到分离的目的。

B　感应带电

此法与传导带电的不同点是矿粒不和带电电极直接接触，而是在电场中受到带电电极的感应，使矿粒带电，如图 6-34 所示。感应后靠近负电极一端，产生正电荷；靠近正极一端产生负电荷，导体矿粒产生的正负电荷均可移走；非导体则不然，只是在电场中极化，正负电荷中心产生偏移，而正负电荷却不能移走。

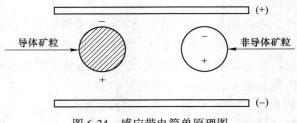

图 6-34　感应带电简单原理图

这种带电的方法，在电选中具有很重要的意义。在强电场作用下导体矿粒极化后，如果将其中的一种电荷移走，它就依据同电性相斥，异电性相吸的原理，使矿粒轨迹发生较大的偏移，就能将导体与非导体分开。

C　电晕带电

所谓电晕场，是一个不均匀电场，其中一个电极的曲率半径远比另一个电极的曲率半径小得多。曲率半径小的为电晕极，大的为接地极。当提高两电极间的电位差到某一数值时，如果电晕电极接的是高压负极，电晕极发射出大量的电子，这些电子以很高的速度运动。当与气体分子碰撞时，气体分子电离。经过不断的碰撞和电离，电场中气体的离子数大大增加，正离子飞向负极，负离子和电子飞向正极，这种移动形成了电晕电流。此时，在电晕极附近将有紫色微光出现，并伴有吱吱声，这种现象称为电晕放电。

矿粒在电晕电场中荷电及与接地极接触后的情况如图 6-35 所示。

矿粒在电晕电场中不论导体和非导体均能获得负电荷，但导体矿粒获得电荷比非导体矿粒多，见图 6-35（a）。而导体矿粒由于其导电性好，电荷吸附于表面后，能在表面自由移动，非导体表面的电荷则不能自由移动。当矿粒一旦与接地极接触后，见图 6-35（b），导体表面所吸附的电荷迅速传走，同时还能荷上与接地极符号相同的电荷与接地极互相有斥力发生，非导体则由于其导电性差或不导电，表面吸附的电荷传不走，或要比导体大 100~1000 倍的时间才能传走一部分，与接地极互相吸引。在分选中经常要采用毛刷强制排矿才能将非导体排出。

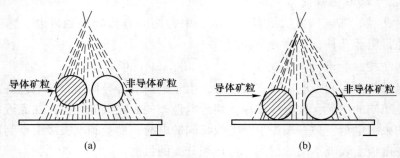

图 6-35　矿粒在电晕电场中荷电及与接地极接触后的情况
（a）矿粒在电晕电场中荷电；（b）荷电后与接地极接触后的情况

D　摩擦带电

只要两种性质不同的物体互相摩擦，就会分别荷有电量相等符号相反的电荷。在电选中，可利用性质不同的矿粒互相摩擦带电，也可利用矿粒和给料槽表面互相摩擦带电。经摩擦带电的矿粒通过电场时，将分别被正、负电极吸引而被分离。

摩擦带电取决于物料的性质。实践证明两种不同的非导体颗粒互相摩擦后分开时，所获得的摩擦电荷比两种不同的导体摩擦后所获得的电荷要多。两种不同的非导体颗粒与同一接地金属极摩擦分开后，它们分别带上不等的异号电荷。故摩擦带电主要用于非导体矿物的分选。两种不同的非导体矿物和给料槽摩擦后，由于所附电荷差异，进入回转电极的电场后，沿着不同的轨迹运动而被分开。

6.4.3　影响电选效果的因素

影响电选效果的操作因素有很多，现以复合电场电选机为例，概括有两个方面。

6.4.3.1　电选机工作参数的影响

电选机工作参数的影响有以下几个方面：

（1）电压大小。电压大小直接影响电场强度，同时也影响电晕放电电流的大小。电压高，电场强度大，电晕放电电流也大。

（2）电极的位置和距离。电晕电极的角度和距离的变化，影响到电晕电场充电区范围和电流的大小。电晕电极的作用是使矿粒充电，因而电晕电流的大小是决定分选效果的关键。

一般电晕电极距辊筒的距离为 20~45mm，同辊筒的角度为 15°~25° 为好。

偏向电极主要是产生静电场。它同转鼓电极相对位置的变化，能改变静电场的强度和梯度。它同转鼓的距离越小，静电场强度越大，当其距离太小会引起火花短路，因此，确定它的位置时应以不引起短路为原则。一般偏向电极距辊筒距离为 20~45mm，它的角度为 30°~90°。

偏向电极与电晕电极相对位置的变化对电场也有影响，常需在生产中根据原料性质通过试验确定。

（3）辊筒转速。辊筒转速大小决定矿粒在电场区的停留时间和矿粒的离心力。物料在电场中经过时间要保证约 0.1s，就能使物料获得足够电荷。但转速也不能过低，过低会影响处理能力。一般大转速产量能提高，但矿粒的离心力也随着增大，这时会使矿粒所受的机械合力比静电吸引力大，非导体矿粒易混进导体部分，质量将下降。

辊筒转速与粒度的性质有关，一般粒度大时，转速应小些，粒度小时转速应大些。原料中大部分为非导体矿物时，为了提高非导体产品的质量，选用转速应稍大些。若原料大部分为导体矿粒，又为了提高导体产品质量，则转速可稍小些。

（4）分离隔板位置。分离隔板位置直接影响产品的质量和数量。当要求导体纯净时，前分离隔板向前倾角可大些；若要求回收率高，则必须将前分离隔板向后倾。通常根据观察和经验，调整分离隔板位置。

6.4.3.2　物料性质的影响

物料性质主要指所处理物料的水分含量、粒度组成和物料表面特性等。

物料水分会降低矿粒间的电导率的差异，而且会使导体和非导体颗粒互相黏结，严重恶化分选过程。通常辊筒电选机的给料水分不宜超过 1%。细粒比粗粒要求更严格。水分过高要加温干燥。

　　加温干燥，不仅降低水分，还能促使其电性发生变化。加温因矿石不同而异，不能统一规定温度。也不能加温太高，加温太高会破坏矿粒内部结构使电导率改变，反而造成恶果。如钽铌矿与石榴子石的分选，当温度升到300°C时，非导体石榴子石的导电性反而增加了，给分选造成了困难。干燥温度一般为100~250℃。

　　电选室内相对温度的变化，会引起矿粒表面水分的变化，因此，应注意室内空气温度对电选的影响。

　　用药剂处理分选物料，会改变矿粒表面电性，因此必要时，可采用具有一定选择性的药剂进行处理，以扩大分选物料间的电性差异。

　　矿粒在电选机中所受的离心力和重力，均和颗粒半径的立方成正比，因此物料粒度不均匀性对电选极为敏感。转辊转速一定，矿物颗粒越大，需要相应增大电力（吸附力），来克服由于粒度加大而增大的离心力。但电力的加大是有一定限度的。因此目前被选物料粒度上限规定为3mm。但分选物料过细，由于互相黏附，也影响分选指标，因此分选粒度下限是0.05mm，最好分选粒级范围一般为0.18~0.38mm。

思考练习题

6-1　简述浮游选矿的基本原理和主要影响因素。

6-2　简述重力选矿的基本原理和主要方法。

6-3　什么叫自由沉降和干扰沉降，两者有什么区别？

6-4　简述磁力选矿的基本原理和磁选条件。

6-5　简述电选的基本原理和影响其效果的主要因素。

7 选后作业

7.1 脱　水

在工业生产中，对固体物料通常都采用湿法分选，选出的产物都是以矿浆的形式存在，在绝大多数情况下需进行固液分离。完成固液分离的作业在生产中称为脱水，其目的是得到含水较少的固体产物和基本上不含固体的水。

生产中常用的脱水方法有浓缩、过滤和干燥三种。选矿厂销售产物的脱水常采用浓缩和过滤两段作业或浓缩、过滤和干燥三段作业（见图 7-1），而堆存或抛弃产物的脱水通常只采用浓缩一段作业。

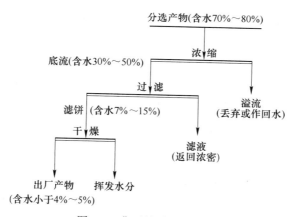

图 7-1　典型的脱水流程图

对销售产物进行脱水是为了便于运输、防止冬季冻结以及达到烧结、冶炼或其他加工过程对产物水含量的要求。

抛弃产物一般不经脱水直接送堆存库，回收其中的水循环使用，或经 1 段浓缩。为了降低耗水量或防止废水污染环境，选矿厂都使用一定量的循环水，有的选矿厂循环水的用量甚至高达 90%~95%，仅用少量新鲜水。

此外，选矿过程中的某些中间产物，有时由于浓度太低，直接返回原流程会恶化选别过程，在这种情况下也需要对其进行脱水。

7.2 浓　缩

浓缩是颗粒借助重力或离心惯性力从矿浆中沉淀出来的脱水过程，常用于细粒物料的脱水，常用的设备有水力旋流器、倾斜浓密箱和浓密机等。浓密机的工作过程如图7-2所示，矿浆从浓密机的中心给入，固体颗粒沉降到池子底部，通过耙子耙动汇集于设备中央并从底部排出，澄清水从池子周围溢出。

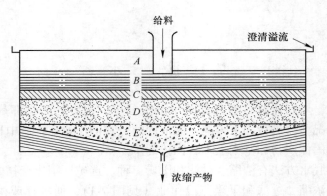

图7-2　浓密机的工作过程示意图
A—澄清带；B—颗粒自由沉降带；C—沉降过渡带；D—压缩带；E—锥形耙子区

浓缩作业的给料浓度为20%～30%。浓缩产物的浓度取决于被浓缩物料的密度、粒度、组成及其在浓密机中的停留时间等。对于密度为2800～2900kg/m^{3}的分选产物，浓缩产物的浓度一般为30%～50%；密度为4000～4500kg/m^{3}的分选产物，浓缩产物的浓度为50%～70%。

浓缩细磨物料时，为了防止溢流携带过多固体和提高浓缩设备的处理能力，常在浓缩前加入助沉剂（凝聚剂或高分子絮凝剂）以增加颗粒的沉降速度。常用的凝聚剂为无机盐电解质，例如，石灰、明矾、硫酸铁等，其中石灰最常用；常用的高分子絮凝剂为聚丙烯酰胺及其水解产物，用量为10～20g/t。

浓密机按其传动方式分为中心传动和周边传动两种。图7-3是中心传动式浓密机的结构，其主要组成部分包括浓缩池、耙架、传动装置、耙架提升装置、给料装置和卸料斗等。

圆柱形浓缩池用水泥或钢板制成，池底稍呈圆锥形或是平的。池中间装有1根竖轴，轴的末端固定有1个十字形耙架，耙架的下部有刮板。耙架与水平面成8°～15°，竖轴由电动机经传动机构带动旋转，矿浆沿着桁架上的给料槽流入池中心的受料筒，固体物料沉降在池的底部由刮板刮到池中心的卸料斗排出，澄清的溢流水从池上部环形溢流槽溢出。

浓密机中部设有耙架的提升装置，当耙架负荷过大时，保护装置发出信号并自动提升耙架，避免发生断轴或压耙事故。

周边传动式浓密机的基本构造和中心传动式的相同，只是由于直径较大，耙架不是由中心轴带动，而由周边传动小车带动。周边传动式浓密机由于耙架的强度高，其直径可以做得很大，最大规格已达ϕ100～180m。

浓密机具有构造简单、操作方便等优点，被广泛应用于浓缩各种物料。其缺点是占地面积较大，不能用来处理粒度大于3mm的物料，因为粒度大易于将底部堵塞。

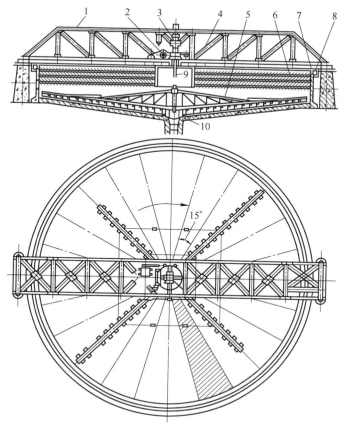

图 7-3 中心传动式浓密机的结构
1—架；2—传动装置；3—耙架提升装置；4—受料筒；5—耙架；6—倾斜板装置；
7—浓密池；8—环形溢流槽；9—竖轴；10—卸料斗

7.3 过 滤

　　过滤是借助于过滤介质（滤布）和压强差的作用，对矿浆进行固液分离的过程。滤液通过多孔滤布滤出，还含有一定水分的固体物料留在滤布上，形成一层滤饼。浓缩产物进一步脱水均采用过滤的方法，过滤作业的给料浓度通常为 40%～60%，滤饼水分可降到 7%～16%。

　　目前，选矿厂中应用的过滤机主要有陶瓷过滤机、圆筒真空过滤机、圆盘式（也称为叶片式）真空过滤机、折带式真空过滤机、永磁真空过滤机、带式压滤机等。外滤式圆筒真空过滤机的结构如图 7-4 所示。

　　圆筒过滤机由筒体、主轴承、矿浆槽、传动机构、搅拌器、分配头等部分组成。这种过滤设备的主要工作部件是一个用钢板焊接成的圆筒，其结构如图 7-5 所示。过滤机工作时，筒体约有 1/3 的圆周浸在矿浆中。

　　筒体外表面用隔条（见图 7-5）沿圆周方向分成 24 个独立的、轴向贯通的过滤室。

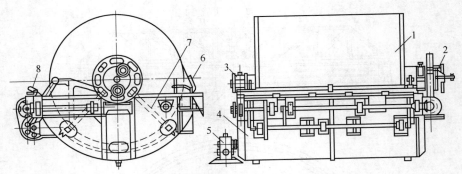

图 7-4　外滤式圆筒真空过滤机的结构

1—筒体；2—分配头；3—主轴承；4—矿浆槽；5—传动机构；6—刮板；7—搅拌器；8—绕线机架

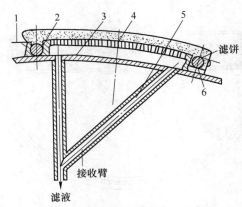

图 7-5　过滤机筒体的结构

1—滤布；2—隔条；3—筒体；4—过滤板；5—管子；6—胶条

每个过滤室都用管子与分配头连接。过滤室的筒表面铺设过滤板，滤布覆盖在过滤板上，用胶条嵌在隔条的槽内，并用绕线机构将钢丝连续压绕滤布，使滤布固定在筒体上。筒体支承在矿浆槽内，由电动机通过传动机构带动作连续的回转运动。筒体下部位于矿浆槽内，为了使槽内的矿浆呈悬浮状态，槽内有往复摆动的搅拌器，工作时不断搅动矿浆。

　　分配头是过滤机的重要部件，其位置固定不动，通过它控制过滤机各个过滤室依次地进行过滤、滤饼脱水、卸料及清洗滤布。分配头的一面与喉管严密地接触，并能相对滑动；另一面通过管路与真空泵、鼓风机联结。分配头内部有几个布置在同圆周上并且互相隔开的空腔，形成几个区域，如图 7-6 所示。

　　Ⅰ区和Ⅱ区与真空泵接通，工作时里面保持一定的真空度。与Ⅰ区对应的筒体部分浸没在矿浆中，称为过滤区。Ⅱ区在液面之上，称为脱水区。Ⅳ区和Ⅵ区都与鼓风机相通，工作

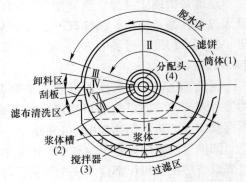

图 7-6　分配头分区及过滤机
工作原理示意图

时里面的压强高于大气压，Ⅳ区为卸料区，Ⅵ为滤布清洗区。Ⅲ、Ⅴ、Ⅶ区不工作，它们的作用是把其他几个工作区分隔开，使之不能串通。

筒体旋转过程中，每个过滤室都依次地同分配头的各个区域接通，过滤室对着分配头某个区域时，过滤室内就有和这个区相同的压强。喉管和分配头之间既要相对滑动，又要严密地接触，不漏气，它们之间的接触面磨损是不可避免的。为了便于维修，在它们之间往往加 2 个称为分配盘和错气盘的部件，以便磨损后更换。分配盘具有与分配头相同的分区；错气盘具有与喉管相同的孔道。过滤机工作时，筒体在矿浆槽内旋转。筒体下部与分配头Ⅰ区接通，室内有一定的真空度，将矿浆逐渐吸向滤布。水透过滤布经管子被真空泵抽向机外，在滤布表面形成滤饼。圆筒转到脱离液面的位置后，进入Ⅱ区，滤饼中的水分被进一步抽出。圆筒转到Ⅳ区时，和鼓风机接通，将滤饼吹动，并通过刮板将滤饼刮下。圆筒转到Ⅵ区后，继续鼓风并清洗滤布，恢复滤布的透气性。圆筒继续旋转，又进入过滤区开始下一个循环。

滤布是过滤机的重要组成部分，对过滤效果起重要作用。通常要求滤布具有强度高、抗压、韧性大、耐磨、耐腐蚀、透气性好、吸水性差等性能，以降低滤饼水分，提高过滤机的生产能力，减少滤布消耗。

过滤机的真空压强通常为 80~93kPa，瞬时吹风卸料的风压为 78~147kPa。滤饼厚度一般为 10~15mm，有时也可以达到 25~30mm。

外滤式真空过滤机主要用于过滤粒度比较细、不易沉淀的有色金属矿石和非金属矿石的浮选泡沫产品；内滤式真空过滤机主要用于过滤磁选得出的铁精矿；圆盘过滤机和陶瓷过滤机适用于过滤细料产物。

生产实践中常利用真空过滤机、气水分离器、真空泵、鼓风机、离心式泵、自动排液装置、管路等组成过滤作业工作系统，常见的联系与配置方法有三种，如图 7-7 所示。

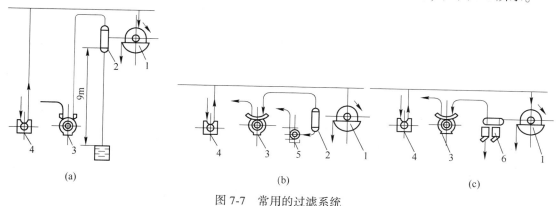

图 7-7　常用的过滤系统

1—过滤机；2—气水分离器；3—真空泵；4—鼓风机；5—离心式泵；6—自动排液装置

图 7-7（a）为滤液和空气先被真空泵抽到气水分离器中，空气从上部抽走，滤液从气水分离器下部排出。因为气水分离器内具有一定的真空度，为了防止滤液进入真空泵内，气水分离器与水池的落差要大于 9~10m。图 7-7（b）为气水分离器中的滤液用离心式泵强制排出。图 7-7（c）为自动排液装置取代了气水分离器和离心式泵。排出的滤液中含有一定的固体，不宜丢弃，常返回浓密机。为了保证过滤机工作情况稳定，过滤机的

矿浆槽要有一定的溢流量，返回前一作业（浓密机）。

7.4 干　燥

用加热蒸发的办法将物料中水分脱除的过程称为干燥。由于干燥过程的能耗大、费用高，且劳动条件比较差，所以一般情况下，应尽量使过滤产物的水分含量达到要求，不设干燥作业。当过滤产物的水分含量无法达到要求时，过滤之后再对产物进行干燥。此外，对于某些分选方法（如干式磁选、电选和风选等），原料中水分含量的波动对选别指标影响较大，在进行选别前需要对物料进行干燥，使其中的水分含量达到作业要求。

工业生产中常用的干燥设备有转筒干燥机、振动式载体干燥机和旋转内蒸干燥机等。转筒干燥机以一个圆筒为主体，圆筒略带倾斜，倾角 1°~2°，绕中心轴旋转，物料从圆筒向上倾斜的那一端给入，热风自燃烧室抽出后进入圆筒内，热风与物料接触，互相产生热交换，水分蒸发，使物料干燥。干燥机排出的废气，经过旋风集尘器回收其中携带的微细固体颗粒后排入大气中。在干燥机内，物料与热风的流向有顺流和逆流两种。干燥后物料的水分通常可降至 2%~6%，根据需要也可使物料的水分降到 1% 以下。

7.5 尾矿处理

选矿厂尾矿的处置包括贮存、尾矿水的循环使用和尾矿水净化三方面。

7.5.1 尾矿的贮存

尾矿设施是矿山生产中的重要环节，并与周围居民的安全和农业生产有着重大关系。

选矿厂一般尾矿量都是很大的。例如一个日处理 10000t 原矿的有色金属矿石选矿厂，尾矿的产率以 95% 计，每天排出的尾矿量为 9500t，其体积约为 5000m³。

尾矿的运输和堆存方法取决于尾矿的粒度组成和水分含量。重选厂产出的粗粒尾矿可采用矿车、皮带运输机、索道和铁路等运输方法；浮选厂和磁选厂排出的浆体状尾矿，一般采用砂泵运输，通过管道送至尾矿库。

筑坝和维护坝的安全是最重要的尾矿场管理工作。山谷型尾矿场多采用上游筑坝法，即在山谷的出口首先筑一个主坝，子坝则在主坝之上向上游一侧按一定的坡度逐次增高，如图 7-8（a）所示。

尾矿经管道进入初期坝的顶部，经旋流器分级后，经支管均匀地排放到尾矿坝内。尾矿中粒度较粗的部分在坝体附近沉积下来，而粒度较细的部分则随矿浆一起流到池中央。当初期坝形成的库容填满时，子坝已利用尾矿中粒度较粗的部分筑成，又加高了坝体，从而增加新的库容。

尾矿场内设溢流井，场内的澄清水通过溢流井进入排水管道排出。这部分水通常都是作为选矿厂的回水用。

7.5.2 尾矿水的循环使用

回水利用设施也是整个尾矿处置中的重要环节。为了防止环境污染和提高经济效益，

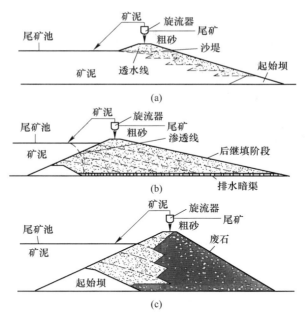

图 7-8 尾矿坝的构筑方法示意图

（a）上游法；（b）下游法；（c）采矿废石筑坝法

生产中都是尽可能多地利用尾矿水，减少选矿厂的新水供应比例。

使用回水的方法主要有两种：一种是尾矿经浓密机浓缩，浓密机的溢流作为回水使用，底流送到尾矿库，回水率可达 40%~70%，主要用于重选厂或磁选厂，其优点是既可以减少输水管道的长度和动力消耗，又可以减少尾矿矿浆的输送量，但回水质量较差。另一种方法是将尾矿矿浆全部输送到尾矿库，经过较长时间的沉淀和分解作用以后，澄清水经溢流井用管道再送回选矿厂，回水率可达 50%。后一种方法的优点是回水的水质好，但输水管路长，动力消耗大，经营费用较高。图 7-9 是尾矿库回水系统的示意图。

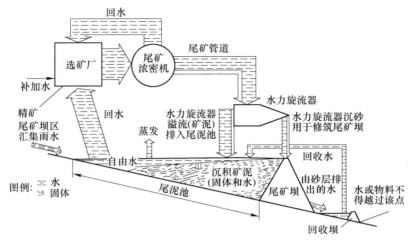

图 7-9 选矿厂尾矿库回水系统示意图

思考练习题

7-1 脱水和浓缩的意义以及主要方式是什么？

7-2 干燥的目的及其适用条件是什么？

7-3 尾矿处理包含哪些内容？

7-4 中心传动式浓缩机的基本构造是什么？

7-5 选矿厂如何实现回水循环？

8 选矿工艺参数测定

8.1 生产能力的测定

8.1.1 湿式磨矿机生产能力的测定

在一定给矿粒度和产品粒度的条件下，用单位时间内磨矿机处理的原矿量来计算磨矿机的生产能力，以 t/h 表示，常称为台时处理能力。其测定方法是：

（1）在磨矿机前安装有自动记录电子胶带秤，可以较准确地测定磨矿机生产能力，以 t/（台·h）表示。

（2）磨矿机前如有给矿胶带机的可直接在给矿胶带上截取一定长度矿量称重，再测出给矿胶带的运行速度，则磨矿机的生产能力可由式（8-1）求出。

$$Q = 3600Wv \tag{8-1}$$

式中　Q——磨矿机生产能力，t/（台·h）；

　　　W——一定长度胶带上的矿量，t/m；

　　　v——胶带运行速度，m/s。

（3）磨矿机前采用摆式或圆盘给矿机直接给入磨矿机时，可测出单位时间内摆式给矿机摆动的次数及每次摆动平均的给矿量；若为圆盘给矿机，可用在单位时间内截取矿量的办法求出磨矿机的生产能力。

按新生成级别计算磨矿机单位容积生产能力，一般以 0.074mm 为计算级别。测定时，首先必须测出磨矿机的生产能力，然后再测出磨矿机的给矿和分级机溢流中 0.074mm 级别含量百分数，用式（8-2）计算单位容积生产能力。

$$q = \frac{Q(\beta - \alpha)}{V} \tag{8-2}$$

式中　q——按新生成级别计算磨矿机单位容积生产能力，t/（m³·h）；

　　　Q——磨矿机生产能力，t/（台·h）；

　　　β——分级机溢流中 -0.074mm 的含量，%；

　　　α——磨矿机给矿中 -0.074mm 的含量，%；

　　　V——磨矿机的有效容积，m³。

8.1.2 分级效率的测定

测定时从分级机的给矿、溢流及返砂中截取有代表性的矿浆，烘干、取样进行粒度分析，然后由式（8-3）计算分级效率。

$$E = \frac{(\alpha - \theta)(\beta - \alpha)}{\alpha(\beta - \theta)(1 - \alpha)} \times 100\% \tag{8-3}$$

式中　E——分级效率,%;

$\quad\quad\quad\alpha$——给矿中某一粒级的含量,%;

$\quad\quad\quad\beta$——溢流中某一粒级的含量,%;

$\quad\quad\quad\theta$——返砂中某一粒级的含量,%。

8.1.3　返砂量和循环负荷率的测定

返砂量和循环负荷率的计算方法和步骤同分级效率相同，用式（8-4）和式（8-5）进行计算。

$$S = \frac{\beta - \alpha}{\alpha - \theta} \cdot Q \quad\quad\quad (8\text{-}4)$$

$$C = \frac{\beta - \alpha}{\alpha - \theta} \times 100\% \quad\quad\quad (8\text{-}5)$$

式中　S——磨矿机的返砂量,t/h;

$\quad\quad\quad C$——磨矿机的循环负荷率,%;

$\quad\quad\quad\alpha$——磨矿机排矿中某一粒级含量,%;

$\quad\quad\quad\beta$——分级机溢流中某一粒级含量,%;

$\quad\quad\quad\theta$——分级机返砂中某一粒级含量,%;

$\quad\quad\quad Q$——进入磨矿机的矿量,t/h。

除上述测定方法外，另外还可用测定磨矿机排矿、分级机溢流及返砂的液固比来计算分级机的返砂量和循环负荷率，计算公式见式（8-6）和式（8-7）。

$$S = \frac{R_2 - R}{R - R_1} \cdot Q \quad\quad\quad (8\text{-}6)$$

$$C = \frac{R_2 - R}{R - R_1} \times 100\% \quad\quad\quad (8\text{-}7)$$

式中　S——返砂量,t/h;

$\quad\quad\quad C$——循环负荷率,%;

$\quad\quad\quad R$——分级机给矿的矿浆液固比;

$\quad\quad\quad R_1$——分级机返砂的矿浆液固比;

$\quad\quad\quad R_2$——分级机溢流的矿浆液固比;

$\quad\quad\quad Q$——进入磨矿机的矿量,t/h。

8.2　浮选时间的测定

根据浮选槽单位时间内通过的矿浆量来计算所需浮选时间，可由式（8-8）求出：

$$t = \frac{60VnK}{Q_0\left(R + \dfrac{1}{\delta}\right)} \qu\quad\quad\quad (8\text{-}8)$$

式中　t——作业浮选时间,min;

$\quad\quad\quad V$——浮选机的容积,m³;

n——浮选机的槽数；

K——浮选机内所装矿浆体积与浮选机有效容积之比，一般取 $0.65 \sim 0.75$，泡沫层厚时取小值，反之取大值；

Q_0——处理干矿量，t/h；

R——液体与固体的重量比；

δ——矿石的相对密度。

8.3 矿浆密度、浓度和 pH 值的测定

8.3.1 矿浆密度的测定

测定方法：取一定容积（一般为 1L）的容器，接满矿浆后称重，则可按式（8-9）求出矿浆密度。

$$\gamma = \frac{P_3 - P_1}{P_2 - P_1} \qquad (8-9)$$

式中　γ——矿浆相对密度；

P_1——容器重，g；

P_2——容器和水重，g；

P_3——容器和矿浆重，g。

若已知干矿相对密度和矿浆浓度时，还可按式（8-10）求出矿浆相对密度。

$$\gamma = \frac{Q + W}{\dfrac{Q}{\delta} + W} \quad \text{或} \quad \gamma = \frac{\delta}{C + \delta(1 - C)} \qquad (8-10)$$

式中　Q——干矿量，t/h 或 kg/s；

W——水量，m^3/h 或 L/s（每立方米水的重量以 1t 计算）；

C——矿浆浓度，%；

δ——干矿相对密度。

在生产实践中，常利用式（8-10）计算出矿浆密度，编制矿浆密度与矿浆浓度换算表。

8.3.2 矿浆浓度的测定

（1）烘干法。取一代表性的矿浆称重，然后把矿浆烘干再次称重，按式（8-11）计算矿浆浓度。

$$C = \frac{P_A}{P_B} \times 100\% \qquad (8-11)$$

式中　C——矿浆浓度，%；

P_A——干矿重，g；

P_B——矿浆重，g。

用烘干法测定矿浆浓度需经一定时间才能得出结果，现场不常采用。

（2）浓度壶法。在生产现场中，通常用容积为 1L 的浓度壶，接满矿浆后称重，在已知浓度壶重量及干矿的密度时，通过查矿浆密度与矿浆浓度换算表即可得出矿浆浓度。

8.3.3　矿浆 pH 值的测定

（1）用 pH 试纸测定矿浆 pH 值。测定时，将 pH 值试纸的纸条的 1/3～1/2 部分直接插入矿浆中，经过 2～3s 后取出试纸，看 pH 值试纸接触矿浆部分变色程度与标准色进行对比，即可知道所测矿浆的 pH 值。这种方法简便，可以粗略地测出矿浆的 pH 值。

（2）用酸度计（或称 pH 值计）测定矿浆 pH 值。测定时要根据所使用的酸度计说明书规定进行测定。如上海产的各种型号酸度计的工作原理是用电位法测定 pH 值的，主要是利用一对电极在不同 pH 值溶液中产生不同的电动势。这对电极一支为玻璃电极，系指示电极，另一支为甘汞电极，系参比电极。在测定 pH 值过程中指示电极是随着被测溶液 pH 值而变化的，而参比电极与被测溶液无关，仅起盐桥作用。

8.4　药剂浓度和用量的测定

8.4.1　药剂浓度的测定

（1）易溶解于水的药剂（如碳酸钠）浓度，是利用测药剂溶液密度的方法（已确定的药剂浓度其密度为一个定值）间接测出的。取已配好的药剂溶液 200～350mL，放在容器中（一般用 250～500mL 烧杯），将波美密度计轻轻地放进容器内，使其在药液中漂浮，待其稳定后，观察药液面交界处的浮标密度刻度即为药剂溶液的相对密度。将实测的药液相对密度与已确定药液相对密度进行核对，即知药剂浓度变化情况。

（2）较难溶解于水的脂肪酸药剂（如塔尔油）浓度，是先将配好的药液取样进行化学分析，测其脂肪酸的含量（因为已确定的药剂浓度其脂肪酸的含量是一个定值）后，间接得到的。

8.4.2　药剂用量的测定

液体药剂多采用斗式给药机或虹吸管式给药方式。测定时用量筒在给药处截取一定时间的药液，算出每分钟的药液体积，然后用式（8-12）算出药剂用量。

$$g = \frac{60p\delta A}{Q_0} \qquad (8\text{-}12)$$

式中　g——每吨矿规定的加药量，g/t；

$\quad\ \ p$——药剂浓度，%；

$\quad\ \ \delta$——药液相对密度；

$\quad\ \ A$——添加药液量的体积，mL/min；

$\quad\ \ Q_0$——处理矿量，t/h。

若实测药液用量与需要量不符时，则应根据需要进行调整。

8-1 湿式磨矿机的生产能力如何计算？

8-2 分级机的分级效率如何确定？

8-3 浮选矿浆的浓度和 pH 值如何测定？

8-4 浮选药剂浓度如何测定？

8-5 浮选药剂如何添加？

参 考 文 献

［1］徐永圻. 采矿学［M］. 徐州：中国矿业大学出版社，2003.

［2］中华人民共和国自然资源部. 2019 中国矿产资源报告［M］. 北京：地质出版社，2019.

［3］李俊平. 矿山岩石力学［M］. 2 版. 北京：冶金工业出版社，2017.

［4］陈国山. 采矿概论［M］. 3 版. 北京：冶金工业出版社，2017.

［5］陈国山. 地下采矿技术［M］. 北京：冶金工业出版社，2008.

［6］冶金工业部南昌有色冶金设计院. 冶金矿山井巷设计参考资料［M］. 北京：冶金工业出版社，1976.

［7］武汉建筑材料工业学院. 非金属矿地下开采［M］. 北京：中国建筑工业出版社，1984.

［8］GB 50384—2016. 煤矿立井井筒及硐室设计规范［S］. 北京：中华人民共和国国家标准，2016.

［9］曹树刚，勾攀峰，樊克恭. 采煤学［M］. 北京：煤炭工业出版社，2017.

［10］张先尘，钱鸣高. 中国采煤学［M］. 北京：煤炭工业出版社，2003.

［11］杜计平，孟宪锐. 采矿学［M］. 徐州：中国矿业大学出版社，2019.

［12］王青，任凤玉. 采矿学［M］. 2 版. 北京：冶金工业出版社，2011.

［13］陈国山. 采矿学［M］. 北京：冶金工业出版社，2013.

［14］陈国山. 采矿技术［M］. 北京：冶金工业出版社，2011.

［15］戚文革. 矿山爆破技术［M］. 北京：冶金工业出版社，2010.

［16］周爱民. 矿山废料胶结充填［M］. 北京：冶金工业出版社，2007.

［17］古德生，李夕兵. 现代金属矿床开采科学技术［M］. 北京：冶金工业出版社，2006.

［18］车兆学，才庆祥，刘勇. 露天煤矿半连续开采工艺及应用技术研究［M］. 徐州：中国矿业大学出版社，2006.

［19］王青. 采矿学［M］. 北京：冶金工业出版社，2005.

［20］编委会. 采矿设计手册 矿床开采卷（上、下）［M］. 北京：中国建筑工业出版社，1993.

［21］李宝祥. 金属矿床露天开采［M］. 北京：冶金工业出版社，1992.

［22］伍汉. 爆破工程［M］. 北京：冶金工业出版社，1992.

［23］钟义施. 金属矿床开采［M］. 北京：冶金工业出版社，1990.

［24］焦玉书. 金属矿山露天开采［M］. 北京：冶金工业出版社，1989.

［25］蔡本裕. 采矿概论［M］. 重庆：重庆大学出版社，1988.

［26］李朝栋. 金属矿床开采［M］. 北京：冶金工业出版社，1987.

［27］李德成. 采矿概论［M］. 北京：冶金工业出版社，1985.

［28］杨万根. 金属矿床露天开采［M］. 北京：冶金工业出版社，1982.

［29］武汉建材学院. 非金属矿床露天开采［M］. 北京：中国建筑工业出版社，1978.

［30］张强. 选矿概论［M］. 北京：冶金工业出版社，2006.

［31］周恩浦. 矿山机械（选矿机械部分）［M］. 北京：冶金工业出版社，1979.

［32］刘常诗. 选矿厂设计［M］. 北京：冶金工业出版社，1994.

［33］杨家文. 碎矿与磨矿技术［M］. 北京：冶金工业出版社，2006.

［34］陈文军，肖晓珍，彭再华. 矿山生产中的主要经济指标分析［J］. 采矿技术，2020（1）：172-174.

［35］张翠翠. 矿山工程建设投资及成本控制研究［J］. 工程技术研究，2018，10：102-103.

［36］周晓文，罗仙平. 江西某含铜多金属矿选矿工艺流程试验研究［J］. 矿冶工程，2014（1）：32-36.

［37］郎宝贤，郎世平. 破碎机［M］. 北京：冶金工业出版社，2008.

［38］印万忠，白丽梅，荣令坤. 浮游选矿技术问答［M］. 北京：化学工业出版社，2012.

［39］于春梅. 选矿概论［M］. 北京：冶金工业出版社，2010.

［40］周晓四．重力选矿技术［M］．北京：冶金工业出版社，2006.

［41］孙玉波．选矿技术论述选集［M］．沈阳：东北大学出版社，2014.

［42］叶孙德，戴惠新．电选技术的应用现状与发展［J］．云南冶金，2007（3）：15-19，65.

［43］张玉清．矿山技术经济学［M］．北京：冶金工业出版社，1987.

［44］陈建宏，古德生．矿业资源经济学［M］．长沙：中南大学出版社，2009.